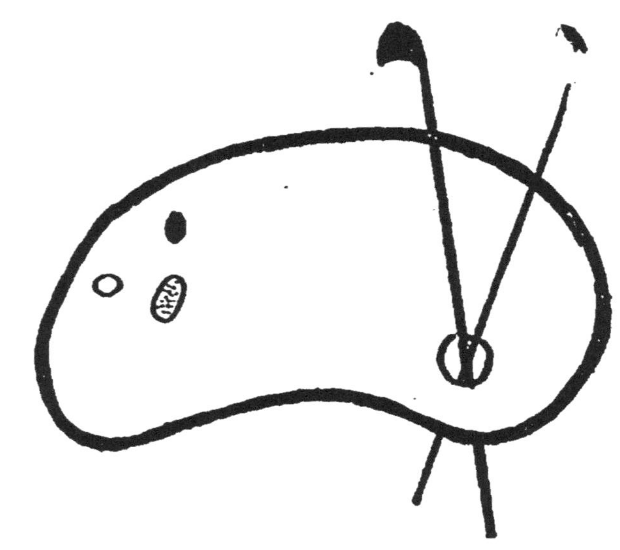

Voyage au Pays du Christ

(TRENTIÈME PÈLERINAGE DE PÉNITENCE)

AVEC ESCALES

A

ATHÈNES, CONSTANTINOPLE, RHODES
SAINT-JEAN-D'ACRE
LE CAIRE, NAPLES ET POMPÉI

PAR

M. l'Abbé C.-M. BERRY
Aumônier de Montardoise

TROYES
IMPRIMERIE GUSTAVE FRÉMONT, RUE URBAIN IV, 85

1906

Voyage au Pays du Christ

Un Coin des Murs de la Ville Sainte.

Voyage au Pays du Christ

(TRENTIÈME PÈLERINAGE DE PÉNITENCE)

AVEC ESCALES

A

ATHÈNES, CONSTANTINOPLE, RHODES
SAINT-JEAN-D'ACRE
LE CAIRE, NAPLES ET POMPÉI

PAR

M. l'Abbé C.-M. BERRY
Aumônier de Montardoise

TROYES
IMPRIMERIE GUSTAVE FRÉMONT, RUE URBAIN IV, 85

1906

A

S. G. Monseigneur G.-A. de PÉLACOT

Évêque de Troyes

*

Monseigneur,

Depuis longtemps je désirais vivement faire le pèlerinage de Terre Sainte, aller visiter les lieux sanctifiés par la naissance, la vie, la mort du Sauveur des hommes, sanctifiés aussi par tant d'illustres Chrétiens, de tous les temps et de toutes les nations, et j'oserais dire, en particulier de l'illustre nation des Francs, spécialement par ses incomparables Croisés, dont on retrouve partout, là-bas, les traces glorieuses.

C'est là, en effet, plus qu'ailleurs, qu'éclate merveilleusement la vérité de ces immortelles paroles : « *Gesta Dei per Francos* », là qu'on retrouve, avec un sentiment de juste et noble fierté, le vieux passé de notre France aimée, passé fait d'honneur, de gloire et de chevaleresque dévouement.

Ce désir, Monseigneur, vous m'avez permis de le réaliser ; que Votre Grandeur en reçoive ici mes plus humbles et plus vifs remerciements.

Dans ce modeste travail, j'ai essayé de suivre pas à pas les traces sacrées du Dieu Sauveur, depuis Bethléem jusqu'au Golgotha. J'ai cherché à recueillir quelques-uns de ses enseignements, quelques-uns de ses miracles, quelques-unes des gouttes de son sang précieux, pour mon édification personnelle et celle des lecteurs de ces lignes, écrites à la hâte et souvent imparfaites.

J'y ai ajouté la description rapide, en quelque sorte à vol d'oiseau, des pays et des cités fameuses, où nous avons fait escale. Mon intention a été qu'elle soit comme une parure aux faits et gestes divins de la Terre Sainte.

Je viens déposer le tout aux pieds de Votre Grandeur, La priant de l'agréer comme un faible hommage de la profonde reconnaissance de l'un de ses Prêtres, tant pour ses bontés personnelles que pour la magnanimité glorieuse, avec laquelle Elle tient dans ses mains épiscopales, le gouvernail de son Diocèse, dans les temps sombres que nous traversons, temps qui présagent de prochaines et furieuses tempêtes, mais que nous ne craignons pas sous votre égide, Monseigneur.

J'ai mis dans ces quelques pages, tout mon cœur de Chrétien et de Prêtre, tout ce, du moins, que j'ai cru pouvoir y mettre sans fatiguer le lecteur par le détail exagéré ou superflu des impressions personnelles.

Les faits, du reste, parlent assez d'eux-mêmes, car tout, là bas, les êtres et les choses, résonnent du nom du Christ béni: Bethléem et sa crèche, Nazareth et son atelier, la Galilée et son lac, Jérusalem et son Calvaire, racontent sa vie, ses paroles et ses œuvres. Les chemins et les sentiers, les rochers et les pierres, les collines et les vallées, les villes et les bourgades, les monuments et les ruines, redisent son passage, publient ses miracles de puissance et d'amour, proclament sa divinité.

Et sur ces vestiges sacrés, le Chrétien, le Prêtre surtout, tombe à genoux, y colle ses lèvres tremblantes, prie, remercie et adore. Il éprouve des joies qu'il ne peut redire, il voudrait rester là, y fixer sa tente, comme les Apôtres sur le Thabor.

Oui, les faits parlent assez d'eux-mêmes, pour que chacun puisse y trouver un aliment substantiel et fécond pour sa piété, pour la développer et l'affermir, sans qu'il soit nécessaire d'y ajouter des considérations humaines.

Et si ces heureux effets ne sont point produits, la faute n'en sera imputable qu'à l'auteur, qui aura été l'insuffisant narrateur des choses vues, l'infidèle écho des mystères d'amour pressentis, qui se sont déroulés sur cette Terre « SAINTE » entre toutes.

Daignez, Monseigneur, dans votre bonté, bénir cette œuvre, si indigne soit-elle, que j'ose dédier à Votre Grandeur vénérée, afin qu'elle serve plus efficacement au but qui a été son unique mobile, à savoir l'avènement du règne de Dieu dans les âmes.

De Votre Grandeur,

Monseigneur,

Le très humble et très reconnaissant serviteur et Fils,

CLAUDIUS-MARIE BERRY.

APPROBATION

DE

S. G. MONSEIGNEUR L'ÉVÊQUE DE TROYES

ÉVÊCHÉ
DE
TROYES

Troyes, le 24 Décembre 1905.

MON CHER CURÉ,

En vous autorisant à faire le pieux voyage de *Terre Sainte*, j'ai voulu vous récompenser de votre zèle dans l'organisation de nos pèlerinages à Montmartre, qui ont été une grande joie pour mon cœur et une grande édification aussi bien pour ceux qui en ont fait partie que pour les témoins émus de ces touchantes manifestations.

Vous avez fixé, dans des pages rapides, le souvenir des impressions ressenties dans les lieux consacrés par la présence de notre divin Sauveur ; votre récit, dont j'ai lu *les bonnes feuilles*, m'a vivement intéressé ; nul doute qu'il ne produise le même effet sur vos lecteurs. Je désire qu'ils soient nombreux et qu'à votre suite et à votre exemple, ils puisent dans cette lecture un amour plus ardent pour le Dieu Incarné. A son école, ils apprendront le prix de leur âme qui a coûté le sang d'un Dieu, ils se souviendront que la souffrance est le lot du Chrétien, qu'elle seule est désirable puisque, par elle, nous devenons semblables à notre divin Modèle ; que, selon la parole de Saint Bernard, il serait honteux à nous, fils de la Croix, de vouloir *nous couronner de roses quand notre Chef est couronné d'épines.* Ces choses sont bonnes à méditer au moment où la Passion du Sauveur va se renouveler pour l'Église, son Épouse, pour les Prêtres, ses ministres, et pour tous les Chrétiens vraiment dignes de ce nom.

Telle est la grande et salutaire leçon que rappellent Jérusalem et le Calvaire. Puissions-nous la graver profondément dans nos cœurs ! J'espère, Mon Cher Curé, que votre livre y contribuera, et je demande à Notre Seigneur de le bénir comme je le bénis moi-même, ainsi que son auteur.

Recevez, Mon Cher Curé, la nouvelle assurance de mon paternel dévouement en Notre Seigneur.

† GUSTAVE-ADOLPHE,

Évêque de Troyes.

VOYAGE AU PAYS DU CHRIST

CHAPITRE PREMIER.

Marseille. — Les adieux. — Préparatifs.

Le 8 Septembre, dès l'aube du jour, on remarquait une agitation inaccoutumée aux abords du bateau l'*Etoile*. Cette agitation ira croissante jusqu'au soir.

Il doit s'y embarquer, en effet, 180 passagers avec malles et bagages ; or, ce n'est pas une petite affaire. Les dispositions sont bien prises et, dès qu'on met le pied sur le bateau, on trouve partout la Direction qui se multiplie pour conduire chaque voyageur à travers l'encombrement du pont du navire et les coursives multiples et inconnues jusqu'à sa petite cabine qui sera désormais son « home » pendant toute la durée du voyage.

Ce fut une journée fiévreuse pour les pèlerins. Leur première démarche fut pour mettre leur voyage sous la protection de la Sainte Vierge.

A neuf heures, la plupart d'entre eux arrivaient au Sanctuaire de Notre-Dame de la Garde par toutes les voies qui y aboutissent. Une messe est chantée : une instruction sur le sens du voyage que nous allions entreprendre nous est donnée par le Directeur du pèlerinage, et la Croix, insigne des nouveaux croisés, est distribuée à chacun de nous.

Ensuite, chaque pèlerin confie, dans une ardente prière pleine de confiance, ses projets, ses intentions, son voyage, à Marie, la véritable Etoile de la mer, à la bénie Vierge d'Israël, dont nous allons retrouver là-bas, la trace aimée, dans tous les sentiers de la Galilée et de la Judée.

Comme on prie bien au seuil d'un aussi lointain voyage, combien on a de choses à dire à la bonne Mère du Ciel! Après ce devoir de cœur rempli, ses provisions faites du côté du Ciel, il faut penser à la terre, aux choses de notre longue pérégrination; courses, achats, commissions, passe-ports à faire viser, adieux, tout se précipite tout se heurte dans chacun des partants, mais tout se fait, et, à l'heure fixée, tout le monde est à bord.

Soudain, le calme s'établit, un remous se produit sur le pont, c'est M. le Vicaire général de Marseille qui vient au nom de Sa Grandeur, alors à Lourdes, nous apporter les vœux du premier pasteur du Diocèse, et bénir, à sa place, la grande Croix du Pèlerinage, Croix gigantesque, mesurant environ 8 mètres de haut, destinée cette année, à la Hollande largement représentée dans le Pèlerinage. Cette Croix sera portée à Jérusalem sur la voie douloureuse qu'a suivie Notre Seigneur en portant la sienne.

Cette cérémonie qui se déroule dans un ordre parfait et un religieux silence est très impressionnante. M. le Vicaire Général qui nous souhaite bon voyage en nous mettant sous la protection de la Sainte Vierge, nous invite à accepter d'avance les souffrances inhérentes à un tel déplacement et dont le symbole, *la Croix*, se dresse si majestueusement devant nous.

La cérémonie est terminée, le représentant de Mgr l'Evêque a quitté le bord: tout est prêt pour le départ.

Départ.

A cinq heures du soir, nous levions l'ancre, et notre bateau, qui portait le gracieux nom de l'*Etoile* (désormais ce sera ainsi que je l'appellerai tout court) — présage d'un heureux voyage, — s'ébranlait lentement aux cris stridents de sa sirène gémissante, sous les pénibles efforts de ses puissantes machines.

Une masse telle que celle d'un grand navire n'est pas pressée de se déplacer, et rien n'est imposant comme le lent départ de ce roi de la mer.

La foule qui inonde le quai, pousse des vivats joyeux, des cris de bon voyage, agite mains et mouchoirs et témoigne toutes ses sympathies. Il y a là des parents, des amis bien chers, et les derniers liens se brisent peu à peu à mesure que notre *Etoile* s'éloigne. Du bateau on y répond, on fait écho aux adieux de ceux qui restent, on jette un dernier au revoir et le silence, du moins relatif, se fait.

Ce moment est solennel entre tous.

On quitte la France, la douce patrie, on va vers l'inconnu ! Il y a alors, un je ne sais quoi d'indéfinissable, qui s'empare du pèlerin, une certaine tristesse inquiète dont il n'est pas maître, surtout quand c'est pour la première fois qu'il s'en va si loin.

Notre *Etoile* a contourné la grande jetée ; elle prend peu à peu le large et passe devant Marseille, la reine de la Méditerranée, mollement assise au pied des contreforts de la Provence. La Cathédrale, les flèches des Eglises, les principaux monuments, et enfin Notre-Dame de la Garde profilent leurs silhouettes harmonieuses dans le lointain.

Longtemps, nos regards émus se fixent sur la sainte montagne, sur la blanche statue de Notre-Dame qui semble, elle aussi, nous suivre d'un regard maternel à travers l'immensité et nous bénir de sa main miséricordieuse tendue vers nous.

Elle a notre dernier salut, notre dernier adieu, notre dernier chant d'amour; l'*Ave Maria Stella* s'échappe, en effet, de toutes les poitrines et nous nous sentons rassurés en mettant une dernière fois notre voyage sous sa toute bénie protection.

Puissante Étoile de la mer, elle ne pourra pas ne pas protéger la petite *Étoile*, qui porte ses enfants au pays de son fils et du sien.

CHAPITRE II.

La Méditerranée, la Corse, la Sardaigne, Stromboli, détroit de Messine, mer Ionienne.

Marseille, la France, la terre ont disparu; ce n'est pas sans un serrement intime du cœur, qu'on n'avoue pas, que l'on voit peu à peu se rompre les derniers liens avec le monde, avec la société, avec la vie des nations. Il n'y a plus que le ciel et l'eau, l'un bien haut, l'autre bien profond, tous deux sans limites.

Notre grand vaisseau n'est plus qu'un point imperceptible, une coquille de noix, un fétu de paille sur les flots bleus: mais ces impressions passent, on revient à la réalité.

Nous sommes 180 passagers environ — non compris l'équipage et les gens du service à bord — de toutes nations, de toutes tribus, de toutes langues, mais n'ayant qu'un cœur et qu'une âme: sans se connaître on se connaît, on se comprend du moins, puisqu'un même but est poursuivi et qu'une même pensée nous anime tous, voir la Terre Sainte! Un même cœur bat dans nos poitrines, des cœurs de chrétiens, des cœurs de frères en Jésus-Christ et d'amis de demain.

La mer est splendide, tout le monde est sur le pont pour rassasier ses yeux de ce spectacle nouveau pour un grand nombre: on s'aborde, on cause, on se communique ses impressions, on entre en relations: c'est chose facile dans un milieu tel que le nôtre, et ces relations timides, mais empreintes de la plus grande cordialité, iront grandissantes jusqu'à la fin. (car il faut bien admettre que les pèlerins de Terre Sainte sont de ceux qui gagnent à être connus) et le dernier jour et la dernière heure seront un jour et une heure pleins de tristesses et d'angoisses, parce que ce sera l'heure de la séparation.

A six heures, une énorme clochette retentit joyeusement : Le dîner dans dix minutes, crie le sonneur, digne et solennel comme il convient à une pareille charge, et il passe...

Dix minutes après, même sonnerie : Messieurs, le dîner est servi ! et il repasse... Chacun, selon sa classe, se dirige vers la salle à manger, sans trébuchement, sans malaise douloureux, présage de plus douloureux événements encore ! Aussi, tout le monde est à son poste, tout le monde est joyeux, preuve la plus évidente d'une mer extrêmement douce pour ceux qu'elle porte sur son sein et qui viennent pour la première fois se confier à elle. Oh ! elle se fâchera un peu parfois, elle nous fera payer son droit de péage, mais enfin, pour le moment, elle est très calme. C'est un peu la lune de miel, profitons-en, ça sera toujours autant de pris sur l'ennemi.

Le *Benedicite* est dit par le président de la salle, chacun se met à l'œuvre.

Le dîner est fort bien servi, les garçons d'hôtel très bons et braves enfants, dévoués, font assaut d'amabilité pour gagner la sympathie de leurs nouveaux hôtes, qui le leur rendent immédiatement avec usure. Réciprocité de bons sentiments et d'excellents procédés font bien : de fait notre sort est uni pour 40 jours, il y a donc tout avantage d'être bien ensemble.

Nous avions, du reste, une succession facile. Le même bateau et le même équipage avaient transporté pendant une croisière de trois semaines, dans la Méditerranée, 300 Allemands qui avaient été, paraît-il, d'une outrecuidance exagérée et d'un sans-gêne sans pareil. Une omelette pour huit, disait notre garçon dans son pittoresque langage de marin, était cassée en deux par le premier qui la partageait avec son voisin, et les six autres les regardaient !... avec quels yeux !... mais cela ne leur suffisait pas, bien entendu !...

Les grâces dites, chacun s'empresse de sortir pour aller à nouveau jouir, se rassasier du spectacle indescriptible d'une mer calme, argentée par les rayons lactés et si doux de l'astre des nuits. Rien près de nous, rien au loin, nous sommes seuls sur l'immensité. Les flots venaient timidement clapoter contre notre *Etoile* qui filait, ah! combien doucement, la proue piquée sur le détroit de Bonifacio.

Huit heures du soir, prière. Savez-vous qu'elle est impressionnante cette prière au Tout-Puissant, au maître des éléments, à celui qui, sur la mer de Tibériade, a commandé aux vents déchaînés. On prie bien, allez. Tout y porte, du reste : le lieu, la mobilité de notre église flottante, une chapelle charmante toute illuminée, une foule pieuse et recueillie, un grand nombre de prêtres à genoux au pied de l'autel, un Évêque, Mgr Thistchler, qui prie comme un ange et qui sera en réalité l'ange terrestre du pèlerinage, un je ne sais quoi de grandiose qui empoigne, qui tranche sur les cérémonies de ce même genre sur terre et qui fait que la prière monte naturellement ardente vers le ciel.

La prière dite, le Salut du Très Saint Sacrement est donné; avec quelle pieuse émotion les fronts s'inclinent sous la bénédiction du Dieu de l'Eucharistie, qui daignera nous accompagner partout, se faire notre compagnon de route pendant notre long pèlerinage. Puis des avis de circonstance sont donnés par le directeur du pèlerinage, avis qui porteront désormais l'inévitable sous-titre de *très importants*. C'était vrai, parfois!

La cérémonie terminée, chacun se retire ou prolonge son colloque intime avec le Très-Haut ; on a tant à lui dire, pour soi, pour les absents, pour ceux qu'on a laissés au foyer domestique, pour les amis dont les cœurs, pour lesquels il n'y a ni terre, ni mer, *ni distance*, nous suivent.

Chose curieuse, ici, ce qui sépare les corps, *la distance*, unit plus fortement les âmes, et on se sent plus près des êtres aimés à mesure qu'on s'éloigne d'eux : c'est un sentiment extrêmement fort et indiciblement doux.

A neuf heures, le thé est servi pour les passagers de première classe, et les entretiens qui, les autres jours, se prolongeront fort avant dans la nuit, sont courts, ce premier soir ; on a besoin de calme, du silence de la nuit, de l'isolement de sa cabine pour se recueillir, revivre les émotions de la journée. On a besoin aussi de prendre un repos réparateur après quarante-huit heures de course folle à travers la France et d'autres pays et les préparatifs bousculants de la dernière heure. Aussi à dix heures tout repose. Les matelots de garde, seuls ne dorment point. Le bon Dieu, ses Anges et ses Saints veillent sur nous.

Etoile, cabine, vue d'ensemble d'une journée.

Au seuil de notre voyage au tombeau du Sauveur, faisons une halte ; jetons ensemble un coup d'œil sur le navire qui nous porte, la cellule que nous habitons, et disons ce qui compose la trame de notre journée. L'une d'elles vous dira toutes les autres, puisqu'elles seront identiques pendant le cours de notre traversée.

L'*Etoile* est un magnifique steamer construit il y a quelques vingt ans dans les chantiers d'Angleterre. Il était le modèle-type de la flotille qui devait se livrer au commerce du thé en Chine.

Voici quelques notes le concernant : Jauge brute, 2.820 tonnes ; longueur entre perpendiculaire, 104m. 24 ; largeur au maître-coupe, 11 m. 66 ; creux sur quille, 9 m. 28 : tirant d'eau en charge, 6 m. 50 ; machine Compound à deux cylindres verticaux, force 1.200 chevaux. Nombre de passagers : 1re classe, 88 ; 2e classe, 140 ; 3e classe, 288 ; en tout, 516.

Ceci c'est la carcasse, mais comme elle est bien habillée. Comme elle est pimpante et élégante notre *Etoile*, comme sa chapelle est gracieuse et produit bon effet! L'aigle n'est pas le roi des oiseaux par sa taille, mais par toutes ses autres qualités. Ainsi l'*Etoile* a d'énormes concurrents comme taille, en grâce elle n'en connaît pas; proclamons-la reine de la mer.

Les cabines, il y en a de toutes formes, de toutes dimensions: de toutes simples et de luxueuses.

Luxueuses, laissons le mot, mais il trahit un peu la vérité; elles sont un peu mieux que les autres, et les autres sont confortables comme il convient à des pèlerins de pénitence. Cependant, je ne veux pas céder à une boutade d'humeur chagrine: les cabines sont bien; que les lecteurs incrédules fassent comme moi, qu'ils prennent un billet de pèlerinage et en fassent l'expérience, ils en seront ravis.

Au surplus, voici la description de la mienne: 4 mètres de long, 2 m. 20 de large et 2 m. 50 de haut, et là-dedans huit passagers, par conséquent huit ..., j'allais dire huit lits..., non, huit couchettes. Malheur s'il y a dans le nombre un ronfleur, un somnambule ou un rêveur à haute voix, plaignez les sept autres: plaignez-les surtout s'il y a plusieurs de ces infirmités réunies dans la même cabine; c'est alors pour eux que se réalise bien notre devise de pèlerins *de pénitence*, et qu'ils en savourent toutes les douceurs nocturnes.

Huit couchettes d'environ 65 centimètres de large! Malheureux obèses!... Quatre de chaque côté, cela va de soi. Au milieu, un étroit passage d'environ 80 centimètres. Une chaise, quelquefois deux, ce ne sont pas les chaises qui manqueraient si l'on voulait, mais la place: une échelle pour aider à escalader le lit supérieur, une cuvette-lavabo, un miroir, à côté une étagère pour loger un verre et une carafe d'eau: enfin, dans un coin discret, « l'indispensable », l'ami des moments angoissés, le « vomitoire », comme l'appelait un concelluliste. Et c'est tout.

Non, j'oublie les colis des voyageurs: il y en a dessus, dessous, à droite, à gauche, un peu partout. Voyez, de là, ce qui reste de places pour les huit habitants!...

Or, pensez-vous qu'on s'en plaigne? Oh non! A la guerre comme à la guerre! Et puis, le grand refrain qui assaisonne tout, qui arrête tout murmure sur les lèvres, si toutefois il y arrivait, refrain qui alimente la gaité — c'est bien un peu la bonne humeur, le bon caractère de chacun — mais c'est avant tout ce mot magique « Pénitence »: à tout coup il revient et remet tout en place, même les caractères parfois à l'envers.

Il ne faut pas croire que cette fameuse couchette de 65 centimètres de large sur 1 m. 80 de long soit délicieusement douce, ce serait une erreur complète. Un treillis de fer, un matelas dessus, et c'est tout. Mais ce n'est rien. La première nuit, c'est dur, sans doute; la seconde nuit, c'est moins dur, on dort un peu; la troisième nuit, brisé que l'on est par les deux précédentes, on n'y pense plus, on dort à poings fermés, si.... oh! que de si il y a! si... la mer n'est pas trop mauvaise, si... il n'y a pas trop de tapage, si... il ne fait pas trop chaud, si... l'on n'est pas trop indisposé, si.... si.... si...; on continuerait facilement cette litanie, sans crainte d'être monotone, s'il n'y avait pas à craindre d'être scie soi-même.

J'ai parlé de tapage. Oh ce tapage! tapage de la machine, tapage des matelots, tapage des passagers, tapage de ceux qui crient pour faire taire les autres, quel tapage, grand Dieu! J'ai parlé aussi de la chaleur. Ciel! Dieu seul saura ce qu'on a jamais sué dans cette sainte cabine.

La nôtre était au grand complet, moins, cependant, ceux qui ont eu la charité de nous laisser dormir en sommeillant eux-mêmes sur le pont. Elle n'avait, comme toutes les autres, du reste, que deux petits hublots, petites ouvertures, à peine de quoi passer la tête, ouvertures qui donnaient air et lumière, deux *bibelots*, comme les appelaient un de nos gais compagnons et que l'on fermait hermétiquement presque tous les soirs, de crainte que la mer houleuse ne soit venue alors, sans crier gare, rendre visite aux pauvres dormeurs. C'eût été pour le moins gênant!

Je ne voudrais pas empiéter ni dire avant le temps les impressions de nuit, mais quand, par aventure, ce qui arrivait quelquefois, on restait sur le pont pour respirer l'air frais, c'était plus que scabreux, en entrant, d'allumer brusquement la lampe électrique ; on trouvait de pauvres diables s'étant finalement endormis dans toutes les positions possibles, à la recherche d'un peu d'air frais qu'ils n'avaient point trouvé.

Oh ! les cabines, pas plus, du reste, sur les autres bateaux que sur notre chère *Etoile*, ne gardent pas les sympathies du voyageur : elles sont plutôt dures qu'agréables pour lui. L'endroit aimé du navire, c'est le pont.

Va, pour les cabines, cela suffit : et, si l'occasion s'en présente, nous y reviendrons.

Physionomie d'une journée sur mer.

Le lever est facultatif : en général, on se lève de bonne heure, raison de piété ou autre, peu importe. Dès cinq heures du matin, des prêtres montent à l'autel. La Direction a bien fait toute chose ; elle a fait dresser de tout petits autels portatifs de 1 mètre de long sur 50 centimètres de profondeur tout autour de la chapelle, intérieurement et extérieurement, de sorte que dans un espace relativement restreint il peut se célébrer un grand nombre de messes à la fois, de vingt à vingt-cinq environ.

Il va sans dire que l'action principale de la journée est la sainte messe. Rien n'est beau comme cette théorie de prêtres célébrant ensemble les saints Mystères : rien n'est émouvant comme le zèle empressé avec lequel les messieurs de tout âge s'offrent à servir le prêtre à l'autel ; ils regardaient, à juste titre, cette action comme grandement sainte. Aussi, certains d'entre eux, malgré une mer parfois très fatigante, ne se lassaient jamais de remplir cette pieuse fonction. Ils ont été extrêmement édifiants.

La messe du pèlerinage s'est dite chaque jour vers les sept heures ; messe basse avec chant de l'*Ave maris Stella*, du grand *Credo de Dumont*, et du suave cantique *Le voici l'Agneau si doux...* pendant la communion avidement fréquentée. La grande majorité des pèlerins la fait à peu près chaque jour ; parfois, vu l'état de la mer, il fallait un vrai courage.

A la fin de la messe du pèlerinage, le célébrant qui n'était autre que le Directeur lui-même, donnait quelques avis relatifs à la journée et où la note gaie et surtout édifiante ne manquait jamais.

A neuf heures, chapelet médité par un des directeurs du pèlerinage. Chant d'un cantique. Dix heures et demie, déjeuner suivi d'une longue récréation. C'était le moment le plus tranquille de la journée. Jusqu'à trois heures, où l'on disait en commun un second chapelet, lorsqu'on ne faisait pas l'exercice du Chemin de la Croix, une vie nouvelle éclosait sur le bateau.

C'était sur le pont de l'*Etoile* tout un monde en miniature, causeries intéressantes, lectures, notes prises, lettres écrites, pour être jetées à la poste à la première escale. Jeux intéressants, travaux manuels, muettes admirations de l'immensité, chacun, et tour à tour, se livrait aux inspirations du moment et suivait son goût personnel.

Vers les quatre heures, presque chaque jour, il y avait une intéressante conférence se rapportant plus ou moins directement au pèlerinage. Nous en avons eu sur les lieux que nous devions visiter, sur les missions du Yucatan par le P. Devoucoux, missionnaire là-bas : sur l'union des Eglises, le mont Athos, Constantinople, par le R. P. Petit, des Pères de l'Assomption ; sur les phénomènes maritimes, par le docteur Casse ; sur l'*Etoile*, par le capitaine lui-même. Tous les conférenciers ont été chaleureusement applaudis.

Après une journée si bien remplie, il fallait un peu de délassement pour l'esprit et le cœur. Il venait, en effet, presque chaque soir, sous la forme d'une petite comédie improvisée par des artistes de bonne volonté.

Les jeunes gens ne se sont pas fait prier. Avec un brio souvent parfait, ils se chargeaient de dérider les visages et de faire passer un moment délicieux. En tout temps, rien n'est bon comme la gaieté, mais sur le bateau elle est nécessaire, l'ennui serait la ruine de toute vie et même de la piété.

Enfin, la journée commencée par la prière se terminait encore par la prière et la bénédiction du Très Saint Sacrement, suivie du beau cantique : *L'Ombre s'étend.*

L'ombre s'étend sur la terre,
Vois tes enfants de retour,
A tes pieds, ô bonne Mère,
Pour t'offrir la fin du jour,

Le chœur reprend :

O Vierge tutélaire,
O notre unique espoir,
Entends notre prière :
La prière est le chant du soir.

Vous voyez que rien ne laissait à désirer!

Sur les sept jours de traversée qui se ressemblent tous, il en est un, cependant, qui doit être signalé à part, c'est le dimanche. Un dimanche en mer, voilà qui n'est pas du tout banal. La chapelle revêt un air de fête, elle est plus gracieusement ornée que les jours ordinaires. A côté des pèlerins prennent place les hommes de l'équipage, capitaine en tête, tous dans la tenue la plus digne et la plus respectueuse. La messe est chantée solennellement : on fait appel aux voix les plus exercées pour les chants propres. Quant aux chants communs, chacun y contribue suivant son pouvoir. Après l'Evangile, le célébrant prononce une instruction, et, au moment de l'élévation, le canon retentit pour annoncer au loin que Notre Seigneur Jésus-Christ est descendu sur l'autel. C'est imposant, c'est magnifique, et bien des yeux se mouillent de larmes de joie et d'émotion.

Reprenons notre récit où nous l'avons laissé, le soir de notre première journée. La première nuit n'a pas été trop reposante, quoiqu'on eût fort besoin de repos. La couchette, je l'ai dit, est un peu dure; il faut s'y faire et, plus d'une fois, on a regretté le *dodo* de chez soi.

De bonne heure, tout le monde est là, debout; les santés sont parfaites, on commence à se rire des sombres pronostics au sujet du fameux mal de mer et à le plaisanter. Patience!...

Le docteur lui-même se plaint qu'il n'y a rien à faire et, comme le commun des mortels, il tue le temps à scruter l'espace, à pointer ses jumelles sur tous les points de l'horizon à la recherche de quelques buts visibles.

Vers midi, la Corse apparaît enfin dans le lointain. Il faut être marin pour crier terre! de si loin. C'était vrai, cependant, et ce fut un événement pour nous. Peu à peu l'île approche ou mieux nous approchons; elle s'allonge, elle se découpe, elle étale ses grâces. Je vous prie de croire que les jumelles travaillaient ferme.

A deux heures et demie, nous en sommes à une portée de fusil et, tout en face des bouches de Bonifacio, ville curieuse plantée sur une falaise sauvage surplombant la mer. Elle compte environ 4.000 âmes. A l'aide du sémaphore, une dépêche est envoyée à la *Croix de Paris* pour annoncer que tout va bien à bord. On peut se demander comment on correspond avec un sémaphore. Le voici en peu de mots. Les marins hissent les drapeaux de différentes couleurs, ces drapeaux expriment et représentent des mots, des phrases même. Ensuite, le préposé au sémaphore balance un drapeau qui signifie : compris.

Nous naviguons entre deux côtes sauvages, énormes rochers stériles, parsemés çà et là de buissons rabougris. Nous rencontrons un certain nombre d'îlots, entre autres celui de Lavezzi rendu tristement célèbre par le naufrage de la frégate *La Sémillante* qui, privée de son gouvernail, vint, par un temps effroyable, se briser contre ses rochers. Elle portait tout un régiment en Crimée. Des milliers de personnes qui la montaient, pas une seule n'échappa au désastre.

Quelque temps après, des plongeurs napolitains retirèrent du lieu où *La Sémillante* avait été engloutie, 700 cadavres, parmi lesquels celui du capitaine Jungan en grand costume, ainsi que celui de l'aumônier, revêtu du surplis et de l'étole, et tenant à la main un crucifix. N'est-ce pas une raison de supposer qu'il donna solennellement l'absolution aux passagers au moment de la catastrophe? Les soldats eux, étaient nus. Ils avaient reçu l'ordre de quitter leurs vêtements afin de pouvoir mieux se sauver à la nage.

En passant devant les deux chapelles qui renferment le tombeau du capitaine et celui de l'aumônier, devant le cimetière des soldats et la colonne funèbre élevée au milieu de cet affreux sinistre (nous les apercevons très bien du navire), nous nous découvrons religieusement, en même temps que du vaisseau monte lugubre la prière des morts, le *De Profundis*. Un pénible sentiment de tristesse a envahi nos âmes.

Bientôt nous allons marcher sur un gouffre de 3.659 mètres. Quel abîme, la mer!

La Sardaigne est là tout près de nous, moins belle, moins majestueuse que la Corse et aussi moins riche. Nous traversons le détroit, à la hâte. La terre s'estompe peu à peu et, à cinq heures, Corse et Sardaigne, tout a disparu et, d'ici vingt heures, nous ne reverrons plus la terre. Ce soir-là nous avons eu une fort intéressante conférence sur la Corse, où il nous a été dit avec beaucoup d'humour que le vieux Sénèque ramenait à quatre les lois caractéristiques de ses habitants: paresseux, menteurs, voleurs, athées; on ne peut pas dire que c'est élogieux! Il est bien entendu que, depuis, ils se sont complètement transformés!...

La chaleur commence vivement à se faire sentir, on se couche très tard.

***

Dimanche 10. — Temps superbe, la mer continue à être d'une amabilité sans pareille; décidément elle nous gâte. Grand'messe à huit heures et demie par Sa Grandeur Mgr Tristchler, avec diacre et sous-diacre, ce que les marins dans un langage à eux appellent une messe à *trois-mâts;* ce n'est pas banal. M. l'abbé Pépratz, de Perpignan, prononce une gracieuse allocution sur la foi, l'espérance et la charité, qu'il appelle à son tour, et à juste titre, un sermon *à trois-mâts*; ce mot avait fait fortune.

Nous voici arrivés au groupe des îles Lipari. Les principales sont : Lipori, Vulcano, Panari, Solina, Félicudi et Alicudi, petits îlots avec quelques centaines d'habitants, tous bergers ou pêcheurs.

Ce jour-là tombait la fête du Saint Nom de Marie, qui signifie Etoile de la Mer, notre véritable Etoile par conséquent. Aussi, à neuf heures du soir, grande fête sur le bateau, qui se traduisit par une brillante illumination.

Soudain une magnifique étoile lumineuse apparait au sommet de la Croix de Jérusalem et de toutes les poi trines éclate l'*Ave Maris Stella*, puis le cantique à Notre-Dame de Lourdes: *Ave, ave, ave Maria*, et enfin le *Magnificat* précédé d'un fervorino bien donné par M. le Directeur. Ce fut avec un enthousiasme plein d'amour que nous avons acclamé le nom béni de *Notre Mère.*

Le Stromboli.

A neuf heures du soir, on aperçoit au loin un point lumineux et variable dans le bas du ciel. Qu'est-ce? une étoile? un phare? Rien de tout cela, c'est le *Stromboli*, c'est le fameux volcan que nous apercevons dans le lointain. Dans deux heures nous serons à ses pieds. Le capitaine, par une délicate attention, fera passer notre *Etoile* tout au pied. A mesure qu'on approche, le spectacle devient plus terriblement intéressant.

De sourds grondements rugissent dans les entrailles du monstre, éclatent comme une épouvantable décharge d'artillerie, et une immense gerbe de feu s'élève du sein d'un tourbillon de fumée noire montant dans les airs à une hauteur prodigieuse, et retombe en mille gerbes d'étoiles, matière incandescente, éclairant d'une lueur sinistre le sommet du cratère. Une lave enflammée coule alors en une multitude de sinueux sillons sur le flanc de la montagne volcanique, se prolongeant jusque dans les eaux frissonnantes. Ce sont de véritables torrents de feu qui courent se jeter dans la mer. Il n'est pas de termes assez expressifs pour peindre ce majestueux autant qu'infernal tableau.

C'est un spectacle féerique d'une beauté terrifiante ; ce phénomène s'est reproduit une dizaine de fois pendant que nous passions lentement à ses pieds. Nous pouvons dire qu'il a été fort gracieux pour nous et qu'il s'est comporté en homme bien élevé à notre égard. Mais, h[illegible]s ! nous ne nous doutions pas qu'à cette heure [illegible]ous étions là muets d'admiration et prêts à applaudir chacun de ses fantastiques vomissements, à quelques 50 kilomètres derrière nous, dans la pauvre Calabre, des centaines et des centaines de victimes périssaient dans un effroyable tremblement de terre. C'était le même phénomène produisant des effets bien différents, des cris de joie ici, des cris de détresse, la mort, là-bas !

Nous reverrons l'île, de jour, à notre retour ; ce sera un autre spectacle qui aura son mérite aussi ; mais pour ne pas y revenir, achevons ce qu'il y a à dire. L'île du Stromboli est une petite terre de 20 kilomètres carrés environ de superficie ; elle compte 1.300 habitants, répartis dans deux petits villages : San-Angelo et San-Bartolo dont les maisons basses à fenêtres-lucarnes sont toutes pourvues de terrasses. A côté des pentes noircies et désolées, il y a des coteaux couverts de superbes vignes.

A cette île se rattache le souvenir des âmes du Purgatoire et l'institution de la fête du 2 Novembre.

Voici le fait :

Un religieux français, revenant de Terre Sainte, assailli par une tempête, fut jeté dans cette île déserte. Il y rencontra un ermite, qui passait là ses jours dans une austère pénitence, retiré dans une caverne. Le saint homme, apprenant que celui-ci était Français, lui demanda s'il connaissait le célèbre monastère de Cluny et s'il avait entendu parler du vénérable Abbé Odilon. Sur sa réponse affirmative, l'ermite lui dit : « Il y a près d'ici un lieu où j'ai vu souvent de grandes flammes capables de dévorer tout ce pays. J'entends souvent les gémissements des âmes qui expient leurs fautes, comme aussi les cris des démons qui font rage parce que ces âmes sont délivrées par les prières du saint Abbé Odilon et des moines. C'est pourquoi, ajouta l'ermite, je vous conjure, au nom de Dieu, de raconter fidèlement tout ce que je viens de vous dire au vénérable Odilon afin qu'il continue avec plus d'ardeur ses prières et ses aumônes pour accroître de plus en plus la joie des Bienheureux au Ciel et la tristesse des démons en enfer. »

A son retour en France, le religieux fit part à l'Abbé de Cluny de ce qu'il avait appris du pieux ermite. Saint Odilon institua alors la Commémoraison des Trépassés dans toutes les maisons de son Ordre ; la fête fut bientôt adoptée par le Pape pour toute l'Eglise.

Détroit de Messine.

Lundi 11. — Quatre heures du matin, grand branle-bas général. On se lève précipitamment, cela en vaut la peine. Nous entrons dans le féerique détroit de Messine, d'une longueur de 20 kilomètres et dont la largeur dans l'endroit le plus resserré ne mesure pas 3 kilomètres. Partout sa profondeur est considérable. Nous passons entre Charybde et Scylla. Brrr... les histoires terrifiantes du passé nous effraient, oh !... très légèrement, et notre bateau passe tranquillement et majestueusement sans songer au danger. On voit cependant la coque de l'*Armorica*, bateau de Marseille, qui a sombré ici, il y a deux ans environ. C'est à babord que se trouve le fameux écueil de Scylla dominé par un rocher abrupt le long duquel est une petite ville de 8.000 habitants. On le représente sous les traits d'une jeune fille avec un corps de loup et une queue de dauphin. On disait jadis:

« *Incidis in Scyllam, volens vitare Charybdim.* »

La côte italienne de la Calabre est très riante. On voit se succéder presque sans interruption des villes et des villas qui s'étagent sur le flanc des montagnes, et reliées entre elles par une voie ferrée. On voit nombre de torrents desséchés qui sortent des vallées profondes. La ville principale est Reggio, construite en amphithéâtre au pied du massif de l'Aspromonte; elle est d'un aspect fort agréable.

C'est à tribord que se trouve Messine, Messine la noble, dans « l'île fortunée ». C'est une ville de 80.000 ou de 150 à 436.000 habitants si on y ajoute la banlieue. C'est le port le plus central de la Méditerranée, il se recourbe en pleine mer comme une faucille. D'où le nom de Zanclé donné à la côte.

Nous passons devant la citadelle construite en 1680 par le roi Charles XI d'Espagne et les forts de l'Anterme et de San Salvador. Les quais se développent sur une grande longueur et nous apparaissent bordés de maisons uniformes d'un bel aspect d'ordre architectural. Sur le Corso Emanuele s'élève la statue de Neptune tenant enchaînées deux montures que l'on croit être Charybde et Scylla.

Notre bateau file, Messine disparaît et, dans le lointain à droite, l'Etna, gigantesque montagne de 3.312 mètres de hauteur et de 38 lieues de base, se montre à nous. Il est superbe dans son éternelle brume et dans son majestueux silence, plus superbe encore quand il s'éveille, mais aussi abominablement terrible puisqu'il ne se gêne pas pour engloutir sous ses ruines 60 à 80.000 personnes, comme en 1693.

Pendant plusieurs heures nos regards sont ravis par les splendeurs, tour à tour sauvages et riantes, qui se déroulent de chaque côté de nous ; on quitte une rive pour courir à l'autre, c'est enivrant sous les feux si doux et si clairs du soleil matinal.

A neuf heures, nous quittons complètement ce détroit, en rasant le cap de Spartivento ; la terre s'éloigne, s'estompe, disparaît : nous sommes en pleine mer Ionienne.

Absoute de la mer.

Lundi 11. — La mer Ionienne marche sur les traces de sa grande sœur, la Méditerranée. Elle est d'un calme parfait vraie mer d'huile. C'est rare, dit-on, à cause des courants qui se produisent venant de l'Adriatique : tant mieux !...

Ce matin a eu lieu une cérémonie très imposante, *l'absoute de la mer*. Après la messe de *Requiem*, célébrée par Mgr Tristchler, Sa Grandeur s'avance à l'arrière du bateau et, les chants de la sainte liturgie terminés, Elle donne l'absoute solennelle sur la mer, immense cimetière qui garde dans ses flots caressants tant de cadavres. Tant par son objet que par le cadre où elle se déroule, c'est une cérémonie impressionnante au plus haut point.

Le soir de ce même jour M. l'abbé Devoucoux, missionnaire au Mexique, fera une conférence d'un palpitant intérêt sur les mœurs et les habitudes chrétiennes de ces contrées lointaines. Des larmes coulent. le conférencier parle avec tant d'intérêt et de conviction!

A ce moment pour la première fois la mer devient houleuse; nous roulons et ça ira crescendo jusqu'à huit heures. Il suffira de ce petit coup de boutade de la mer pour faire vider le pont, le réfectoire et autres lieux, et combler les cabines. Des yeux hagards, des mines cadavériques, des disparitions brusques et silencieuses, d'ici, de là, des gémissements, des sons inarticulés, des bruits insolites. Les vaillants sourient et applaudissent!...

Tel est le spectacle qui a fait subitement place à la joie bruyante de tout à l'heure. C'est la soudaine apparition du mal fameux qui fait la terreur des *navigants*.

La pilule est amère... il faut l'avaler! mais voyez un peu les conséquences, heureuses, d'après le poëte.

A la porte du Paradis.

Un jour, le grand Saint Pierre, au lever du soleil.
A peine réveillé de son divin sommeil,
Au seuil du Paradis vit arriver une âme,
. . . .
« Partez au Purgatoire, allez pauvre mortelle,
Et l'on vous reverra, les trois ans écoulés,
Prendre place avec nous au céleste palais. »
. . . .
L'âme se retirait en suprême tristesse,
Elle était déjà loin : « Arrêtez-vous, de grâce,
Votre compte est réglé, mais moi je le repasse. »
Et d'un air triomphant, le livre étant ouvert :
« Pèlerin sur la *Nef*..... avec *le mal de mer !*
Ça vaut tout justement trois ans de Purgatoire,
Ainsi le veut Jésus..... entrez donc dans la Gloire...

TRÉCA.

Vive donc le mal de mer, surtout après qu'il est passé!... C'est un peu comme le martyre qui est très beau de loin, mais de près!... hum... c'est différent.

CHAPITRE III.

Le Pirée, Athènes, l'Acropole, Athos, Dardanelles.

Mercredi 13. — La journée d'hier mardi s'est passée dans le calme le plus complet. Il n'y avait plus trace des angoissantes émotions de la veille, d'autant plus fâcheuses que c'étaient les premières ; à la fin du voyage, ce seront de vieilles connaissances moins inquiétantes. Le religieux accomplissement du programme a fait tous les frais de la journée. La mer était redevenue la mer des premiers jours, calme au possible : on en profite pour préparer son courrier, on savait que le lendemain on devait aborder à Athènes et qu'on pourrait ainsi envoyer aux absents nos premiers saluts. Ils les attendaient avec impatience.

Dès la pointe du jour nous étions en vue de la Grèce. Nous côtoyons ses rives fameuses, si riches en souvenirs de tous genres. Là aussi les jumelles manœuvraient ferme, mais on ne découvrait pas ce qu'on attendait ; de fertiles vallées, de verdoyants coteaux, comme dans nos contrées occidentales. Tous ces monts nous paraissaient désolés, arides, sans vie, et les illusions tombent les unes après les autres. Déjà Strabon disait que la Grèce n'était plus que « le squelette » de ce qu'elle fut autrefois. Que dirait-il aujourd'hui ?

Athènes. — La voilà dans le lointain; elle nous apparait comme un petit village aux flancs d'un sommet. Le sommet ainsi vu de loin c'est l'Acropole et c'est bien Athènes qui se cramponne à ces flancs; - le tout parait desséché et nu.

Le Pirée est le port d'Athènes, nous y entrons vers les neuf heures du matin. Il est très animé. C'est une des *Échelles du Levant*, devenue depuis quelques temps très commerçante. Le Pirée a été creusé par Thémistocle et a été ajouté aux deux ports de Phalère et de Mysichlée.

Pendant l'ancrage de notre *Etoile*, opération assez longue, nous fouillons de nos regards scrutateurs la petite ville qui nous entoure : ville coquette, quelques monuments remarquables, imposants même, mais dont nous ne connaissons pas la destination. Les inscriptions en grec sur les docks et les magasins ont le don de nous intéresser vivement.

A peine descendus nous montons dans le tram électrique qui nous conduit, en moins de vingt minutes, à Athènes. La ligne traverse une plaine arrosée par le Céphise et l'Ilissos ; à l'est se dresse le mont Hymette, aride lui aussi, mais encore célèbre par son miel fameux. Là nous avons vu de pauvres attelages de bœufs, traînant des charrues bien primitives, grattant, c'est le mot, une terre maigre, en apparence du moins.

En un clin d'œil nous sommes en voiture et, en route pour l'Acropole, la merveille des merveilles, où l'art grec a rassemblé tous ces chefs-d'œuvre!

Au premier plan est l'arc d'Hadrien, d'un développement de 12 mètres de long; il supporte un *attique* percé de trois niches surmontées d'un fronton, il détermine les limites des deux villes d'Hadrien et de Thésée.

A environ 200 mètres de cette porte se trouve le fameux temple de Thésée, remarquable par son imposante colonnade. Il est en marbre du Pentélique et remonte, croit-on, à Simon, 470 ans avant Jésus-Christ.

En revenant sur nos pas vers la porte d'Hadrien, nous trouvons l'*Agora*.

L'Agora était une place publique, ornée de portiques et, de plus, était un marché. C'est dans l'Agora que Saint Paul a parlé. C'est le lieu tout désigné, en effet, où l'étranger petit de taille et au rude langage pouvait entrer en conversation avec les oisifs toujours très nombreux. Surpris d'un tel langage, ses auditeurs le pressent de monter à l'*Aréopage* pour s'expliquer.

Vue du Pirée, port d'Athènes.

L'aréopage était une sorte de sénat, exerçant haute censure sur les lois, les mœurs et l'éducation. Saint Paul gravit l'escalier de pierre qui conduit au sommet de la colline où était le tribunal. Il avait autour de lui l'élite de la Grèce et d'Athènes. C'est là que, s'emparant d'une inscription fameuse « *Ignoto deo* » qu'il avait lue sur un temple quelconque, il annonça sans crainte, la grande vérité d'un Dieu unique et de la résurrection. Les positivistes et les sceptiques d'alors se mirent à rire, et bientôt la séance fut levée. C'est en cet endroit qu'avait retenti aussi la puissante voix de Démosthène.

Nous avons été heureux de trouver là, pour la première fois, les traces du grand Apôtre : nous les avons baisées avec respect. Pour le pèlerin, le souvenir de Saint Paul éclipsait tous les autres.

Le sommet de l'Acropole.

Il est temps de gravir ce sommet fameux qui tient une si grande place dans l'histoire d'Athènes, et qui renferme le Parthénon, la merveille de l'architecture.

Aspect des ruines.

L'acropole est un plateau de 59 mètres de haut, 150 de large et 300 de long.

Quel merveilleux piédestal, d'ailleurs, que ce rocher isolé et superbe, baigné de lumière ! Si vous l'apercevez de la porte d'Hadrien, il se dresse imposant dans la majesté de sa force, avec sa splendide couronne de monuments.

« Les ruines de l'Acropole, a dit Lamartine, forment un chaos ruisselant de marbres de toute forme, de toute couleur, jetés, empilés, dans le désordre le plus bizarre et le plus majestueux. De loin, on croirait voir l'écume de vagues énormes qui viennent se briser et blanchir sur un cap battu des mers. L'œil ne peut s'en arracher, on les regarde, on les suit, on les admire, on les plaint avec ce sentiment qu'on éprouverait pour des êtres qui auraient encore le sentiment de la vie. C'est le plus sublime effet de ruines que les hommes aient jamais pu produire, parce que c'est la ruine de ce qu'ils firent de plus beau. »

Les Propylées.

On accède à l'Acropole par les Propylées. Un large escalier y conduisait ; ses gradins étaient interrompus au milieu par un chemin en pente douce pour laisser passer les chars et les cavaliers. Un portique composé de six colonnes doriques conduisait à cinq portes par lesquelles on entrait dans l'enceinte sacrée.

La porte centrale avait sur ses côtés deux rangées de colonnes ioniques et la toiture était terminée par un fronton. L'œuvre était due à l'architecte Mnésiclès : elle coûta 2.000 talents, soit 11.800.000 francs. L'œuvre exécutée avait la grâce infinie des œuvres qui ne vieillissent point : c'était en quelque sorte le vestibule idéal de l'idéal Parthénon.

Parthénon.

Les Propylées franchis, gagnons de suite la merveille, *le Parthénon*.

Ce n'est plus entre les ruines qu'une ruine majestueuse, plus qu'une pièce de musée sur un gigantesque piédestal ; mais cette ruine, au mâle et sévère style dorique, qu'elle a fixé en sa forme définitive, parle plus que nulle autre à l'imagination et donne à l'âme l'impression totale de la sérénité dans la grandeur, une grandeur au charme enveloppant qui repose, non une grandeur qui écrase ou obsède.

Les chrétiens, au VIe siècle, firent du Parthénon une église consacrée à la Vierge Mère de Dieu.

Le temple de la Victoire Aptère.

L'annexe du sud donne accès à la plate-forme du temple de la Victoire Aptère.

Ce monument est un petit temple d'ordre ionique. Il remonte à Périclès, peut-être même à Simon. Ce petit temple avait un portique en avant et un portique en arrière, lesquels portiques étaient fermés sur les côtés. Dans la *cella* était une statue de la Victoire, en bois, très ancienne. Pourquoi appelait-on cette Victoire : « Aptère — Sans ailes? » Pausanias dit : « Les Athéniens pensent que la Victoire restera toujours parmi eux, puisqu'elle n'a pas d'ailes. »

L'Erechtéion et la tribune des Cariatides.

Par un escalier au Nord du Parthénon, on pouvait descendre dans le second temple ou temple de Pandrose. Un péristyle, situé contre le mur latéral, formait l'entrée principale à gauche. Contre le mur latéral de droite est la tribune des Cariatides.

Les colonnes de l'Erechtéion sont d'ordre ionique, leur aspect est svelte et élégant : elles ont près de neuf mètres de hauteur. Dans son ensemble, le monument ne dépasse pas onze mètres de longueur. Il a été en partie construit de 413 à 421, sur l'emplacement d'un vieux temple, et terminé en 407.

La tribune des Cariatides ajoute une grande originalité au temple de l'Erechtéion. Six jeunes femmes, présentant tout à la fois l'élégance et la force, sont portées par un stylobate élevé, orné supérieurement d'une moulure. Elles portent sur leur tête un coussinet, sur lequel repose un élégant entablement sans fronton. Cet édicule mérite l'admiration dont il a toujours été l'objet.

Dans le Parthénon, ou temple de Minerve, déesse de la sagesse, des arts et de la guerre, on conservait la statue de cette divinité, chef d'œuvre de Phidias ; cette statue était toute en or et en ivoire. L'entablement du temple était peint en rouge, bleu et doré. Sur les frises se trouvaient entremêlés l'or et les teintes vives étincelant au soleil, non moins que les boucliers d'or qu'Alexandre y avait fait suspendre.

De ces divers monuments il ne reste plus à présent que des cariatides, colonnes, entablements, escaliers et murs. Ce sont autant de précieux vestiges de l'art grec.

Ici, sur cette colline, étaient les merveilles dues au ciseau de Phidias, le plus grand statuaire de l'antiquité, et de ses disciples ou rivaux : Iktinos, Kallicrate, Kritios, Kalami et Miros.

De l'Acropole, on a une fort belle vue sur toute la nouvelle Athènes et sur toutes les montagnes aux noms classiques : à l'est, *l'Hymette*, le *Pentélique* et le *Parnès*, qu'il ne faut pas confondre avec le Parnasse : à l'ouest, l'*Icare* et, par-dessus, la cime du *Cithéron* : non loin le *Libabette* au sommet duquel est un couvent ; et enfin, au sud, on voit la mer, le Pirée, les côtes de Salamine, d'Egines, d'Epidaure et la citadelle de Corinthe.

Descendus de ce mont, nous visitons, à peu de distance de l'ancienne Athènes, les antiques monuments suivants :

La *Tour des Vents*, sur laquelle on avait construit une horloge hydraulique et un cadran solaire. Cette tour était une sorte de rose des vents. Chacune de ses faces correspond soit à l'Aquilon, au Notus, à l'Eurus, etc., etc.

Le Temple de Jupiter Olympien, dont il ne reste plus que quinze colonnes; on aura quelque idée de la splendeur de ce temple quand j'aurai dit que deux de ses façades avaient une triple rangée de huit colonnes, et que les deux autres en avaient une double de cent colonnes corinthiennes de plus d'un mètre et demi de diamètre. C'était après celui d'Ephèse le plus grand temple de l'antiquité.

Le Théâtre de Dionysius, immense enceinte qui pouvait contenir 30.000 spectateurs.

Le Stade : c'est là que se célébraient les jeux gymniques des Panathenées. L'arène a deux cent trente-cinq mètres de long, quarante-et-un de large. Ce fut Lycurgue qui en donna l'idée. En 1895 le stade fut reconstruit en marbre, grâce aux libéralités de M. Aberoff, qui offrit un million.

L'Odéon d'Hérode, où se faisaient entendre les poëtes et les musiciens, était entouré de nombreux bancs circulaires, en marbre, disposés en gradins. Ces bancs sont aujourd'hui plus ou moins détériorés. On nous montre les places remarquables qu'occupaient le Grand-Prêtre et les hauts personnages.

Dans l'après-midi, nous parcourons la nouvelle Athènes, ville qui, en 1834, comptait seulement 300 maisons, et, maintenant, renferme une population de 120.000 habitants. Nous passons devant le palais royal dans les jardins duquel croissent de beaux et nombreux poivriers; je cueille à l'un d'eux un petit rameau qui supporte de nombreux fruits à couleur rouge, et qui sont les grains de notre précieux piment. le poivre, dans leur jolie enveloppe.

Nous allions visiter le Musée. C'était une joie; elle fut de courte durée, il était fermé. Soit règlement, qui aurait sans doute fléchi pour des touristes anglais, soit mauvaise volonté, nous avons été privés de ce doux régal.

Nous passons près de la Chambre des Députés, rien à dire. Dans l'église latine d'une assez belle envolée, mais non encore terminée comme ornementation. nous avons le Salut du Très Saint Sacrement ; il faisait bon se sentir près du Maître dans cette ville étrangère et schismatique. là, dans l'église, nous nous trouvions chez nous.

Chez les bonnes Sœurs de Saint-Joseph nous avons reçu un accueil des plus fraternels. Un goûter délicieux et délicatement servi dans de grandes salles fraîchement peintes et avec un goût parfait, nous attendait. Après une course sans fin, sous un soleil de plomb et un vent desséchant, je vous prie de croire que nous y avons fait honneur.

Nous prenons congé de nos hôtes pour gagner le chemin de la gare. En passant nous entrons dans une église orthodoxe splendidement riche : elle nous frappe d'autant plus avec son icônostase et ses icônes saintes que c'est le premier spécimen de ce genre que nous rencontrons.

Nous continuons notre course à travers la ville moderne, nous parcourons de longues rues droites, mal pavées; de ci, de là, de beaux hôtels, des palais modernes d'une facture imposante. On a essayé de reproduire le style du grand siècle; on n'a réussi qu'à créer d'informes pastiches. C'est une ville en travail de transformation et de modernisation, dont on emporte une impression plutôt favorable. Cependant nous pourrions la quitter sans mériter le reproche de Lysippe disant : « Si tu n'as pas vu Athènes tu es une bûche; si tu l'as vue sans l'admirer, tu es un âne; si après l'avoir vue tu la quittes sans regret, tu es un âne bâté. »

Les rues avoisinant la gare, comme au Pirée celles qui avoisinent le port, sont encombrées d'une foule de marchands de tout ce qu'il est possible de vendre, qui vous harcèlent de leurs offres et de leurs cris assourdissants.

A six heures, nous sommes tous à bord de l'*Etoile*. A ce moment un autre grand navire en partance, par une inadvertance coupable, ou une fausse manœuvre, vient se jeter sur l'*Etoile* et, sans la présence d'esprit et le sang-froid de notre commandant, il aurait pu en résulter de graves avaries. Nous en sommes quittes pour un moment d'émotion.

L'Athos.

Nous partons à sept heures, après une heure de retard et d'attente, laissant là un prêtre portugais. Croyant son père égaré dans la ville, alors qu'il était bel et bien sur le bateau, il redescend, se met à sa recherche, parcourt les lieux, rues et places déjà parcourus; il va, il vient, il interroge partout, tant et si bien que le temps passe, et que quand il arrive à quai, le bateau n'y était plus, n'ayant pu attendre plus longtemps. La direction, toujours attentive, avait laissé un mot au préposé du port pour lui faire prendre le premier navire en partance pour Constantinople, ce qui fut fait, et cette pauvre brebis égarée rejoignit en effet le troupeau dans cette dernière ville; le mal fut ainsi réparé. Mais quelle frousse pour le père et le fils!

La traversée du Pirée à Constantinople se fait environ en quarante heures. Mais notre halte au mont Athos nous obligeant à remonter très haut vers le nord, allongera notre route d'un tiers. Oui, mais Athos vaut toutes les fatigues possibles et tous les retards, et c'est avec enthousiasme que nous voyons notre *Etoile* piquer sa proue vers ces rives célèbres.

Nous devions jeter l'ancre devant le couvent russe de Saint-André, vers midi; mais on avait compté sans la mer, et il fallut décompter.

En effet, un vent du nord s'éleva très fort, la mer devint plus que houleuse. A minuit, le vent redouble de violence; le commandant fait carguer les voiles, de crainte qu'elles ne fussent mises en pièces, et parce qu'elles retardaient la marche. Pour faciliter cette opération, le bateau dut stopper et même virer de bord pour fuir sous le vent.

Ne pouvant reposer dans la cabine par suite du roulis et de la chaleur, j'étais à ce moment monté sur le pont. J'avoue que cette manœuvre nocturne et silencieuse sur une mer en courroux et sous les rafales du vent, m'intéressa vivement. Les intrépides matelots couraient comme des fantômes, de ci de là, sur les vergues, les bastingages, le flanc du navire, exposés à tous les dangers. C'était beau, c'était impressionnant. J'admirais ce que la discipline et le devoir peuvent faire faire; c'était l'abnégation complète d'eux-mêmes. Je demandai à Dieu d'être pour Lui et sa cause, capable d'un pareil dévouement, d'une semblable abnégation!

Ce gros temps, pour ne pas dire tempête, a duré toute la nuit et la matinée. Beaucoup de prêtres n'ont pu dire, ce jeudi matin 14, la sainte messe. Une seconde fois la mer réclamait son tribut : beaucoup le lui ont payé largement, et mon Dieu ! sans se plaindre; ç'eût été du reste inutile.

Nous devions, je le répète, arriver à midi, et ce n'est que vers les quatre heures que nous aperçûmes le continent. Trois immenses langues de terre du Péloponèse s'avancent à plus de 100 kilomètres en mer. C'est un immense trident. Or, c'est la plus au nord de ces dents gigantesques qu'on appelle Athos, que nous voulions voir et visiter.

Athos a une étendue de la valeur de deux départements français environ. C'est une sorte de petite république indépendante et autonome. C'est une terre qui appartient exclusivement aux moines, personne n'a rien à y voir qu'eux. Ils ont une petite armée, une flottille, où soldats et marins, tout est moine. C'est assez curieux de voir ces navires dont tout l'équipage se compose de religieux et où le commandant dit la messe chaque matin à bord.

Il y a là environ 12.000 moines. C'est par conséquent un centre de vie religieuse intense. Aussi cette terre est-elle regardée comme une terre sainte par tous les orthodoxes orientaux. Ces moines sont divisés en plusieurs catégories distinctes, menant une vie très différente, selon la catégorie à laquelle ils appartiennent. Tout ce monde obéit à un gouverneur ou Père général élu pour un laps de temps déterminé. Cette sorte de président est aidé dans son gouvernement par des ministres ou Pères assistants. Son pouvoir est très étendu : il lève les impôts, administre ses sujets, trace les routes, améliore, dans la mesure du possible, son petit royaume.

L'instruction est, paraît-il, assez négligée, d'où une ignorance grande parmi ces moines. Quelques-uns cependant sont fort intelligents et instruits.

Il n'y a là que des hommes, aucune femme n'a le droit non pas seulement d'entrer dans un des nombreux couvents de la presqu'île, mais même de mettre le pied sur cette terre mystérieuse. La raison que les moines donnent, c'est que, d'après une légende, la Sainte Vierge serait venue se réfugier là, chez eux, après la mort de son Fils, pour se consoler. Or, par respect et dévotion pour elle, ils ne veulent pas qu'une autre fille d'Adam foule aux pieds cette terre consacrée par la présence de la nouvelle Ève, de la femme par excellence, de la Mère de Dieu. C'est assez curieux ! la légende encore plus. Mais, allez essayer de leur dire que leur bonne foi les abuse ; vous seriez bien reçu !

Les monastères s'étagent sur le flanc de la montagne ou s'échelonnent sur les rives, pendant plusieurs milles. Ils ressemblent, tantôt, à de gracieux petits villages, tant les corps de bâtiments sont nombreux, tantôt à des sortes de châteaux-forts ; puis, de ci, de là, de tous côtés, sont jetées de petites maisonnettes habitées par un ou deux moines. Le tout est d'un aspect extrêmement riant et gai sous les rayons reposants du soleil du soir. Grecs, Russes, Roumains, Bulgares, Serbes, sont là ; mais ce sont, paraît-il, les Russes qui l'emportent par le nombre et la richesse des couvents. On prétend même que dans un avenir prochain, ils auront expulsé tous les autres religieux, par la seule force d'absorption.

Notre *Etoile* marche toujours et il est six heures. Arriverons-nous? Toute question ainsi posée n'obtient qu'une réponse sybillique ! Bientôt cependant nous piquons droit sur un splendide couvent. Serait-ce lui? Oui, c'est lui, c'est le couvent de Saint-André, celui que nous devons visiter. Mais le soleil baisse, il va disparaître dans le sein des flots. Débarquerons-nous? en aurons-nous le temps?

Oui, nous débarquons, on nous attendait. Aussi, au premier appel de la sirène, avant même que nous soyons amarrés, des barques s'ébranlent du rivage, montées par des religieux excellents rameurs.

Nous descendons, mais hélas ! il n'y aura que les messieurs. Cela nous peine un peu, parce que nous savons que nous laissons sur le bateau beaucoup de chagrin et de grandes envies. Il y a même eu des velléités de tricheries. (Oh ! Dieu les pardonne, elles n'ont pas été bien sérieuses). Je dois même à la vérité de dire que ces dames ont été très généreuses dans leurs sacrifices.... peut-être un peu forcément ! Mais qu'importe?

Le soleil a disparu quand nous touchons terre. Un flot de religieux est là nous attendant sur le quai, pour nous conduire : ils sont 1.500 dans ce monastère. Très aimablement ils nous pilotent, et en quelques minutes nous atteignons le monastère perché à quelques 60 mètres dans la montagne.

Nous entrons par un porche grandiose, dans une cour à laquelle succèdent d'autres cours, puis nous enfilons des corridors sans fin auxquels succèdent d'autres corridors ; puis des chapelles, des oratoires de toutes formes, de toutes dimensions ; des salles grandes, encore d'autres chapelles, puis enfin l'église centrale, d'une richesse incroyable. On venait d'y placer un lustre, don du tsar Nicolas II, de la valeur de deux millions, nous a-t-on dit. Là les icônes ou images sont de vrais chefs-d'œuvre, au double point de vue, peintures et encadrements. Elles sont innombrables : de quelque part que vous vous tourniez, ce n'est que scintillement éblouissant, jeu de lumière féerique.

Inaccoutumé à semblable chose, on reste muet dans une passive contemplation. Les termes manquent pour traduire sa pensée, ses impressions. Tout cela éclairé par une multitude de petites lampes disséminées partout, était d'un effet étrangement saisissant, semblant dépasser ce que les imaginations romantiques ont pu décrire de plus merveilleux.

Puis des religieux, grands, forts, à barbe magnifique, partout, dans les corridors, dans les stalles, dans les chapelles, priant, psalmodiant, chantant, se répondant en faisant d'incessants signes de Croix et prostrations. Tout cela ne peut se rendre, il faut le voir, le sentir,

Nous pouvons dire que jusqu'à présent cela a été le clou de notre voyage.

On nous conduit ensuite dans un immense salon richement décoré, constellé de portraits de la famille impériale, grande protectrice du couvent. Nous y avons même vu, non sans quelque surprise, les portraits de nos présidents Loubet, Félix-Faure, Gambetta, etc., comme amis et alliés de la sainte Russie. Ces messieurs ne se doutent peut-être même pas qu'ils sont à semblable honneur.

Puis de jeunes religieux, tenant en mains un grand plateau garni de jolis pots de confitures, de petits biscuits, de cuillers et de plusieurs verres d'eau fraîche, passèrent au milieu de nous. On a répondu à leur généreuse hospitalité, et chacun de nous, suivant la mode orientale, prend délicatement une petite cuiller, la plonge non moins délicatement dans la confiture, la retire chargée jusqu'au bord, la porte à sa bouche, prend un biscuit, absorbe prestement le tout, et là-dessus avale une gorgée d'eau limpide, et se retire en donnant une remerciante inclination. Je ne sais ce que dirait le moine servant si quelqu'un s'avisait de replonger une fois ou deux sa cuiller désormais non vierge dans le pot, et surtout l'invité qui succède! Bref, le cas ne s'est, je pense, point présenté.

C'est tout de même très aimable de leur part, et l'originalité ne gâte en rien le plaisir. Le Supérieur étant indisposé s'était fait remplacer par son Assistant, lequel, dans un langage distingué, en un français très correct, nous souhaite la bienvenue, regrette notre retard (nous le regrettions encore plus que lui), qui nous rogne une grande partie de notre visite, abrège notre station dans ce séjour fortuné. Il nous invite à réparer cela l'an prochain. Accepté d'acclamation! C'était fort gracieux, mais tout de même un peu gascon.

Il nous offre, avant de partir, au nom de son Supérieur, un gentil petit Album, avec 25 vignettes des principaux couvents du Saint Athos, comme l'appellent ces bons moines. En les quittant après une visite trop courte qu'ils voulaient nous faire triomphale, si nous étions arrivés plus tôt, ils nous crient : *Au revoir, les amis de notre patrie!* Quelques-uns savent un peu de français. C'est le cœur débordant d'une vraie reconnaissance pour le gracieux accueil reçu, que nous nous retirons. Nous redescendons doucement le chemin en pente et pavé qui nous conduit aux barques, l'imagination pleine de fantastiques souvenirs.

Très rapidement les bons religieux matelots, nous reconduisent à bord de l'*Etoile*. Arrivés là, nous nous demandions si nous n'avions pas été le jouet d'un rêve des *Mille et une Nuits*.

Ces moines se livrent à tous les travaux des champs, à tous les arts et métiers, faisant à peu près tout sur place, quelques-uns s'adonnent à l'étude ; ils consacrent aussi plusieurs heures par jour à la prière.

Accablés de questions par les restantes à bord. nous ne savions que répondre : Ça ne peut se dire... allez et voyez. C'était une dérision un peu amère, mais bien acceptée, par ce monde si charitable.

Poussant l'amabilité aussi loin que possible, les bons moines n'ont pas voulu priver le sexe pieux, ni de leur vue, ni de leur souvenir. Deux d'entre eux, au nom du Supérieur, viennent nous rendre notre visite sur le bateau, et apportent à toutes les dames et à l'équipage le petit Album cité plus haut.

Vous voyez de là avec quelle acclamation tout fut reçu. Et les religieux, en quittant le bord, emportèrent à nouveau notre reconnaissance ; nous gardions la leur, j'en suis sûr. Toute la soirée, les conversations roulèrent sur Athos. Nous regrettons que ces hommes si bons, si sincères dans leur piété, malheureusement mal éclairée, soient séparés du centre de la vérité catholique, de Rome, du Pape ; qu'en un *mot* ils soient schismatiques.

Sans retard, on levait l'ancre pour revenir vers le sud et atteindre ainsi le détroit des Dardanelles, la porte et la clef de la Sublime-Porte. La nuit fut excellente, et le lendemain matin, six heures, nous étions à l'entrée de ce lieu fameux. C'était le vendredi 15 Septembre.

C'est un étroit passage d'une quarantaine de kilo mètres de long. A l'entrée est la petite ville des Dardanelles qui donne son nom au détroit. C'est là que se trouve le Consulat français et que nous avons subi la visite de la santé. C'est là aussi qu'est, depuis cinq ans, la flotte turque partant en guerre contre la Crète. Les vieilles ruines de vaisseaux tombent-là de vétusté et de misère.

Le détroit est hérissé de forts, hérissés eux-mêmes de canons. En quel état sont-ils? peut-être comme les vaisseaux, mais enfin ils figurent. C'est un passage, apparemment du moins, extrêmement fortifié, que les Turcs gardent jalousement. On n'y peut passer que de jour, et sans aucune munition de guerre. Pour ne pas être inquiétés, nous avons dû cacher notre petit canon, un vrai joujou de fête foraine. Ce n'était pas difficile à faire. On l'a fait.

A bord, ce jour-là, nous avons eu une messe grecque. très curieuse comme rite, mais très pieuse. Les chants sont nombreux et très doux. A Galipoli, nous saluons le cimetière des soldats français tombés au champ d'honneur pendant la guerre de Crimée. On chante le *De Profundis.*

Cette nécropole est sous la garde des Pères de l'Assomption, seuls prêtres catholiques de la ville.

Des fenêtres, de sympathiques habitants, peut-être des Français, nous saluent, agitent leurs mouchoirs. Nous le leur rendons avec empressement, du bateau. Les rives de ce détroit sont riantes et peuplées.

Bientôt nous entrons dans la mer de Marmara. Nous suivons la côte tribord pour, au retour, suivre la côte babord. Primitivement nous devions arriver le soir, de bonne heure, à Constantinople. Le retard d'Athos continuait à se faire sentir et à la nuit, nous étions loin encore de cette fameuse capitale.

CHAPITRE IV.

Constantinople, Stamboul, Péra, les Mosquées, le Bosphore, Scutari, Kadi-Keuï, les Sporades.

Le 16, nous nous réveillions dans une brume épaisse à l'entrée de Bosphore, en face la grande ville. Elle était là, nous le savions, nous la sentions, nous l'entendions : on apercevait même quelques points de ses minarets émergeant au-dessus du brouillard, mais c'était tout. Nous comptions sur un magnifique coup d'œil rehaussé par l'éclat du soleil levant, nous avons été volés.

Nous trépignions sur place, mais cela ne nous avançait guère: il a fallu attendre jusque vers les neuf heures que la brume se fût enfin dissipée, pour tenter d'avancer et de jeter l'ancre.

Le coup d'œil devient à ce moment superbe et nous ravit. La reine de l'Orient nous apparaît enfin avec ses quartiers bâtis en amphithéâtre, ses maisons bigarrées, ses 150 mosquées, flanquées de nombreux minarets. La grande cité de plus de quarante-six kilomètres de tour, compte environ actuellement un million d'habitants.

« Constantinople, dit Lamartine, est la capitale écrite sur le sol par le doigt de la Providence, non pour un empire, mais pour un hémisphère : politiquement, elle noue entre elles l'Europe et l'Asie sous un ciel splendide, et sur quatre mers: militairement, elle est un camp fortifié pour attaquer, une île pour se défendre. »

Nous sommes dans le vaste port de la Corne d'Or. *L'Etoile* a abordé tout près du pont, au quai de

Galata ; nombreuses, là, sont les bateaux, mais hâtons-nous de dire que le nôtre, tout pavoisé, portant le fanion de Terre Sainte et le drapeau français, éclipse véritablement tous les autres, dont les mâts innombrables émergent comme une forêt au-dessus de la Corne d'Or. Il y a là tout un peuple accouru pour nous voir.

Je ne parlerai que pour mémoire des embarras de la douane, elle a été atrocement sévère et ennuyeuse surtout; mais bref, nous étions arrivés, nous étions sur terre, nous étions joyeux. La douane a passé par dessus.

Un groupe de Religieux de l'Assomption étaient là à notre disposition.

Les Pères ont trois couvents à Constantinople : une paroisse et une mission pour les Grecs à Stamboul, quartier de Koun-Kapou; une paroisse et une maison d'étude à Kadi-Keuï, l'ancienne Chalcédoine, sur la côte d'Asie, et enfin un noviciat à la pointe de Phanaraki.

Des groupes sont organisés; à la tête de chacun un Assomptionniste de Constantinople sert de cicerone. On traverse le pont, moyennant un métallique de péage. Sur ce pont, qui est très animé, se croisent pour aller d'Europe en Asie, et *vice versa*, toutes les races, tous les peuples ; des gens de tous costumes, de toutes couleurs et de toutes langues. On estime à cent mille le nombre des personnes qui y circulent chaque jour.

Les rues de la ville sont malpropres ; il y a çà et là des marchands devant des amas de pastèques, de raisins et de fruits de toute sorte. A chaque pas, des chiens dont la plupart dorment dans la rue et principalement sur les trottoirs. Devant une seule maison on en compte parfois de 15 à 20 ; et on estime leur nombre, à Constantinople, à cinquante mille. Personne ne dérange leur bienfaisant repos ; c'est que le chien est sacré ici. Ces animaux, qui n'appartiennent à personne, vivent et se multiplient dans la rue :

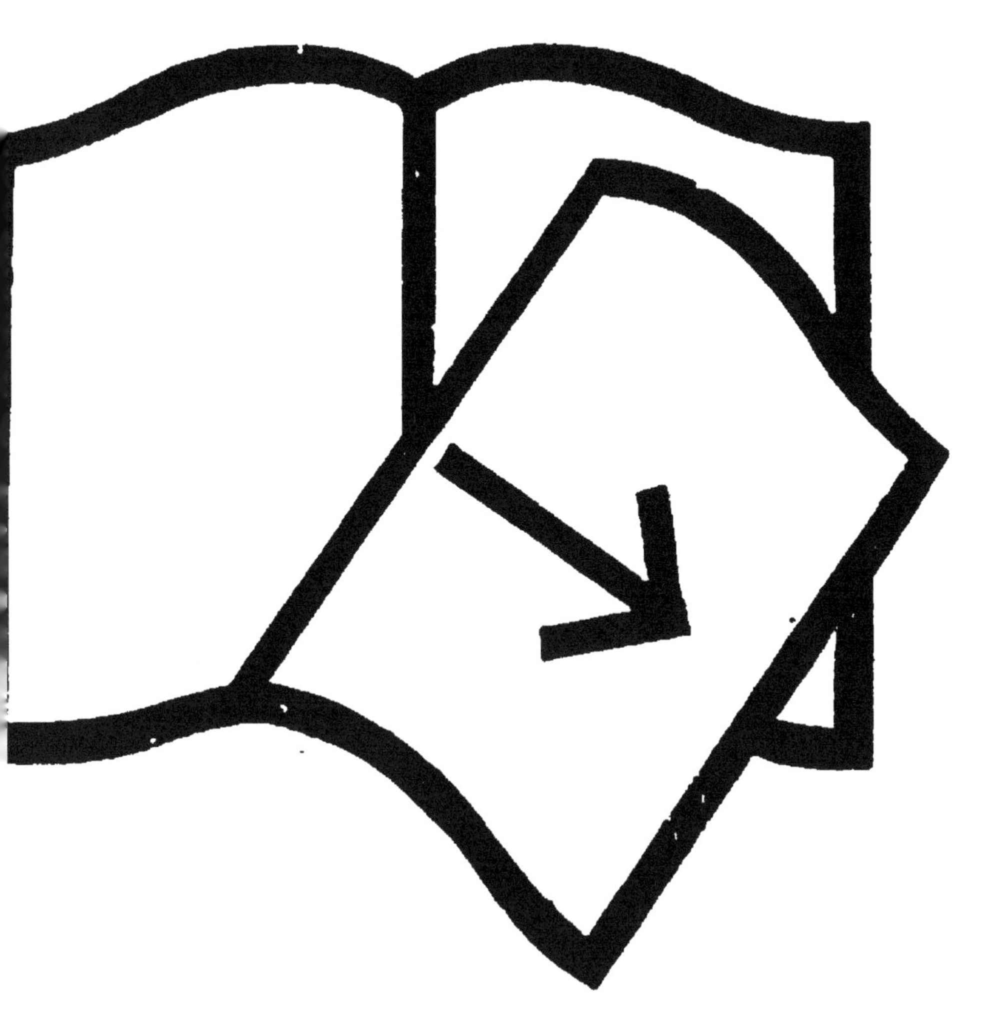

Documents manquants (pages, cahiers...)

NF Z 43-120-13

Pages 39 et 40

étant issus d'un croisement avec les chacals, ils ont beaucoup de ressemblance avec les loups.

Notre première visite est pour l'ancienne église de Sainte-Sophie, convertie en mosquée depuis la prise de Constantinople par Mahomet II (1453).

Ce monument, chef-d'œuvre de l'art byzantin, est splendide, c'est l'un des plus grandioses du monde. Il est situé dans Stamboul et possède six minarets.

« Il n'y a que la voûte des cieux qui soit digne du Créateur » avait dit l'architecte à l'empereur Justinien. Et il lança dans les airs une voûte hardie sur laquelle il ne craignit pas d'inscrire ces paroles :

« Dieu l'a fondée, Dieu la soutiendra... »

C'est devant cette magnificence que Justinien s'était écrié jadis : Gloire à Dieu, qui m'a jugé digne d'accomplir cette œuvre ! Je t'ai vaincu, Salomon !

Qu'on se représente les longues galeries, les cent sept colonnes dont les ombres s'allongent sur l'immense pavé de marbre de l'île Prochonèse, les cent portes de bronze décorées de bas-relief d'argent ; puis un dédale de chapelles, d'escaliers, d'oratoires, de salles de Synodes.

De quelque côté que se tourne le regard, tout brille, scintille comme dans un palais enchanté. Ce ne sont que marbres précieux, ivoire, nacre, corail, reflets des mosaïques aux mille nuances. Sur le fond d'or des voûtes, se détachent les images des Anges et des Saints, partout brillent les icônes sacrées avec leurs teintes délicates et leurs visages célestes. Ici, d'énormes candélabres d'or massif ; là des évangéliaires aux enluminures les plus variées. On voit des trônes d'or ornés de perles fines, pour le patriarche et l'empereur ; ici, la chaire incrustée de 40.000 livres d'argent..... Plus loin, c'est l'autel, d'une richesse incomparable, sur lequel domine le tabernacle abrité sous une coupole d'or massif soutenue par quatre colonnes d'argent.

Et, à travers toutes ces merveilles, représentez-vous les ornements somptueux de la liturgie orientale, les costumes étincelants de la cour de Byzance, puis la foule aux vêtements de nuances vives, avec un mélange de capes pourprées, de colliers de pierreries, de simarres de soie ; elle s'agite et se presse sous l'immense nef éclairée par 6.000 candélabres. Telle était la Sainte Sophie aux temps heureux d'autrefois » (Christian).

Sous le costume musulman, elle reste toujours la grande et belle église de Saint Jean Chrysostôme.

Au jour de la prise de Constantinople par Mahomet, plus de 100.000 chrétiens s'enfermèrent dans l'immense édifice. Un moment après, les portes étaient brisées par les haches ottomanes, et un carnage horrible s'en suivait, dominé par des cris d'immense douleur. Les sénateurs, les vierges et les nobles matrones étaient enchaînés comme de vils esclaves, les statues brisées, les richesses du temple volées.

Soudain, Mahomet apparaît à cheval sur la porte: le silence se fait. Il s'avance au milieu des vizirs et des janissaires, monte jusque sur l'autel profané en jetant à travers l'église dévastée, ce cri de l'Islam triomphant : « Allah est la lumière du ciel et de la terre ! » Pour arriver à l'autel, il avait dû passer à travers les cadavres de chrétiens immolés, il appliqua sa main rougie de sang sur la muraille et l'on montre encore ce que l'on dit être l'empreinte sanglante et, sans retard, fit arborer sur Sainte Sophie l'étendard du Prophète.

Nous visitons encore l'emplacement du fameux hippodrome dont l'obélisque de Théodose, occupait le centre. La mosquée du Sultan Achmet, la rivale de celle de La Mecque pour sa richesse et le nombre de ses minarets, les anciennes églises des Saints Serge et Bacchus et de Sainte-Anastasie, transformées, elles aussi, en mosquées.

Le musée des antiquités est véritablement fort riche. Quelques-uns d'entre nous se rendirent au château des Sept-Tours, peu éloigné de là. Du haut de ce château, nous avons une vue très étendue sur les anciens remparts rehaussés de nombreuses tours et percés çà et là de portes monumentales. Là-bas, la porte Dorée, fermée, puisque, comme à Jérusalem, les Turcs croient que les Français doivent s'emparer de Constantinople et entrer par cette issue. Mais la porte qui nous intéresse le plus est celle de Saint Romain, dite porte du Canon, parce que c'est contre elle que se concentrèrent tous les efforts de Mahomet II au siège de Constantinople.

Tandis que les boulets ébranlaient les remparts un traître du nom d'Orban, fondeur de canons, se vendit au Sultan, et en coula un en bronze, véritablement prodigieux, que 500 bœufs traînèrent à travers la Thrace, jusqu'aux murailles de Byzance. Il lançait des boulets de mille livres, huit par jour lui suffisaient ; des torrents d'huile et d'eau versés dessus ne suffisaient pas à refroidir en deux heures l'énorme pièce de bronze. Miné par sa force elle-même, ce canon finit par éclater, semant par ses débris la mort autour de lui, et projetant même, jusque dans l'enceinte de la ville, des lambeaux du cadavre de son inventeur.

Le 27 Mai l'assaut eut lieu : aux cris d' « Allah » 200.000 hommes se ruèrent contre les remparts ; les canons des défenseurs fauchent les bataillons et font d'immenses trouées. Ces troupes n'étaient que l'écume de l'armée que le Sultan avait sacrifiée à la valeur de Constantin et de Justinien. Plusieurs heures de luttes héroïques se passèrent, jusqu'au moment où les Grecs exténués virent s'avancer encore 200.000 hommes de colonnes régulières ottomanes. Le canon, l'huile bouillante, les pierres, les solives enflammées, le feu grégeois, à chaque tentative, les font reculer et sèment la confusion dans leurs rangs. Mais 1.000 janissaires, n'ayant, jusque là, pas pris part à la lutte, ont juré de venger la défaite. Mahomet vole à leur tête, et tous les efforts sont concentrés sur la porte Saint-Romain. Justinien tombe, blessé. C'est l'heure fatale. Les soldats n'ont plus leur chef, Constantin essaye de les rallier, mais des hauteurs de Saint-Mamas s'élancent incessamment des troupes fraîches ; la première muraille est en ruine, le fossé plein de cadavres ; des brèches livrent passage, et Constantin, en dehors des remparts, tombe en héros... La ville est prise.

L'empire d'Occident qui avait glissé dans le schisme, finit dans la ruine....

— Quelques intrépides, malgré une journée écrasante, montèrent encore à la Tour de Galata, *le refugium des pigeons* ; ils sont là, comme dans certaines mosquées, en bandes innombrables. C'est un oiseau sacré, malheur à qui le toucherait ! — De là on a une vue splendide sur la ville, ce qui nous dédommage un peu de n'avoir pu monter cette année à la fameuse tour du Séraskierat, permission refusée à cause de l'attentat contre le Sultan, deux mois auparavant !... Il faut dire que cette tour se trouve dans l'enceinte du ministère de la guerre.

Regardons le magnifique panorama qui se déroule sous nos yeux. En face, un peu à gauche, on aperçoit la pointe du sérail avec le palais, le musée, la mosquée Soleymanié avec ses quatre minarets.

Au-dessous de la Soleymanié, un bâtiment couvert d'une quantité de petites coupoles, c'est la maison d'examen. A droite, au fond de l'anse de Kassim-pacha, au premier plan, le palais de l'amirauté dont on remarque les légères colonnettes et les délicates arcatures. A la suite, les chantiers de l'arsenal maritime ; à droite, la construction surmontée d'une tourelle carrée est l'hôpital maritime. Derrière cette tourelle, on voit disparaître les eaux de la Corne d'Or.

A gauche, au premier plan, est la mosquée de Top-Hané. Au devant de la mosquée est le joli pavillon du Sultan ; le bâtiment carré qui se trouve à droite est la fontaine de Top-Hané.

Le minaret qui est à droite indique la vieille mosquée de Kilik-Ali-Pacha. Au-delà du Bosphore, on découvre toute la côte d'Asie. Puis la vue se perd dans les profondeurs de la mer de Marmara ; il est difficile de rêver un plus ravissant panorama.

J'allais oublier notre visite au Phanar, résidence du Patriarche Orthodoxe de Constantinople, le simulacre du Pape de l'Eglise orientale.

Nous avons eu la bonne fortune de le voir officier dans sa cathédrale, entouré de toute sa cour; c'est un homme d'aspect vénérable, digne : mais le tout est mesquin, petit, en face de la grande figure du Pape de Rome. Ici c'est la vie étiolée, la mort plutôt ; là-bas, à Rome, c'est la vie qui bouillonne et se répand partout, la lumière qui éclaire le monde. Nous sommes sortis heureux de notre bonne fortune, mais péniblement impressionnés.

Il était temps de rentrer pour prendre un peu de repos bien gagné.

Dimanche 17 septembre. – De grand matin les prêtres célébraient la sainte messe sur le bateau, pour être libres de suivre le programme de la journée, qui était très chargé.

A huit heures et demie, nous prenions le train pour nous rendre à Koum-Kapou au couvent des Pères de l'Assomption. A l'église de Sainte Anastasie, où devait se célébrer une messe solennelle du rite Grec. Nous fûmes vivement touchés et impressionnés par la théorie de ces cérémonies se déroulant dans un ordre parfait. La messe était célébrée par un des Pères de l'Assomption, le Souverain-Pontife Léon XIII ayant permis à ces religieux de passer au rite Grec, afin d'atteindre plus efficacement ceux qui vivent dans le schisme et les ramener ainsi au sein de l'Eglise catholique.

Elle a déjà toute une histoire cette chapelle, quoique née d'hier. Elle a coûté bien des peines et des souffrances, elle a soutenu un siège mémorable, elle est pleine d'espérances. Son nom signifie résurrection. Le Père Léopold qui nous rappelle ces souvenirs nous demande une prière pour qu'elle soit un élément de résurrection pour ce vieux Stamboul, forteresse de l'islamisme et des religions séparées de Rome.

Après la messe, une agréable surprise nous était réservée. Dans le jardin, des tables étaient dressées, chargées de rafraichissements qui nous sont offerts et servis avec la meilleure grâce du monde.

De là, nous nous rendons aux fameux bazars, uniques au monde.

Ce sont d'immenses marchés couverts où sont réunis des magasins ou boutiques de toutes sortes. Chaque corps de métier, chaque catégorie de marchandises a son quartier ou pour mieux dire sa rue spéciale. Sans parler des bazars secondaires assez nombreux à Constantinople, le Grand Bazar ou Belestein forme à lui seul toute une ville, avec ses dix mille marchands, ses rues, ses ruelles, ses carrefours, ses places, ses fontaines, inextricable labyrinthe où l'on a grand peine à se retrouver.

Pourtant, le tremblement de terre de 1894 en a détruit la plus grande partie, mais ce qui a été rebâti est déjà très vaste. Là, se trouvent, par tas ou dans des sacs ouverts, le henné, le santal, les poudres colorantes, les dattes, la cannelle, les pistaches, le mastic, l'opium. On y admire aussi les étoffes précieuses avec leurs riches broderies d'or, les sandales pailletées, les armes anciennes et modernes, les confiseries orientales. N'entrons pas, de peur de nous laisser tenter !

Nous sortons de là abasourdis par tout ce que nous avons vu et entendu. Grand Dieu ! quel tapage, quel tohu bohu, quel indescriptible confusion : mulets, chameaux, chiens, hommes, femmes, enfants, charrettes, porteurs d'eau, porteurs de toutes sortes, de tout ce qu'on veut, et de ce qu'on ne veut pas, tout ça pêle-mêle !

On a hâte de sortir pour respirer, et on voudrait rester encore pour contempler cette fourmilière, cette mer humaine avec ses vagues, son flux et reflux perpétuel, sa vie intense.

Chacun alors va un peu à sa guise, car le temps a passé, et il y a encore tant à voir. On va un peu à l'aventure, à travers des rues tortueuses, étroites, montantes, descendantes, trouées, bosselées et surtout sales.

Tout cela intéresse. Arrivés au pont de Galata, l'unique pont de Constantinople, beaucoup, au lieu de le traverser, préfèrent monter sur de charmantes caïques — petites barques, — qui, armées de deux rames, se frayent à travers le port, très animé, un passage, avec une extrême aisance. Ils ont joliment raison de préférer les barques au pont, au fameux pont de Galata.

Amis lecteurs, je vous le recommande cet inénarrable pont de Constantinople. Si vous voulez voir une merveille de pont cahoteux, voyez-moi ça.

Autant de planches, autant d'inégalités criantes, des hautes, des basses, des disjointes ; des trous, des bosses d'un bout à l'autre, et ce qu'il est long ! Quand, par hasard, il passe une voiture au trot, c'est un tapage infernal. Si elle est chargée de ferrailles, alors le bruit n'a plus de nom. Je vous donne un merle blanc si pendant trois minutes il vous est possible de causer avec votre voisin.

Le turc trouve ça tout naturel !... C'est son affaire !... Qu'il le garde son pont de Galata. Je préfère ceux de Paris ; et dire encore qu'ils font payer un métallique pour passer !

Avouez que c'est abuser !

On dîne à la hâte, on n'a plus que quelques heures, on veut en profiter, on veut sortir encore, se mêler encore à cette foule cosmopolite qui va, qui vient, qui passe et roule. Nous voulons nous noyer encore dans cet océan humain qui se coudoie, se mêle, s'entremêle, sans se mélanger jamais. C'est quelque chose d'enivrant pour ceux qui aiment le mouvement.

Nous visitons à la hâte la mosquée Valédi-Djarni, remarquable par les faïences qui recouvrent ses murs, et aussi par les vitraux de ses fenêtres ; celle de Hamedie célèbre par ses six minarets — c'est là qu'on célèbre la naissance du Prophète — celle d'Eyoub, le porte étendard du Prophète ; on y conserve l'épée de Mahomet que tout nouveau sultan va ceindre lors de son avènement au trône ; enfin la plus somptueuse de toutes, celle de Soliman le Magnifique. Elle est, au dire des poètes turcs, la « splendeur et la joie ». Elle a été bâtie par Sinan, avec les matériaux de Sainte Euphémie de Chalcédoine. La cour est tout entière dallée de marbre blanc. Le seuil de l'entrée est formé d'une grande dalle de porphyre ; Soliman voulait faire placer ce bloc au-devant du Mirhab. L'ouvrier était grec orthodoxe et crut faire œuvre méritoire en y sculptant, à l'insu des musulmans, une croix, espérant obtenir par la vertu de cette croix la conversion des infidèles. Son subterfuge fut découvert et Soliman le fit décapiter. La pierre souillée de sang fut placée au seuil de la mosquée.

Nous remontons les rives de la Corne d'Or, port très sûr, immense, mais pas si beau que sa réputation le fait. Nous revenons par le quartier neuf de Péra, moitié bien, moitié mal. C'est une pastiche de nos villes européennes. Nous prenons le petit funiculaire, et en un clin d'œil, nous sommes sur le quai où est amarrée *l'Etoile*.

Quatre heures! On va partir; tous les alentours sont noirs de monde, beaucoup d'amis, beaucoup de curieux, beaucoup surtout de marchands nous assaillent de leurs offres. C'est le moment d'acheter, ils ont fameusement diminué leurs prix, mais on n'a pas le temps, puis il faut ménager sa bourse, si l'on veut aller loin, et nous avons encore une longue course à fournir.

Notre magnifique bateau jette son cri d'alarme, son cri d'adieu, et s'ébranle lentement. La foule agite les mouchoirs, envoie ses adieux les plus touchants, on est très ému.

L'Etoile remonte majestueusement le Bosphore ou bras de mer qui relie la mer de Marmara à la mer Noire. Il a 30 kilomètres de longueur, sa largeur moyenne est de 1.600 mètres. Sur chacune de ses rives s'étend un quai de palais, de kiosques, de chalets et d'hôtels. Son nom de Bosphore rappelle la fable de la vache Io, qui le traversa à la nage. Io était la fille d'Inachus, premier roi d'Argos, changée en vache par Jupiter.

Semblable, dit Reclus, à une vallée de montagne, le détroit serpente en brusques sinuosités ; chaque rive se creuse en golfe, puis s'avance en promontoire. Ici, le fleuve marin se resserre pour s'élargir au delà puis se retrécir encore et s'ouvrir enfin sur l'infini de la mer Noire.

La plupart des maisons de plaisance, des palais des grands personnages turcs, sont de bois et de planches, à l'exception des colonnes taillées dans un seul bloc de Marmara. Les palais sont d'une rare élégance avec leurs étages en surplomb, leurs saillies et leurs retraits, leurs kiosques à toits chinois, leurs pavillons à treilles, leurs terrasses ornées de vases.

Nous remontons jusqu'à Thérapia, où est le Palais de France, donné par le sultan Selim III à notre nation et qui est actuellement la résidence de notre ambassadeur.

Nous virons de bord et redescendons à toute vapeur, repassons une dernière fois devant la grande ville qui s'enveloppe des brumes du soir, et nous quittons ces lieux enchantés non sans cependant jeter un dernier regard d'admiration sur la côte d'Asie, illuminée par les derniers rayons du soleil couchant. Il y a là Scutari, et un peu plus au sud Kadi-Keuï, qui ne compte pas moins de 11 chapelles catholiques. C'est une terre très riche en souvenirs chrétiens. Toutes ces fenêtres en amphithéâtre éclairées par le rayonnant crépuscule du soir sont d'un effet magique.

Avant de quitter complètement ces parages, je ne puis résister au désir de fixer ici les impressions vécues d'une visiteuse de ces mêmes lieux. Elles sont propres à jeter un jour très heureux sur tout ce qui vient d'être dit, parce que ce sera dit autrement.

Impressions vécues.

Le 23 au soir, Constantinople nous est apparue. J'étais sur le pont, dans l'attente — un peu anxieuse — des merveilles promises. Je savais d'avance — on ne peut pas l'ignorer — que c'était admirable, unique, et ce m'était une gêne, cette idée des masses d'admiration accumulées sur ce lieu depuis des siècles.... J'essayais en vain de m'y dérober.

Le premier contact avec le sol et les gens fut désastreux, ma pâte dentrifice et mon eau de toilette furent pris pour des explosifs....

Et depuis, depuis, Constantinople me pénètre peu à peu et me prend presque à mon insu. Je l'ai senti très fort l'autre soir, c'était à l'heure où le soleil se couche. Chaque soir à cet instant délicieux entre tous je m'assois sur le balcon du second étage et je regarde au loin la perspective admirable formée par Péra et Stamboul jusqu'à la lointaine Marmara. A mes pieds la ville se déploie immense et se termine à l'horizon par une ligne dont l'étendue fait la grandeur, dont les minarets fins et les coupoles font la grâce. La tour de Galata et la tour du Séraskierat dessinent leur silhouette originale, plus de dix ou douze mosquées découpent sur le ciel leur profil oriental. Puis on aperçoit la mer bleue, la mer divine sous la caresse du jour qui meurt, l'entrée du Bosphore avec la côte d'Asie et les contours nuageux de l'île de Proti. Le tout baigné d'une lumière qui, à cette heure, se fait douce infiniment....

Comme je regardais presque sans penser j'ai senti que tout cela allait entrer en moi, sans crier gare, et qu'un jour j'y songerai avec de nostalgiques regrets, dont la seule pensée m'emplit de mélancolie.

Dans les rues, je regarde de tous mes yeux curieux et amusés. Les magasins de Péra sont européens ; européens la plupart de ceux qui vous coudoient affairés le long des trottoirs. Mais à côté de ces gens quelconques — dont je suis — que de silhouettes originales, le mélange de civilisation occidentale et d'Orient m'amuse, c'est quelque chose de complexe et d'unique qui ménage d'inattendus rapprochements, de saisissants contrastes....

Quelle différence avec notre Occident froid et gris ! Au lieu de ces gens ternes, laids, silencieux, vous voyez des hommes au profil bien dessiné et souvent pur, le nez recourbé et osseux, les yeux très noirs, parfois inquiétants, la peau d'une belle teinte patinée par l'air et le soleil. Le costume complète le pittoresque : pantalon généralement bleu et bouffant, ceinture et chemise rouges, veste courte, fez et turban. Puis ce sont des cris, une vie animée et bruyante....

Bosphore. — Pour la seconde fois, j'ai suivi ses eaux bleues, ses rives capricieuses, me laissant aller au charme si harmonieux de la nature et des constructions humaines. Tantôt ce sont des palais magnifiques: Dolma, Bagtchie, Berleybey : au pied des sculptures blanches, des portails splendides. Le Bosphore agite perpétuellement ses eaux en petites vagues berçantes d'un bleu vert adorable où passent les barques légères avec leur voile blanche ou leur rameur agile. Tantôt ce sont les maisons turques si caractéristiques avec leurs teintes de bois vieux sans peinture, leur air de ne plus tenir ensemble que par miracle, leurs étages en saillies et leurs fenêtres grillées. Elles escaladent les collines, originales et pittoresques, plus encore que les palais....

Lundi 18. — Au matin nous retraversions les Dardanelles pour entrer bientôt dans la mer Egée. Ce lundi sera une journée de repos après les deux si fiévreuses employées à la visite de Constantinople. Rien de particulier à signaler.

Cependant le bon Dieu nous a éprouvés un peu et fait expier les joies profanes de Constantinople. La nuit a été très houleuse, c'est une des plus agitées depuis notre départ. Pour la première fois un assez grand nombre de prêtres ne peuvent dire la sainte messe. Hélas! j'étais du nombre. J'ai admiré et envié le sort de mes confrères plus courageux que moi.

Après la messe du bord, le R. P. Emmanuel Bailly, Supérieur général des Pères de l'Assomption, que nous possédions depuis Constantinople, nous adresse la parole, nous rappelant la responsabilité de chacun.

Aller en Terre Sainte est une faveur inappréciable ; il faut s'y préparer, dit-il, à en recueillir tous les fruits. Responsabilité personnelle, responsabilité des œuvres, des paroisses, des diocèses que nous représentons, des innombrables recommandations des parents et amis qui nous ont été faites, responsabilités de l'Eglise tout entière pour laquelle nous devons tout spécialement prier.

Le moment heureux, en effet, et depuis si longtemps attendu de saluer la Terre Sainte, de la fouler aux pieds, approche: c'est le moment de nous recueillir.

Nous naviguons au milieu d'iles et d'îlots innombrables plus ou moins habités et célèbres : Imbros, Lemnos, le mont Ida, Mitylène, célèbre par la démonstration navale de la France en 1902, patrie d'Arion, de Sapho, d'Alcée, de Théophraste : puis Chio, l'île du Mastic, sorte de produit dont on confectionne une confiture renommée dans l'Orient tout entier: ces îles et ilots sont appelés le Groupe de Marbre.

Nous passons assez près de Pathmos, mais pas assez cependant pour apercevoir la fameuse grotte où Saint Jean écrivit l'Apocalypse : — de Samos, la patrie de Saint Savinien, un des premiers Apôtres de notre Champagne, et de sa sœur Sainte Savine.., Samos renommé par ses vins et qui vit naître Pythagore, à qui on attribue la table de multiplication et le célèbre théorème de l'hypoténuse, le pont aux ânes des pauvres écoliers ; — d'Halicarnasse où naquit Hérodote, le père de l'histoire: enfin de Kos, patrie d'Hippocrate, le père de la médecine, et d'Appelle, le Raphaël des Grecs. Ces îles sont les Sporades méridionales.

Au loin à l'est, se déroule le littoral de l'Asie Mineure avec Ephèse, que Saint Pierre honora de ses prédications et d'une de ses épitres et où Saint Jean mourut, après y avoir séjourné longtemps avec l'auguste Vierge Mère de Dieu : Milès, Smyrne, Pergame, célèbre dans l'Apocalyse.

CHAPITRE V.

Rhodes, les Chevaliers, Aperçu de leur histoire, Saint-Jean d'Acre.

Mardi 19.— Nuit encore mauvaise et très chaude : la mer continue à être de massacrante humeur. Le commandant craint de ne pouvoir accoster Rhodes. Angoisses générales. A neuf heures, les plus vaillants se réunissent au pied de l'autel pour le chapelet. On ajoute avec ferveur un *De profundis* pour obtenir un temps plus favorable. Cependant peu à peu la mer devient clémente, les Ames du Purgatoire nous auront entendus. A midi la petite ville de Rhodes est en vue et à une heure *L'Etoile* jette l'ancre à quelques brasses de ses quais.

J'ai passé rapidement sur les iles que je viens de signaler pour qu'il me soit possible de faire une halte plus longue sur cette fameuse terre de Rhodes qui a été pendant trois siècles le rempart du christianisme en Orient, le théâtre des plus héroïques vertus religieuses et des plus incroyables courages militaires.

Nous avions hâte, nous avions soif de contempler de nos yeux, de toucher de nos mains, ce que nous avions autrefois appris. Tout ici va nous parler : les remparts, les places publiques, les monuments, tout encore résonne des luttes héroïques des chevaliers.

Rhodes, c'était jadis la *Macaria*, l'ile heureuse. Je ne rappellerai pas ici son colosse fabuleux dont les proportions ont été démesurément grandies par les poètes ; je dirai seulement que Rhodes ou terre des roses, est une des plus grandes iles de l'archipel Anatolien, qu'elle occupe une position privilégiée et constitue un point stratégique de premier ordre.

Nous débarquons en toute hâte. Ce serait extrêmement intéressant de m'arrêter à la description de ce débarquement, de reproduire les cris, les gestes, le brouhaha des matelots du port, qui viennent nous chercher. Mais nous avons choses plus intéressantes à dire et, du reste, pareil phénomène se reproduira.

L'entrée de la ville, de ce côté, est défendue par d'énormes murailles, flanquées d'énormes tours, datant de l'époque des chevaliers.

Nous parcourons ces gigantesques fortifications qui enserrent la ville comme dans un corset de pierres. Chaque coin, chaque quartier porte un nom différent. Ici, c'est le fort des Français, là bas des Italiens, plus loin des Espagnols, suivant qu'ils étaient confiés à la garde des chevaliers de ces diverses nations.

Nous visitons la tour Saint-Jean, témoin du grand siège. Nous parcourons les principales rues qui portent le nom d'auberge : auberge de France, auberge du Languedoc, auberge d'Auvergne, d'Italie pour désigner les couvents des chevaliers de ces nationalités.

On voit encore la rue des Chevaliers, qui montait de la porte de Sainte-Catherine jusqu'à la porte Saint-Jean : les demeures des chevaliers, en style ogival, sont décorées aux armes des familles : c'est toute une évocation du passé féodal.

La ville est restée ce qu'elle était en 1522 au moment où les Turcs s'en emparèrent. On dirait, suivant le mot de M. de Vogüé, une cité qui s'est endormie au Moyen Age et dont le sommeil persévère, sans la détériorer, pendant des siècles. Les triples murailles des fortifications sont encore intactes avec leurs blasons des provinces et leurs boulets de pierre faisant saillie.

Avec un peu d'imagination on évoque facilement la vie et les mœurs de ces fameux moines-soldats.

Ici s'élève une belle flèche et les hautes toitures des églises de Saint-Jean et de Saint-Paul, les dômes des couvents. Voici des prêtres, des moines en cape noire à la croix blanche, qui marchent les yeux baissés. D'autres s'avancent, portant la cuirasse et la rouge soubreveste. De toute part, la vie monastique et la vie militaire. Ici, le chant des Offices, là le son de la trompette, les commandements de service, le bruit cadencé des pas des hommes de garde.

Qu'il me soit permis d'ouvrir ici une parenthèse, pour jeter un coup d'œil sur l'histoire de l'île et de ses héroïques défenseurs. Ce sera reposant et surtout intéressant.

Ces vaillants chevaliers soutinrent un premier siège fameux, en 1440, contre le Soudan Abou-Saïd d'Egypte.

Le 25 Septembre 1440, la flotte égyptienne parut en vue de Rhodes. Elle se composait de dix-huit grandes galères et d'une multitude de vaisseaux pourvus d'une puissante artillerie et portant tous un basilic, canon long, d'énorme calibre monté sur pivot, jouant le rôle de nos pièces de tourelles actuelles. Il lançait à près de 2.000 mètres des projectiles en pierre pesant jusqu'à 400 livres. Ce siège fut repoussé.

Quatre mois plus tard la flotte Egyptienne reparaissait.

Le siège dura quarante jours, mais les assaillants furent défaits : ils durent s'éloigner, aux applaudissements du monde chrétien tout entier. Le Pape Eugène IV loua les Frères de l'Hôpital, appelant l'île de Rhodes *le meilleur et le plus ferme rempart de la chrétienté.*

Les Turcs devaient revenir.

Le 29 Mai 1453, un coup de foudre ébranla la chrétienté : Mahomet II entrait en conquérant à Constantinople. Passant sur le corps de Constantin Dragosès, il était entré à Sainte-Sophie et avait fait manger l'avoine à son cheval sur l'autel de la basilique. Il se tourna du côté de l'archipel et invita les chevaliers à se rendre. Jean de Lastic, qui avait 80 ans, fit la réponse des héros chrétiens.

Mahomet II demanda à son mandataire :

— Quelle contenance avaient ces chevaliers ?

— Plus fière que n'ay oncques vue chez les rois.

— Leur maître est-il bien vieux ?

— Il a 83 ans sonnés, mais je ne connais qu'un port aussi droit et un regard aussi ferme que le sien, celui de Ta Hautesse. « Je veux vous mener à Rhodes, dit-il à ses capitaines, pour que vous appreniez à voir des hommes. »

Il mit vingt-cinq ans à se préparer, disent les historiens.

Au bombardement des basilics turcs, le grand-maître répond par une baliste de son invention en enlevant des blocs de pierre de 600 livres et en les envoyant à toute volée dans le camp turc. Le 27 Juillet 1480 eut lieu l'assaut final, le plus meurtrier dont l'histoire ait jamais fait mention jusqu'à celui de Sébastopol. 40.000 hommes montent à l'assaut et se ruent sur la ville. Du côté des chrétiens, les femmes aident les soldats, chargent les canons et arquebuses, ramassent les blessés, couvrent l'ennemi d'huile bouillante et, prenant les armes des morts, frappent elles-mêmes, au premier rang.

La déroute des Turcs est complète : 9.000 morts, 15.000 blessés étaient tombés sous le bras des chevaliers.

Le dernier siège de Rhodes eu lieu en 1522.

Rhodes seule pourra triompher de Rhodes, disait-on, couramment. Rhodes seule, en effet, devait triompher, mais par la jalousie d'un traître.

On apprit que Soliman le Magnifique, soudan d'Egypte, assemblait des troupes et faisait d'immenses préparatifs de guerre. Son plan était de faire de Belgrade, en Hongrie, et de Rhodes, dans l'océan, les deux postes avancés de son empire. Il venait de prendre Belgrade : il tourna les yeux contre Rhodes.

En 1522, il réunit une armée de 300.000 combattants, 280 voiles et une prodigieuse artillerie.

Villiers de l'Isle-Adam avait fait renforcer à neuf tous les forts, et il mit l'île en état de défense.

Raconter tout ce siège mémorable serait trop long. narrons-en seulement quelques péripéties.

L'assaut du 24 Septembre 1522 devait être le plus meurtrier que l'histoire ait jamais enregistré.

Soliman avait fait élever une tribune somptueuse sur la hauteur qui commande la route de Cosquino afin de suivre de loin les péripéties de la bataille.

Le même jour, dès le matin, les Rhodiens avaient envahi les églises; ils y reçurent l'absolution, s'embrassèrent en jurant de mourir, puis ils coururent aux remparts. Le mot d'ordre était : *Fortiter ad extremum*. Tenons bon jusqu'au bout!

La consommation d'hommes était effrayante. Au boulevard d'Italie, qui s'appuyait à la mer, le sang filtrait à travers les cadavres entassés, retombait par cascades régulières du bout du fossé dans la mer et la rougissant à longue distance. Là étaient tombés 300 défenseurs de Rhodes. Mais, en revanche, les cadavres turcs remplissaient littéralement le fossé. Il fallut six jours pour le déblayer.

Soliman a vu tout cela du haut de sa tribune. Désespéré, il fait sonner la charge et rentre dans sa tente ; on l'entend se rouler à terre en hurlant comme un possédé.

Cet assaut lui avait couté 15.000 hommes, dont cinq pachas et six cents officiers. C'était quatre fois le nombre des défenseurs de la place.

Le lendemain, il fit appeler Achmet, et donna ordre d'appareiller. Il allait se retirer et abandonner la partie, quand un transfuge albanais se présenta. Il déclarait que dans la place tout était en un piteux état. Il n'y avait presque plus de munitions et pas 1.200 combattants valides. Une lettre envoyée par une flèche aux avant-postes confirmait ses dires. Cette lettre émanait, hélas ! du chevalier grand'croix dom Andréa d'Amaral, un traître.

La lutte à outrance.

Les chevaliers, qui avaient parmi leurs vœux celui de ne pas reculer devant l'ennemi, continuèrent la lutte.

attendant le secours des nations chrétiennes. Ce secours ne vint pas, hélas !

On fit de nouveaux remparts sur les débris de l'église de Sainte Marie de la Victoire, l'ex-voto du siège de Mahomet II. De l'Isle-Adam, en voyant tomber les pierres, ne put refouler une larme. « Cette victoire, ô Vierge, s'écria-t-il, n'est plus celle que vous voulez nous accorder, mais nous aurons l'autre, celle de notre foi, que vous nous devez et que nous cueillerons de notre sang. »

Malgré les plus héroïques efforts Villiers de l'Ile-Adam dut capituler, le 10 Décembre 1522, avec les honneurs de la guerre. Sans le traître, Rhodes était sauvé, c'est donc bien Rhodes qui a triomphé de Rhodes.

Quand on foule cette terre héroïque, qu'on touche du doigt ces pierres rougies du sang des chevaliers chrétiens, on éprouve je ne sais quelle impression de tristesse, d'amers regrets et, en même temps, de noble fierté. Ce passé est grand, d'une grandeur écrasante. On serait tenté de baiser ces pierres comme autant de reliques précieuses.

Mais ce passé évoqué, si intéressant soit-il, il faut de nouveau sur lui tirer le voile, et revenir à la réalité, j'allais presque dire à la banalité du présent. Pour la première fois nous avions été en contact avec des mœurs vraiment orientales.

Il y avait là un marché, et sur ce marché, de tout, pêle-mêle : des mulets, des chameaux couchés, accroupis à tort et à travers : des produits de toutes sortes ; gens de tous métiers. C'est curieux, on n'a pas idée de ça.

Nous nous rendons à l'église de Notre-Dame des Victoires, desservie par les Pères Franciscains. Les rues sont bien pavées avec de tout petits cailloux aux couleurs variées, il y a même un luxe de dessin. C'est propre, presque coquet, les maisons aussi. J'entre dans plusieurs, peu de meubles, un lit, c'est à peu près tout, mais tout est en ordre. Les Pères nous font le plus gracieux accueil. l'un d'eux nous souhaite la bienvenue en excellent français. Le Salut du Saint Sacrement est donné, et par groupes nous revenons vers le port.

J'ai acheté là pour un métallique, environ 0.06 fr., une superbe canne à sucre qui a fait les délices de mes compagnons. Fort entourés par tout ce monde de vendeurs et de crieurs surtout, mes compagnons ont cru qu'on voulait me faire un mauvais parti, ils sont revenus sur leurs pas pour me délivrer, intentions on ne peut plus fraternelles. Mais ces braves gens ne pensaient guère attenter à mes jours..., à peine à ma bourse..., vendant à vil prix leurs marchandises.

Nous sommes accompagnés jusqu'au quai, jusqu'au bateau même par cette foule, et les bakchichs ou aumônes, dont je n'ai pas encore parlé, sont réclamées à grands cris; et si, par pitié (j'allais presque dire par malheur) vous donnez quelque chose, ne serait-ce qu'un « para », un demi-centime, ce sont des cris de joie indicibles, et des flots de quémandeurs rappliquent de plus belle et se précipitent sur vous, et alors malheur à vous, ou mieux à vos pauvres oreilles! — Ça rappelle l'histoire de Saint Pierre disant au Maître : Seigneur, faites taire ces mendiants, ils nous cassent les oreilles! C'est l'idée, sinon l'expression ; mais eux criaient plus fort ; rien ne change dans cet Orient, pas même ça!

A cinq heures, heure réglementaire, tout le monde est à bord, amenés sur de nombreuses barques conduites par des bateliers déguenillés aux cris perçants et incessants, mais habiles. On lève l'ancre sans retard, la ville se déploie une dernière fois à nos regards. L'établissement des Frères des Écoles Chrétiennes, nos charmants cicérones de tout-à-l'heure, se détache parfaitement sur la gauche et attire notre dernier salut.

A six heures, tout était fini pour Rhodes, et nos regards purent contempler à loisir le merveilleux coucher du soleil disparaissant derrière les plus hauts et lointains pics de l'île.

Voici la dépêche que M. le Directeur a envoyée de Rhodes à la *Croix de Paris* :

Rhodes, 19 septembre, quatre heures du soir. — Avant-hier, nous avons quitté Constantinople après un heureux séjour, la visite de Sainte-Sophie et des monuments. Les pèlerins ont assisté à une messe du rite grec dans l'église de Sainte-Anastasie, des Augustins de l'Assomption, et prié pour l'union des Églises. L'*Étoile* a parcouru le Bosphore jusqu'à la mer Noire, par un temps superbe. A Roumeli-Hissar, les Frères Maristes ont fait, avec le drapeau français, une ovation aux pèlerins. La traversée de l'Archipel a été heureuse. Nous débarquons à Rhodes. Très intéressante excursion dans la ville remplie des souvenirs des chevaliers. Tous sont joyeux. Une grande union règne à bord.

A la prière du soir, le R. P. Emmanuel nous dit que, jusqu'alors, notre voyage n'avait été qu'une charmante croisière à travers les souvenirs fameux d'Athènes, de Byzance et autres lieux, auxquels se mêlaient cependant quelques lambeaux de souvenirs chrétiens ; mais qu'à partir de ce moment allait commencer notre vrai pèlerinage. Il nous invite à y penser sérieusement et annonce pour demain une journée de prières et de supplications. Pour nous y aider, il s'offre à nous prêcher une petite retraite. Tout le monde applaudit cette bonne nouvelle. La bénédiction de Monseigneur clôture cette journée si bien remplie.

Mercredi 20. — Nuit plutôt chaude, repos pénible. C'est le refrain général, du reste, depuis quelque temps. A minuit, moi-même j'ai été obligé de monter sur le pont pour trouver un peu de fraîcheur.

Mais à ça près, on ne murmure pas pour si peu, d'autant qu'on approche du terme si désiré ; à cette pensée se dissipe toute fatigue.

A sept heures, messe du pèlerinage, à l'issue de laquelle la retraite annoncée hier commence. Le Père développe cette pensée : *Velut mare contristio tua*. La mer est sans limite, que notre contrition soit également sans borne. A neuf heures, à la suite du chapelet, il revient sur la même pensée, et le soir à trois heures, pendant l'adoration du Très Saint Sacrement exposé, il médite les quatre fins du saint Sacrifice de la Messe.

Le clou de la journée fut la procession du soir. L'équipage et, à sa tête, notre très distingué commandant, d'accord avec la Direction, avait dressé une magnifique grotte de Lourdes au pied de la grande Croix de Jérusalem, surmontée elle-même d'une splendide étoile électrique. De plus, une élégante guirlande de lanternes vénitiennes court de tribord à babord du navire et l'enlace d'une ceinture de feu.

De la chapelle part la procession : les dames d'abord, puis les messieurs, enfin le clergé. Elle s'ébranle au chant des cantiques de Lourdes, fait deux fois le tour entier de l'*Étoile* pour venir se grouper au pied de la grotte improvisée et artistement illuminée.

Là, le R. P. Emmanuel jette aux pèlerins une de ces improvisations enflammées dont il a le secret, fait acclamer la Vierge de Massabielle, les principales Madones et les principaux Saints protecteurs de chaque nation ici représentée. On entonne ensuite le *Magnificat,* pendant lequel l'équipage lance avec un plein succès un splendide feu d'artifice. Haut montent les fusées, superbement elles éclatent dans les airs et gracieusement elles retombent en pluie de feu sur le pont de l'*Étoile.*

Seuls, au sein de la nuit noire, perdus sur l'immensité de l'Océan, jugez de l'effet d'une pareille fête avec un semblable décor. Aucune, jamais, ne fut plus impressionnante pour moi et me parla tant au cœur.

O Marie, reine du Ciel, des océans et des continents, priez pour nous, veillez sur nous !

Le retour à la chapelle, à la basilique, comme on dirait à Lourdes, au chant du *Laudate Mariam,* fut suivi de la bénédiction du Très Saint Sacrement, et ainsi fut clôturée la journée préparatoire à notre *entrevue* de la TERRE SAINTE.

Vue de la Terre Sainte.

Jeudi 21. — Branle-bas général ce matin. On sait qu'on va bientôt apercevoir la Terre Sainte, la Terre Promise des pèlerins. Soudain, pendant la messe du pèlerinage, un formidable coup de canon, qui fait tressauter tout le monde, retentit. Il salue la *terre bénie.* Tous ceux qui ne sont pas là se précipitent sur le pont. Terre !... Terre !... c'est bien elle qui apparaît là-bas à l'horizon, dans la brume matinale. Quelle joie peinte sur tous les visages! On chante le *Lætatus sum*, et avec quel entrain ! A la fin de la messe, le Directeur fait une vibrante allocution en paraphrasant le psaume : *Ibimus in domum Domini* — Nous entrerons dans la maison du Seigneur.

Bientôt le Carmel apparaît perçant le ciel d'un point blanc. On le salue avec transport ; puis la ville de Caïffa se déroule peu à peu, mollement assise à ses pieds; puis c'est Saint-Jean d'Acre qui, éclairée par un splendide soleil d'Orient, nous paraît fort gracieuse. Nous la verrons du reste, puisque nous devons y faire escale.

Les remparts se dessinent merveilleusement. Des caravanes de chameaux vont et viennent sur la grève. Une plage ombragée de palmiers, de sycomores et d'oliviers court de Saint-Jean d'Acre à Caïffa. C'est une vue bien reposante et vraiment ravissante, pour ces parages généralement nus et brûlés. Nous entrons enfin dans la magnifique baie qui sépare les deux villes.

On stoppe et, pendant plusieurs heures, on peut admirer ce splendide panorama, en attendant le débarquement.

Pendant ce temps, c'est une vraie fièvre sur le bateau. On prépare ses bagages. Ah ! quelle scie. que les bagages ! pour un homme surtout ; il y perd son latin dans tout ce fouillis de *bricoles.* Les dames s'en tirent toujours, mais les hommes ! Les uns doivent rester sur le bateau, les autres nous suivre en Samarie, que sais-je, moi ! Enfin on fait ce qu'on peut, on n'est pas des princes!... On choisit, on boucle, on déboucle, on étiquette, au petit bonheur; on égare surtout pas mal de choses!

On arbore les larges chapeaux. On sort les manteaux blancs. On écrit... Quel déluge de lettres, tout le monde en fait. On épuise les provisions de papier à lettre avec l'en-tête de l'*Étoile*, et j'en profite pour retracer l'histoire rapide de cette ville célèbre, histoire empruntée, en grande partie du reste, au Guide de Palestine, qui me servira souvent désormais de mine féconde pour tous les lieux que nous visiterons. Ce Guide à l'usage des pèlerinages de l'Assomption, fait par les Pères, est une source où l'on peut puiser en toute sûreté.

Saint-Jean d'Acre est une des villes fortes de la Syrie. Siège d'un caïmacam (sous-préfet) qui dépend du gouverneur de Beyrouth, elle compte de 10 à 12.000 habitants, dont environ 3.000 chrétiens ainsi répartis : latins 210, maronites 100, grecs catholiques 1.000, grecs orthodoxes 1.500.

Un évêque grec catholique, de qui dépendent les villages assez nombreux de la montagne, réside à Saint-Jean d'Acre. Le soin des latins est confié aux Pères Franciscains qui, à côté de leur couvent, ont une école pour les petits garçons.

La ville, assez laborieuse, est le débouché naturel de tous les produits de la Galilée; il s'y fait un trafic de blé et de sésame important qui, en automne, attire dans son port les grands navires européens.

Chose peu connue en Occident, c'est que la ville d'Acre est la résidence habituelle du *Cheik Abbas* : le dieu persan d'Acre, incarnation vivante de la divinité, et chef de la secte des Babistes qui lui rendent un véritable culte d'adoration.

Les seuls monuments à visiter sont le *bazar*, la mosquée *Djezzar* et la *citadelle*.

Les *bazars*, assez vastes, sont établis sur l'emplacement d'anciens couvents du Moyen Age dont on a utilisé les matériaux; c'est ce qui a pu faire croire qu'ils dataient de cette époque, alors qu'ils ne sont bâtis que depuis deux siècles à peine.

Près du couvent des Pères Franciscains se trouve une vaste construction qui porte le nom de Khan des Francs. C'est un de ces grands caravansérails fortifiés où se groupaient au XVIIe siècle, sous la protection de leur consul, les commerçants d'une même nation, que leurs affaires amenaient sur ces Échelles peu hospitalières du Levant. On en voit d'analogues à Saïda et à Tripoli.

La *mosquée de Djezzar*, bâtie vers 1780 par le pacha Ahmed, surnommé *djezzar* (le boucher), se dresse vers le haut de la ville au milieu d'une enceinte rectangulaire, entourée d'élégantes galeries voûtées et plantées d'orangers, de palmiers, etc.

La *citadelle* qui se trouve tout près de la mosquée n'a pas d'autre intérêt que celui de marquer l'emplacement de l'ancien château-couvent des chevaliers de Saint Jean.

A l'arrivée des Croisés commence pour Saint Jean d'Acre une véritable épopée militaire. Baudoin Ier s'en empare en 1104. Après la défaite de Hattin, en 1187, elle retomba entre les mains des Musulmans. Mais trois ans plus tard, le 12 Juillet 1191, après un siège de deux ans, elle se rendit et les étendards chrétiens flottèrent à nouveau sur ses remparts.

Acre devint alors la capitale du *Royaume latin*. Tout ce qui avait échappé au grand désastre de Hattin se réunit là autour du roi.

Tous les prélats, tous les dignitaires du royaume, tous les Ordres religieux s'y concentrèrent, prêts à rentrer dans leurs domaines à la suite de l'armée. Puis, comme l'attente se prolongeait, on bâtit là de grands couvents, de splendides palais, de vastes églises. Les chevaliers de Saint-Jean s'occupèrent de la défense et la ville porta leur nom, *Saint-Jean d'Acre*. On vit rarement une cour plus brillante et plus opulente, plus de grands seigneurs réunis dans une même ville et menant si grand train. Ce furent les plus belles années de l'histoire d'Acre. Le chemin de Nazareth et de Jaffa était ouvert; celui de Jérusalem, grâce aux trêves, fut libre aussi assez longtemps.

Saint Louis vint à Acre en 1252, en sortant de sa prison de Damiette et répara les remparts.

Enfin en 1291, juste cent ans après qu'Acre fut devenue la capitale du *Royaume latin*, le sultan d'Égypte Achraf vint mettre le siège devant cette ville avec une armée de 200.000 hommes, et s'en empara. D'horribles atrocités furent commises dans le sac de cette infortunée cité.

Ce serait injuste de ne point mentionner le siège de Bonaparte en 1799. Le vieux Djezzar était âgé de quatre-vingt-cinq ans quand Bonaparte, arrivant d'Égypte, vint mettre le siège devant la place d'Acre. Le général français, fidèle à sa tactique hardie, résolut de prévenir les troupes musulmanes, qui, massées à Damas, se préparaient à envahir l'Égypte. En Février 1799, il faisait irruption en Syrie par la voie de la côte avec 12.000 hommes.

El-Arisch, Gaza, Jaffa, Caïffa furent successivement enlevées, et, malgré les fatigues de la marche dans le désert, l'armée tout entière était le 29 Mars devant Saint-Jean d'Acre. Le général pensait bien l'enlever rapidement comme les autres places turques, mais il comptait sans la farouche énergie du vieux Djezzar et sans l'intervention des Anglais.

Bonaparte avait porté ses batteries sur le Toron, colline qui domine la ville vers le sud. Les travaux d'approche étaient poussés activement ; Kléber, Junot, Régnier, Lannes, étaient là autour du général en chef.

Sept fois Bonaparte commanda l'assaut ; vains efforts ; les brèches à peine ouvertes étaient refermées avec des poutres garnies de sacs de coton ; la première enceinte franchie, on en trouvait une seconde qu'on ne soupçonnait pas.

A deux reprises une élite de braves entra dans la place. mit la panique dans les rues et la garnison en déroute, mais ils ne furent pas suivis et périrent tous.

C'est pendant ce siège de deux mois que se livra la célèbre *Bataille du Thabor* qui mit en pièces l'armée turque accourue des plaines de Damas.

Le but poursuivi était atteint, l'armée du sultan était anéantie, les Français pouvaient rentrer en Egypte. Une dernière fois, cependant, Bonaparte ordonna un assaut furieux, c'est Kléber qui le commande ; on fait jouer la mine, on dresse les échelles ; héroïsme inutile encore ! La plupart des officiers sont mis hors de combat, et le lendemain, 20 Mai, Bonaparte fait sonner la retraite. L'armée reprend tristement la route du désert, où la soif et la peste l'attendent. Elle laisse derrière elle, au Carmel, 2.000 malades ou blessés que les musulmans massacreront bientôt. En passant à *Tantourah*, le général jette à la mer ses derniers canons et s'éloigne pour jamais.

Alors seulement Djezzar put sortir de la ville et se consoler de ses pertes en voyant nos campements déserts et nos tranchées remplies de cadavres. La ville se releva rapidement ; le vieux Djezzar mourut quatre ans après, il avait sauvé l'Empire turc.

A midi, nous débarquons, mais le débarquement de 200 personnes dans ces parages, par une mer agitée, et par des bateliers de cette espèce, aux vêtements... hum! bigarrés à l'infini, n'est pas chose banale.

Tout se passe pour le mieux du monde. Quelques faux mouvements, quelques cris de frayeur et bousculades, et on est sur le quai.

C'est la première ville que nous rencontrons, au caractère purement turc et arabe.

De nombreuses bandes de chameaux, enchaînés les uns aux autres, marchant en file indienne; des ânes petits, malingres, trottinant, chargés de marchandises; des Arabes bizarres, des Bédouins aux costumes plus bizarres encore, à la mine rien moins que rassurante, dure, à l'aspect sauvage; des marchands de toutes sortes de fruits et de bibelots; des foules demandant bakchisch, le tout courant, criant, gesticulant. Allez-donc rester indifférent devant pareil tableau !

Les yeux voient, et les oreilles entendent mille choses qu'ils n'ont jamais vues ni entendues. On reste rêveur. C'est un autre monde qui ne ressemble en rien au monde vécu, mais qu'on n'est pas fâché de voir et de vivre quelques instants.

Ici, tous des marchands, et Dieu sait s'il y en a! sont pour ainsi dire dans la rue : des boutiques bizarres, de toutes formes, souvent rebutantes, sont là béantes à tous les pas. Il va sans dire que nous soulevons, avec nos accoutrements pittoresques pour le moins, une curiosité non moins grande que celle que nous éprouvons. La foule nous regarde béatement, peut-être trouve-t-elle que nous en faisons autant !

Nous allons droit à l'église grecque unie. A peine arrivés, Mgr Aggiar, Archevêque de cette ville et de la Galilée, apparait, nous salue aimablement et nous adresse la parole. Il a été vraiment délicieux, et a fait la conquête de toutes nos sympathies. Longs cheveux ondulés, barbe délicate et blonde, visage oblong, teint mat, véritable évocation du Christ, Sa Grandeur était toute de rouge habillée. Il parait que là, Nos Seigneurs choisissent la couleur qu'ils préfèrent. Monseigneur a gracieusement offert un rafraîchissement à tous ceux qui l'ont voulu.

Nous allons de là visiter la chapelle des Franciscains. Elle est pauvre, mais on y prie bien ; nous y avons demandé à Dieu le retour à l'union de ces pauvres Grecs séparés. Nous parcourons ensuite rapidement les rues les plus curieuses, le Khan des Francs et surtout les remparts. Nous constatons que les choses restent où elles tombent. Partout, en effet, de vieux canons, des biscaïens, des boulets de toutes dimensions gisent çà et là, datant des sièges passés ; drôles de mœurs que ces mœurs turques !

Malgré une surveillance active, j'ai pu ramasser, dissimuler et rapporter à bord un boulet de 5 kilogr.

jeté là par nos vieux ancêtres les Croisés. Ce n'est rien, mais ça chatouille tout de même un peu de dire qu'on a dans sa chambre ce petit joujou jeté là-bas il y a 800 ans pour la conquête de la Terre Sainte, par nos pères. Les remparts actuels datent en partie de 1843. Ils imitent assez bien ceux de Rhodes. On y voit la fameuse brèche ouverte par les flottes combinées de la France, de l'Angleterre et de l'Autriche, qui, après deux heures de bombardement et l'explosion de la poudrière, a livré la ville aux assiégeants.

Mais il fallait rentrer à bord. Dociles, nous revenons. Nous y trouvons avec bonheur Sa Grandeur Mgr l'Archevêque de Saint-Jean d'Acre qui était venu rendre sa visite au Commandant et à la Direction. On lui a fait une véritable ovation.

A quatre heures, l'*Étoile* levait l'ancre pour venir stopper devant Caïffa, en face du Carmel, où nous monterons demain à cinq heures du matin. Mon Dieu, quelle douce joie inonde les cœurs à la vue de cette terre bénie que nous foulerons aux pieds dans quelques heures, coin de terre doublement saint puisque, depuis Élie, Marie en a pris possession par un culte prophétique et anticipé.

La soirée est délicieuse sur le pont; les vagues viennent doucement caresser les flancs de notre navire, et là, à quelques pas, la nuit est piquée de mille feux sortant de toutes les fenêtres de la ville étagée.

Impressions de cabine, en face Caïffa.

Mais dans la cabine c'est différent. A dix heures, quand, après une longue station à la chapelle, je me résigne à descendre, ouf! ça vous prend à la gorge! 35 degrés de chaleur! Jugez un peu du bain de vapeur... gratis, que l'on prend à regret. Le cher Père Directeur a supplié de ne point boire de l'eau, comme chose dangereuse, pas de vin non plus, sous peine d'un éclatement du cerveau, mais alors... c'est le martyre !

L'esprit est prompt, mais la chair est faible, a dit le Bon Maître. Hélas! nous l'avons constaté une fois de plus, et l'un de nous, interprétant favorablement la recommandation susdite, inutile de vous dire qui? disparaît et reparaît bientôt avec une cruche d'eau fraîche. O chère cruche d'eau fraîche, ce qu'elle est saluée d'enthousiasme! Ce qu'on la fête, ce qu'on se l'arrache! Bref... et le reste...

On babille et surtout on s'éponge, mais il faut pourtant se coucher; demain à quatre heures il faudra divorcer avec son *dodo*. On doit partir à cinq heures.

Ça y est; la lumière est éteinte, chacun y apporte sa bonne volonté; mais sept dans une cabine... 35 degrés de chaleur! une étuve, quoi!... allez-donc dormir! Si encore le bateau naviguait, il y aurait un peu d'air, mais non, il est au port, à l'abri de toute brise, bref! dans les meilleures conditions possibles... de chaleur.

C'est un pèlerinage de pénitence. Nous avons besoin de nous le rappeler, et souvent! Cependant, pas l'ombre de murmure; quelques plaisanteries, c'est tout. Il n'y a plus que la dynamo de la machine électrique qui marque de son rythme régulier et bruyant les interminables minutes de cette nuit et, à peu de choses près, sœur des autres.

Minuit!... une heure!... deux heures!... trois heures!... Cette fois la patience est à bout; je me lève moulu, rompu, brisé, chancelant sur mes bases. Je sors et je tombe dans les jambes d'un grand diable d'aumônier de marine, casque en tête, tenue assez rudimentaire, en train de faire sa malle! Dame! on fait ce que l'on peut: que faire? sinon rire en pareille occurrence.

A propos de cabine, qu'il me soit permis d'insérer ici une charmante poésie inspirée à un poète de talent par une scène de nuit quelque peu semblable. Cette histoire authentique n'est pas arrivée, du moins que je sache, pendant notre pèlerinage: mais à ça près, elle n'est que l'expression d'une scène vécue dans les mêmes circonstances :

UNE INVASION.

(Histoire authentique.)

Minuit..... l'heure du crime !..... En l'immense cabine
On ronfle à qui mieux mieux, tout comme la machine.....
Les rêves sont joyeux..... Ce sont des rêves d'or,
Où l'âme vers le ciel prend un rapide essor... .
Voici le Mont Carmel et la ville fleurie
Du Fils du Charpentier, de Joseph, de Marie.
Puis la cité des pleurs, sainte Jérusalem
Et le champ du pasteur au pied de Bethléem.....
Les voilà donc venus, ces jours remplis d'ivresse,
D'espoir, que dès longtemps chacun de nous caresse !
Tout est réalisé, car voici le chemin
Des lieux trois fois bénis que nous verrons demain.....
Or, tandis qu'un doyen sur sa rude couchette,
S'il a le corps moulu maintient son cœur en fête,
D'un léger bruissement vibre le corridor,
Où, comme en catacombe, on repose, où l'on dort,
Luculus, respectable et doux à la mémoire
Qui sera mentionné bien sûr dans notre histoire.....
Et le bruit se rapproche, et l'on entend des pas
Qui, pour être discrets, font *tamen* du fracas :
Le dormeur, éveillé, fine, tend son oreille :
Ici, prend-on la garde ? incroyable merveille !
Une ombre se dessine au milieu de la nuit.....
Une jambe se lève, et prestement, sans bruit,
Cherche à s'insinuer dans l'étroite couchette :
Horreur ! Dans son parcours, elle frôle une tête
Et la tête tient bon..... et le pied d'insister....
« Voyons..... Examinons..... Je dois ici rester,
Dit le maître du pied, c'est bien là ma demeure,
Je m'en suis éloigné beaucoup moins qu'un quart d'heure,
Ou j'y perds mon latin ! — Vous le perdez, voisin,
Car je suis bien chez moi, j'en suis plus que certain. »
Le spectre rompt d'un pas, tout rempli d'épouvante.
« Mille excuses, Monsieur, de voir clair je me vante
Non dans l'obscurité !..... J'implore mon pardon !.....
— Permettez, cher Monsieur pardonné ! comment donc !"
— Voisin, trois fois merci. ... Pour dernière nouvelle,
La lune est très brillante, et la mer est fort belle. »
Ceci dit, à l'instant l'ombre s'évanouit
Comme un éclair obscur dans l'horreur de la nuit.

Était-ce un vrai démon, un vulgaire fantôme ?
On connaît le Doyen, mais on ignore l'homme.
Récompense il y aura
Pour qui le trouvera.

TRECA.

TERRE SAINTE

CHAPITRE VI.

Caïffa, Le Carmel, La Grotte d'Élie, Le Sacrifice d'Élie, Le Cison, Premières impressions.

Vendredi 22. — A cinq heures, tout le brouhaha d'un départ; les colis s'entassent à vue d'œil sur l'arrière du bateau, avec étiquettes « *Caïffa, Jérusalem, Reste à bord* ».

Les barques arrivent, évoluent avec grâce autour de l'*Étoile* et viennent tour à tour se ranger au pied de l'échelle; — descendre, s'y installer, être transbordé au quai, tout cela demande peu de temps.

A peine à terre, sur le quai de Caïffa, sans s'occuper de personne, nous nous jetons à deux genoux et nous baisons avec amour la Terre Sainte; nous rendons à Dieu d'instantes actions de grâces, pour avoir ainsi comblé nos vœux les plus chers, et nous avoir conduits sains et saufs dans *sa terre*.

Nous le faisons à l'exemple des vieux Croisés dont nous voulons nous proclamer les fiers descendants. Nous le faisons par dévotion et pour gagner l'Indulgence attachée à cette pieuse pratique.

Héfa, que les Européens appellent communément *Caïffa*, est située au sud du golfe de Saint-Jean d'Acre et fait face à l'antique cité de ce nom. C'est le port de Nazareth et de toute la Galilée. Abritée derrière le cap du Mont Carmel, sa rade pourrait, avec quelques travaux, devenir un port de premier ordre.

On pêche, dans cette baie, les fines éponges de Syrie, si appréciées sur les marchés européens. Le procédé employé est tout primitif : le pêcheur, chargé d'une lourde pierre, plonge vers les bas-fonds après un grand signe de Croix ou une pieuse invocation à la Vierge, et remonte tout essoufflé avec sa précieuse dépouille.

Caïffa est actuellement une ville d'environ 15.000 âmes. Sa population, assez mêlée, comme celle des villes de la côte, comprend un bon tiers de musulmans, un millier de Juifs, un millier de colons allemands, et 6 à 7.000 chrétiens indigènes partagés comme toujours entre les rites ordinaires de l'Orient : latins, grecs, maronites et autres. Parmi les chrétiens, l'élément catholique domine : il y a 2.500 Grecs unis, plus de 2.000 Latins et 2 à 300 Maronites.

La paroisse latine est desservie par les *Pères Carmes*, qui ont leur résidence tout près de l'église.

Outre les Pères Carmes, il y a les Dames de Nazareth, les Sœurs de charité, les Sœurs allemandes de Saint Charles, les Carmélites et les Frères des Écoles Chrétiennes qui dirigent une grande école primaire où sont élevés plus de 200 enfants de toute religion. C'est grâce à leur dévouement que le voyageur français débarquant dans ce port a l'heureuse surprise de se voir saluer dans sa langue maternelle par de petits espiègles qui s'arrachent ses bagages et lui offrent leurs services,... moyennant bakchich !

Les voitures sont là, à quelques pas. On saute dans la première venue et on part. L'attelage, sur un chemin montant, malaisé et poussiéreux, plein de bosses et de trous, rasant le précipice, chemine et sue, mais enfin arrive après une demi-heure d'efforts, à la porte du Carmel, 40 voitures ainsi à la file les unes des autres n'est pas chose banale !

On débouche sur une belle esplanade de 150 mètres au-dessus du niveau de la mer, d'où la vue embrasse d'un coup d'œil un horizon exceptionnellement vaste.

En arrivant, on trouve à droite le couvent des *Pères Carmes*. Son vaste quadrilatère renferme l'église de Notre-Dame du Mont Carmel, dont on aperçoit la coupole gracieuse au-dessus des terrasses.

Cette église est le siège principal de l'archiconfrérie de Notre-Dame du Mont Carmel ; les prêtres peuvent y célébrer la messe votive tous les jours.

GROTTE D'ÉLIE. — Un double escalier de marbre blanc permet de monter jusqu'au sanctuaire. Au milieu, entre les deux rampes, une grotte de 3 mètres de profondeur s'enfonce sous le chœur de l'église : c'est la *Grotte d'Élie.* Une inscription placée à l'entrée nous apprend que cette grotte aurait servi d'habitation au prophète, dont on peut apercevoir la statue dans le fond, au-dessus de l'autel. C'est là que lui et ses disciples menèrent une vie des plus édifiantes. Ils vénéraient la Vierge bénie, sans la connaître, sous le titre de « *Vierge qui devait enfanter* ».

Les bons fellahs galiléens, de toute religion, ont pour Élie et son sanctuaire une grande dévotion, faite plutôt de crainte et de respect que de confiance affectueuse. Il est pour eux le prophète terrible, massacrant les prêtres de Baal ou aveuglant des armées entières. Ils manqueraient peut-être au serment fait au nom de Dieu, mais non à celui qu'on a fait au nom du *Khadr*, du prophète *verdoyant* (1).

J'ai eu l'immense joie de dire la sainte messe dans la grotte même du prophète Élie. A huit heures fut dite celle du pèlerinage, messe pontificale chantée. A neuf heures, messe en plein air par M. l'abbé Jamon, aumônier de marine, au pied du monument élevé à la mémoire de 2.000 soldats français blessés ou malades, laissés par Bonaparte à la garde des moines du Carmel et massacrés par les Turcs après le départ du général.

Après ces deux cérémonies pieuses et patriotiques, un grand nombre de pèlerins se firent recevoir du Saint Scapulaire, quoique déjà reçus pour la plupart. Ils se dispersèrent ensuite dans toutes les directions. Les uns pénétrèrent dans le *couvent* dont les religieux permettent la visite aux messieurs, et *sur les terrasses*, d'où la vue panoramique est merveil-

(1) Une curieuse coutume, assez fréquente en Galilée, c'est la consécration des enfants à Saint Élie, et le vœu de faire couper leurs premiers cheveux par un Carme dans la grotte du prophète. Cette cérémonie est toujours l'occasion d'une grande fête.

leuse. Sur la mer elle est sans limite ; sur terre elle s'étend depuis le promontoire du Ras-en-Nakoura, l'*Echelle des Tyriens*, au nord de Saint-Jean d'Acre, jusqu'aux palmiers qui, vers le sud, signalent Tantourah, l'ancienne *Dora*. Du même côté, encore au bord de la mer, on voit sur un promontoire rocheux, Athlit, l'ancien *Chasteau des Pèlerins* du Moyen Age, bâti par les Templiers pour garder la route de la côte.

Plus près, sur la pointe qui, vers l'ouest, s'avance dans la mer, on peut distinguer les ruines de l'antique *Porphyrion*, au lieu dit maintenant Tell-es-Sémak. Dans la montagne, vers l'est, on aperçoit plusieurs groupes de petits villages de la haute Galilée, jusqu'au grand Hermon.

Les autres partent en excursion à l'école des prophètes, autrement dit *la grotte d'Élie*, située au pied même du mamelon du Carmel, presque au bord de la mer. Cette grotte, transformée maintenant en *mosquée*, mesure 14 mètres de long sur 7 de large.

Au dire de la légende, la Sainte Famille, en revenant d'Égypte, aurait séjourné une nuit dans cette grotte avant de prendre la route de Nazareth. Le fait n'est pas invraisemblable.

Quelques-uns enfin sont allés jusqu'à la *fontaine d'Élie*, distante d'une heure de marche environ. On traverse pour y aller le fameux champ des melons de Saint Élie.

Ces boules de pierre, formées de sécrétions calcaires, sont des géodes assez curieux. Elles portent en géologie le nom de tête de chat ou septarium. Élie, dit la légende, passait devant un champ de melons. Il en demanda un au gardien pour étancher sa soif. Celui-ci lui répondit : « Mais je n'ai pas de melons, ce que tu vois là ce sont des pierres ! — Eh bien donc, repartit Élie, que ce soient des pierres ! » Et, depuis ce jour, les melons pétrifiés sont encore dans le champ.

Enfin, il y a la chapelle du Sacrifice, à cinq heures de marche de là ; personne n'y est allé, bien entendu.

Je la relate à cause de la célébrité du lieu : elle est située sur le massif le plus élevé de la chaîne de montagnes, 515 mètres d'altitude. Elle domine la plaine d'Esdrelon. C'est là qu'Élie fit descendre miraculeusement le feu du ciel pour consumer les victimes qu'il venait d'immoler, tandis que les prêtres de Baal s'épuisaient en cris inutiles, afin d'obtenir de leur dieu, le même miracle.

A la demande du prophète, le peuple s'empara des 450 prêtres de Baal et les conduisit au torrent de Cison qui coule au pied de la montagne. C'est là qu'Élie les immola au lieu dit maintenant *Tell-el-Kassis*, « la colline du prêtre », qu'on rencontre dix minutes avant Mansourah sur la route de Caïffa.

C'est sur ce sommet qu'Élie aurait eu la mystérieuse vision de la nuée, présage de la fin de la sécheresse.

Mais revenons au Carmel, qui signifie *jardin*. (Il était en effet pour les historiens sacrés, le type de la fécondité et de la beauté. Isaïe dit qu'au temps du Messie le désert fleurira, que la gloire du Liban sera son partage, que la beauté *du Carmel* et de Saron lui sera donnée).

Dans cet intervalle, il s'est passé dans la chapelle du couvent un curieux incident, mais pas rare, paraît-il. C'est l'arrivée d'une caravane de Bédouins arabes non chrétiens, venant en pèlerinage à la grotte du prophète. Hommes, femmes, enfants, aux costumes bizarres, indescriptibles, de toutes formes, éclatants, déguenillés, sales, informes ; puis figures à peine humaines, criant, gambadant, se bousculant, se précipitant comme une avalanche dans la petite grotte. J'aurais plaint le pauvre pèlerin qui s'y serait trouvé à ce moment.

Dieu! quel spectacle, triste et comique tout à la fois! Ni pinceau ni plume ne peuvent rendre la réalité, ils ont une sorte de dévotion superstitieuse pour Élie.

Déjeuner à onze heures. Une grande salle pleine de monde, très animée. C'est la première fois que tous les pèlerins mangent ensemble. Désormais en Terre

Sainte, il n'y aura plus de division, plus de premières, deuxièmes et troisièmes classes. Il n'y aura plus qu'un seul troupeau, plus qu'une grande et unique famille.

Le R. P. Supérieur du Carmel notre aimable hôte porte un toast spirituel et patriotique tout à la fois. Le Directeur du pèlerinage répond sur le même ton ; c'est parfait. Le vice-consul de Caïffa, qui assistait au déjeuner, doit avoir ses raisons pour garder le silence.

Midi, départ pour Nazareth, mais non sans un dernier adieu à Notre-Dame du Carmel. Que de choses on a à lui dire, on n'oublie personne, on lui laisse là, en garde, son cœur tout entier. Je parle du moins pour moi. Qu'il est doux, qu'il est facile de prier sa Mère sur cette terre qu'elle a choisie elle même 950 ans avant sa naissance ! On voudrait rester là, il y fait si bon !

CHAPITRE VII.

Nazareth, Cana, Le mont des Béatitudes, La multiplication des Pains, Bataille de Hattin.

Nazareth ! Oh ! que de choses ce mot renferme : comme il a le don de faire palpiter, vibrer nos cœurs ! Nazareth, maison de fleurs, terre sacrée qui a produit la fleur divine par excellence, le Fils de Dieu ; nous y allons enfin, nous y volons sur une route de plus de cinquante-cinq kilomètres.

Nous redescendons la pente rapide, gravie ce matin, nous traversons à nouveau Caïffa, cette fois dans toute sa longueur. Inutile de dire que tous les habitants s'échelonnent dans les rues pour nous regarder passer... Et en route, à travers un pays inconnu, vers le but désiré !

Une route ! Cet abominable chemin !... tortueux, troué, bosselé, caillouteux, poussiéreux : comment peut-on ainsi profaner ce noble nom de route ! non, c'est une dérision : et dire que dans toute la Palestine, il en sera ainsi !

Nous voilà bientôt dans la plaine que traverse le fameux *Cison* dont les eaux ont été jadis rougies par le sang des 450 prêtres de Baal et dont les flots, plus tard, ont roulé les guerriers morts de Cisara.

Qui nous peindra cette campagne triste et désolée, cette campagne brulée par un soleil inexorable (pas une goutte d'eau depuis cinq mois) ; par ci, par là, quelques arbres rabougris disparaissant sous une couche épaisse de poussière : figuiers, oliviers, chênes verts vieux et misérables comme la terre qui les porte et les nourrit. Des champs couverts d'énormes chardons desséchés, preuve de quelque fertilité, mais aussi d'une inextinguible incurie. D'ici, de là, quelques troupeaux de chèvres noires et maigres, des caravanes de chameaux allongeant mélancoliquement leur immense cou et leurs grandes jambes malingres, balançant leur corps informe sous de lourds fardeaux, allant au gré de leur caprice ou du caprice d'un moucre quelconque, à cheval sur un petit bourriquet. Allez donc faire des routes pour ces messieurs-là ! Ils iront toujours tout droit, à travers les champs, les vallées, les collines ; qui les arrêterait bien ?

Tout en allant tristement, à pas comptés, ils attrapent avec leurs rudes langues un rude et maigre chardon hérissé d'épines et couvert de poussière, ils se contentent de ça. Oh ! Dieu, que votre Providence éclate merveilleusement dans cet animal si sobre, si fort, si endurant, si précieux dans ces pays. Il est le vaisseau du désert, il sert de route, de voiture, de chemin de fer.

Des Bédouins armés de fusils démesurément longs ou d'énormes rotins, des Bédouines portant une espèce de progéniture sur leurs dos ou leurs épaules, (on le devine parce qu'une tête quelconque affreusement barbouillée, émerge un peu du paquet informe), parcourent ces tristes sollicitudes, ces déserts arides, ces collines rocailleuses, à peu près stériles.

Quelques villages à l'aspect horriblement miséreux...

C'est un pays qui porte des traces visibles de malédiction. Car enfin il ne faut pas oublier que c'était la Terre Promise où coulaient le lait et le miel.

De loin en loin cependant, on rencontre des oasis d'oliviers et surtout de cactus, qui reposent un peu la vue et font disparaître l'impression de pénible angoisse éprouvée.

Chers lecteurs, pardonnez cette longue tirade. J'ai copié textuellement mes notes, par conséquent, mes premières impressions prises sur le vif. On ne s'attend pas à cela et la couleur de ma peinture est peut-être un peu poussée au noir. Puis, n'oublions pas que nous étions là fin Septembre, au moment le plus triste de l'année. Mon séjour de deux semaines en Terre Sainte, modifiera un peu ces appréciations, mais malgré tout, un grand fond de vérité reste.

Vers trois heures et demie nous arrivons à l'endroit de la première halte.

Sur un tapis de Turquie
Le couvert se trouvait mis,

à l'ombre des grands chênes verts. Vous voyez qu'il y en a quelques-uns! Mais bientôt il faut repartir car la route est longue jusqu'à Nazareth. Nous n'en avons pas fait la moitié.

Nous nous engageons dans la plaine d'Esdrelon. Quelques villages infects, des enfants gracieux malgré leurs haillons : voilà ce que nous rencontrons avant d'arriver sur les hauteurs qui annoncent l'approche de Nazareth. Quel bon air frais sur ces sommets; on oublie un peu l'accablante chaleur de la plaine.

A chaque instant, à chaque détour on espère voir Nazareth. Enfin vers sept heures du soir, après six heures de voiture, secoués, moulus, brisés par les cahots de la route, soudain un cri retentit... Nazareth! On aperçoit, en effet, sur le versant de la colline des maisons blanches qui s'étalent coquettement du haut en bas jusque sur le versant opposé, c'est Nazareth.

Le *Magnificat* éclate soudain dans mon groupe, (la caravane était fort longue) toutes les fatigues disparaissent. C'est là, à quelques centaines de mètres, la terre de l'Ange Gabriel, de la Vierge Marie, du Sauveur, la terre bénie qui a vu le Messie promis, la gloire d'Israël. Vite on met pied à terre, on se sent chez soi, chez sa tendre Mère.

Les habitants sont catholiques en majorité, ce qui explique l'accueil sympathique qu'ils nous font. Ils sont là, massés en foule, de chaque côté de la rue. Ils sont affables et gracieux et paraissent, au point de vue moral et intellectuel, supérieurs aux autres Palestiniens rencontrés jusqu'ici.

La procession se forme et se déroule vers l'église de l'*Annonciation*, le cœur se serre, les battements se précipitent, on entre. C'est là, à deux pas, que le *Verbe s'est fait chair.*

Un Père Franciscain nous souhaite la *bienvenue* en excellent termes, la Bénédiction du Très Saint Sacrement est donnée et nous descendons lentement les escaliers qui conduisent dans la grotte de la Visitation ou de l'Incarnation. On ose à peine respirer, on se prosterne, on baise avec amour l'endroit indiqué où s'est accompli le grand mystère. Impossible d'analyser ni de rendre les émotions éprouvées, on est tout frissonnant; ce serait déflorer ce mystère d'amour que de vouloir essayer d'analyser les sentiments qu'il inspire.

A huit heures nous nous rendons à la *Casa nova*, l'hôtellerie des bons Pères Franciscains, où avec un dîner réconfortant, nous recevons l'accueil le plus fraternel et le plus distingué. Tout le monde tombe de sommeil et de fatigue. Est-ce surprenant après nos courses, nos émotions, nos nuits blanches ? A dix heures tout le monde sommeille, je le suppose du moins ; on rêvera délicieusement cette nuit à la Sainte Famille.

On n'a pas chanté les vers si pieux du Père Marie-Jules.

O Nazareth, à bon droit l'on t'appelle
Ville des fleurs,
Nos yeux ravis, en te voyant si belle,
Versent des pleurs.

Samedi 23. — Nazareth ! Je suis à Nazareth. Ce dut être le premier cri du cœur de tout pèlerin à son réveil. Un tel réveil n'est pas donné à tout le monde, il sera même l'unique pour un grand nombre d'entre nous. Je suis dans la ville de Jésus, car Nazareth est avant tout la ville où Jésus vécut jusqu'à l'âge de trente ans, en compagnie de Marie et de Joseph. De plus, la tradition nous a conservé avec une vraie certitude historique l'emplacement exact de la *maison grotte que Jésus y habitait.*

J'ai eu l'inénarrable joie de dire la sainte messe ce jour là, dans la grotte même où se sont déroulés les ineffables mystères de l'Annonciation et de l'Incarnation.

J'ai lu, là, et avec quelle émotion! ces paroles de l'Épître, tirées du prophète Isaïe : « Le Seigneur dit à Achaz : demande un signe à ton Dieu, lequel tu voudras et où tu voudras. Achaz répondit : Non, je ne tenterai point le Seigneur; et le Seigneur de répondre : Puisque tu ne veux point en demander, j'en donnerai moi-même : Voici qu'une Vierge concevra et enfantera un Fils et il sera appelé Emmanuel, c'est-à-dire Dieu avec nous. » — Et c'était là, à cet endroit, que s'était accomplie cette divine et si miséricordieuse prophétie.

Là encore, j'ai lu la suave scène évangélique relatant le fait de l'Annonciation, le céleste colloque de l'Ange et de Marie. Je ne puis résister au désir de la transcrire ici, tant il est d'à-propos, car je célébrai les Saints Mystères sur l'autel au-dessous duquel une plaque de marbre porte cette inscription: *Ici le Verbe s'est fait chair.*

« L'Ange Gabriel fut envoyé par Dieu en une ville de Galilée appelée Nazareth, à une Vierge, mariée à un homme de la maison de David nommé Joseph ; la Vierge s'appelait Marie. L'Ange entra chez elle et dit : « Je vous salue, pleine de grâce ; le Seigneur est avec vous ; vous êtes bénie entre les femmes. » Elle, l'ayant entendu, fut troublée de ces paroles, et elle se demandait quelle pouvait être cette salutation. L'Ange lui dit : « Ne craignez point, Marie, car vous avez trouvé grâce devant Dieu : vous allez concevoir dans votre sein, et vous enfanterez un Fils, à qui vous donnerez le nom de Jésus. Il sera appelé le Fils du Très-Haut ; et le Seigneur Dieu lui donnera le trône de David son père. Il règnera éternellement sur la maison de Jacob, et son règne n'aura pas de fin. » Marie dit à l'Ange : « Comment cela se fera-il ? Car je ne connais point d'homme. » L'Ange lui répondit : « Le Saint Esprit surviendra en vous, et la vertu du Très-Haut vous couvrira de son ombre. C'est pourquoi le saint Enfant qui naîtra de vous sera appelé Fils de Dieu. Et voilà que votre cousine Elisabeth a conçu, elle aussi, un fils en sa vieillesse, et c'est le sixième mois de la grossesse de celle qu'on appelait stérile, car il n'y a rien d'impossible à Dieu. » Et Marie dit : « Voici la Servante du Seigneur ; qu'il me soit fait selon votre parole. » Et l'Ange la quitta. (*Luc* I, 26-38.)

Là, j'ai fait descendre dans mes pauvres mains sacerdotales, le même Jésus qui était descendu sur la terre, quand Marie eut prononcé ces mémorables paroles : « Voici la Servante du Seigneur, qu'il me soit fait selon votre parole ». Là, s'est renouvelé pour moi le mystère de l'Incarnation puisque, comme dans la Vierge bénie, le Seigneur s'est incarné entre mes mains et a daigné descendre en moi par la Sainte Communion. Après tout cela, après ces si émouvants rapprochements, comment ne pas être ému jusqu'aux larmes, comment redire le bonheur éprouvé? En face pareil mystère ineffablement doux, la langue humaine est bien pauvre d'expressions !

A neuf heures, messe du pèlerinage, instruction et bénédiction.

Immédiatement après, le groupe des Samaritains, dont je suis, se hâte de visiter Nazareth, parce qu'à midi, il lui faudra partir pour Cana et Tibériade.

Nous commençons par la grotte. Dans la nef centrale de l'*église de l'Annonciation*, sous un massif élevé qui supporte le maître autel, s'ouvre une arcade assez large, décorée de marbre blanc : c'est l'emplacement de la maison de la Sainte Vierge. On y descend par un large escalier de dix-sept marches. C'est là au fond que se trouvait jadis la maison de Marie, devenue aujourd'hui la *grotte bénie*, par suite l'élévation successive du terrain pendant les vingt siècles écoulés. Tout le monde sait que la maison sainte a été transportée par les Anges à Lorette en Italie.

A gauche, près de l'autel, on remarque *deux colonnes en granit rouge*, l'une brisée dans le bas et suspendue à la voûte, l'autre tout auprès, à moitié engagée dans la maçonnerie d'un pilier. Ce sont les restes de la première église byzantine ; elles supportaient un des piliers de l'ancienne Basilique.(1) On les appelle quelquefois : colonne de l'Ange et colonne de la Vierge.

Ce n'est pas le seul lieu vénérable de la ville, il est encore d'autres chapelles, où la piété chrétienne trouve un aliment.

L'une d'elles, à deux cents mètres plus au nord, marque l'endroit où Saint Joseph avait son atelier. Si nous en croyons la tradition moderne, c'est ici que Jésus aurait appris le métier de charpentier, sous la direction de Saint Joseph, et qu'il aurait exercé seul cette profession, à la mort de son père nourricier, car le texte de Saint Marc montre que non seulement Jésus était fils de charpentier, mais « le charpentier », sans doute l'unique charpentier du petit village ; un si touchant souvenir méritait bien un sanctuaire.

Une autre s'élève sur la place de l'ancienne synagogue où Jésus se rendait les jours de sabbat, et où il s'attira la colère de ses compatriotes, en voulant leur donner doucement une leçon un peu sévère. Irrités de sa hardiesse, ils le chassèrent de la synagogue et le poursuivirent jusqu'au sommet de la montagne voisine pour le précipiter en bas ; mais il s'échappa de leurs mains sans qu'ils osassent le toucher. Marie suivait de loin cette scène tragique ; à cet endroit on a bâti un petit sanctuaire appelé *Notre-Dame de l'Effroi*.

Le lieu d'où les Juifs voulaient précipiter Jésus après l'avoir chassé de la synagogue, se trouve à l'extrémité du ravin qui, de Nazareth, descend droit au sud, vers la grande plaine d'Esdrelon. C'est un rocher à pic qui surplombe un ravin à l'est, et qu'on aperçoit d'assez

(1) Au dire des pèlerins orientaux, ces colonnes marqueraient l'endroit précis où se tenaient la Sainte Vierge et l'Ange pendant le colloque que nous avons rapporté, et la colonne brisée, désignant le lieu où se tenait Marie, serait miraculeusement maintenue en l'air par la puissance de Dieu. Et de fait, les indigènes ont une grande vénération pour cette colonne et ils ne quittent pas le sanctuaire sans venir la baiser.

loin, lorsqu'on vient de Caïffa. On l'appelle encore le *Sault du Seigneur.*

Comme lieu qu'on aime encore à visiter et à vénérer il faut mentionner *la Fontaine* dite *de la Vierge* près de laquelle nous repasserons tout à l'heure, en allant à Tibériade.

Pour s'y rendre, de quelque point qu'on parte, on n'a qu'à suivre le défilé des femmes qui y vont, la cruche *couchée* sur la tête, ou à remonter la file de celles qui en reviennent la cruche pleine, *droite* en équilibre. C'est un va-et-vient continuel. Comme elle est l'unique source de la ville, on s'y presse tout le jour et on s'y bouscule quelquefois.

Marie devait aussi aller à la fontaine comme ces Nazaréennes, ou même y envoyer Jésus Enfant ; de là le nom qu'elle porte chez les chrétiens : *Aïn Sitti Mariam* (Fontaine de Madame Marie.)

La mensa Christi, ou table du Christ, est à une centaine de mètres au nord ouest de la *Synagogue*, là se trouve une petite chapelle ronde qui abrite un bloc de calcaire tendre, de forme vaguement ovale, large de trois mètres, haut de un mètre environ, qui porte le nom de Table du Christ. Notre Seigneur aurait pris un repas sur ce rocher avec ses Apôtres, après sa résurrection: il va sans dire qu'il n'y a rien d'authentique dans cette pieuse croyance.

Il parait qu'en suivant cette direction, en moins de dix minutes on parvient à une éminence d'où le regard s'étend depuis la baie de Caïffa et la chaîne du Carmel jusqu'au mont du Galaad, au delà du lac de Tibériade, et depuis les montagnes de Samarie, au sud, jusqu'aux sommets de la Galilée supérieure, au dessus de Safed. Mais nous ne pouvons le constater, faute de temps.

Oh! ce temps si désiré nous est par la force des choses parcimonieusement mesuré. Il faut se hâter, courir presque, et Dieu, qu'il fait chaud ! Coûte que coûte il faut que les Samaritains, ainsi appelés ceux qui feront la traversée de la Galilée et de la Samarie pour se rendre à Jérusalem, au lieu de revenir prendre la mer à Caïffa pour de là aller à Jaffa et par le chemin de fer à Jérusalem : il faut que les Samaritains, dis-je, aillent coucher ce soir à Tibériade, et ce n'est pas une petite affaire.

Donc, retour précipité, nouvelle visite à l'église de l'Annonciation de laquelle on ne peut s'arracher; on se prosterne, on baise à nouveau et encore, ce lieu sacré, visité par l'Ange, habité par Marie et Jésus. Cette pensée est émouvante : on ne peut croire à son bonheur, on le savoure en silence et dans la plus ardente prière. Nous avons fait plus de mille lieues pour venir nous prosterner là, et nous y sommes, on ne peut rassasier, ni ses yeux, ni son cœur.

Nous n'y sommes que depuis quelques heures, et déjà il faut partir. Oh ! que c'est dur!.. Là aussi, et plus encore qu'au Carmel, on laisse tout son cœur, toute son âme, collés pour ainsi dire, à ce pavé sacré : on y incruste son souvenir le plus inaltérable.

Midi. — Après un dîner rapide, on part. Nous sommes quarante-cinq Samaritains. On nous appelle les vaillants ! les braves !!! hum !!! Tous nos braves frères nous accompagnent jusqu'aux voitures. Des poignées de mains, des « au revoir », des « bon voyage » ! pleuvent drus: c'est une véritable petite ovation. Joignez à cela la foule des Nazaréens, les cris des vendeurs, les ordres de nos guides et cochers, et vous vous ferez une idée pâle du remue-ménage produit dans ce petit coin de la ville de Nazareth qui compte à peine 7.000 âmes.

Voici la dépêche du pèlerinage à la *Croix de Paris*:

Nazareth, 24 septembre. Après une heureuse traversée a eu lieu la visite intéressante de Saint-Jean d'Acre. Puis le Pèlerinage s'est rendu au Carmel, où les Pères Carmes lui ont fait un accueil des plus sympathiques. Journée délicieuse à Nazareth. Piété fervente. Visitons sanctuaires et communautés. Partons joyeux pour Tibériade. Santés bonnes. Température clémente.

Cana.

Ce n'est pas sans un serrement de cœur que nous quittons ce lieu aimé, où tout retient et où nous voudrions tant rester encore. Au grand trot des chevaux nous arrivons à la Fontaine de Marie; comme toujours elle est envahie par la foule qui vient y puiser de l'eau. Halte d'une minute. On boit quelques gorgées et on repart au plus vite.

Je ne dirais rien de la route, elle est indescriptible ! Tous les efforts d'imagination descriptive seraient vains. Puis, je ne serais pas cru, excepté par ceux qui comme moi l'ont vue et sentie sur des voitures à ressorts plus ou moins doux.

Imaginez-vous des montées brusques de deux à trois mètres, des descentes rapides, des blocs de rochers roulant sous les roues, des trous, des ornières profondes, de la poussière à cacher les sabots de nos chevaux ; soudain point de route du tout ; ajoutez à cela tout ce que vous voudrez, et croyez que je n'ai encore rien dit... et que vous n'avez pas du tout l'idée de notre route carrossable !... Aussi je me tais.

Du reste j'ai déjà dit, qu'avec leurs chameaux et leurs mulets, les indigènes ne sentaient pas le moins du monde le besoin d'une route... unie. La preuve en est belle. Oh! ces chameaux filant à l'indienne, nous en croisons une bande, filant sans bruit : on dirait des fantômes qui passent, malheur aux sourds et aux aveugles!

Nous traversons au bord d'une prairie un petit ruisseau venant d'une source voisine, Aïn el Jozéh, la fontaine dite du *Cresson*, au temps des Croisades. Le 1er Mai 1187 eut lieu en cet endroit le premier engagement entre les Francs, au nombre de 700, dont 130 chevaliers seulement, et l'avant-garde de l'armée de Saladin, forte de 7.000 hommes. Tous les Latins y périront, sauf le Grand-Maître du Temple et trois de ses chevaliers.

Voilà Cana dans le bas, à un kilomètre de nous, mais impossible d'avancer! il faut laisser là les voitures! Remarquez que çà descend! Non, on n'a pas idée de çà!

Tant étaient profonds les trous, hautes les bosses, que les chevaux n'auraient pas pu nous traîner à la descente! Le guide annonçait une descente rapide et très mauvaise, il n'avait pas menti.

Mais après tout, c'est petite affaire, on va s'y habituer; on en verra bien d'autre en Samarie. Nous entrons à Cana, village de 600 habitants. Les cactus sont énormes, nous marchons dessous, à l'ombre. Nous passons à côté d'une source où un antique sarcophage sert d'abreuvoir pour les animaux.

C'est à cette source, sans doute, que fut puisée l'eau miraculeusement changée en vin par Jésus au repas des *noces*. Les anciens pèlerins venaient s'y baigner par dévotion.

Cana est en effet un endroit précieux aux yeux du chrétien, parce que c'est là que Jésus fit son premier miracle aux noces d'un de ses parents, en changeant l'eau en vin. C'est dans l'église paroissiale des Pères Franciscains qu'on vénère l'emplacement de la salle du festin où Jésus fit cet éclatant miracle.

Qu'il me soit permis de citer ici une partie du récit évangélique :

« Le troisième jour, il se fit des noces à Cana en Galilée et la Mère de Jésus y était. Jésus fut aussi convié aux noces avec ses disciples. Et le vin venant à manquer, la Mère de Jésus lui dit : « Ils n'ont point de vin. » Jésus lui répondit : « Femme, qu'importe à moi et à vous ? Mon heure n'est pas encore venue. » Sa Mère dit à ceux qui servaient : « Tout ce qu'il vous dira, faites-le. »

Or, il y avait là six urnes de pierre, etc. etc.

Ce fut là le premier miracle de Jésus, qui fut fait à Cana en Galilée : il fit éclater sa gloire et ses disciples crurent en lui. » (*Joan.* II. 1-11).

Il y a dans l'église un beau tableau qui représente ce prodige.

Les PP. Franciscains, qui sont partout au poste d'honneur, étant préposés à la garde des Lieux Saints, nous font un excellent accueil et ont l'amabilité, en souvenir du miracle de Jésus, de nous offrir un verre du bon vin rosé de Cana.

A l'extrémité du village, à gauche de la route, on voit une petite chapelle dédiée à Saint Barthélemy, appelé aussi Nathanaël, que l'on croit être originaire de là.

Voici le fait évangélique :

« Philippe rencontra Nathanaël et lui dit : « Nous avons trouvé celui de qui Moïse a écrit dans la loi et dont les prophètes ont parlé, Jésus de Nazareth, fils de Joseph. » Nathanaël lui dit : « Peut-il venir de Nazareth quelque chose de bon ? » Philippe lui répondit : « Viens et vois. » Jésus, voyant venir Nathanaël, dit de lui : « Voici vraiment un Israélite dans lequel il n'y a point de fraude. -- D'où me connais-tu ?» lui dit Nathanaël, Jésus lui répondit : « Avant que Philippe t'appelât, quand tu étais sous le figuier, je t'ai vu. » Nathanaël repartit et lui dit : « Rabbi, tu es le Fils de Dieu, le roi d'Israël. »

Nous remontons en voiture, et en avant !

Nous traversons le *Champ des épis* ; ce serait là, suivant la Tradition, que les disciples de Jésus, passant au milieu des blés un jour de Sabbat et ayant faim, se mirent à froisser les épis de blé et à les manger au grand scandale des Pharisiens. — A gauche, nous laissons le village de *Touraan*, à droite celui de *Esch Chéjéra*; c'est dans ces parages que Junot livra en 1799 la bataille dite de Cana.

Nous passons *Loubiéh* où nous reviendrons demain prendre nos chevaux, pour vivre notre épopée de la Samarie, et auparavant faire l'ascension du Thabor qui se dresse à notre droite. La route monte sensiblement. Pour la première fois je vois un oiseau: cela me réconcilie un peu avec ces contrées, le sol du reste parait ici un peu moins aride ; nous côtoyons plusieurs champs de maïs : on dit même qu'il est réellement fertile, et qu'en mars c'est ravissant.

Nous traversons peu après le célèbre champ de la bataille de *Hattin* livrée entre les armées de Saladin et les forces réunies du pauvre Royaume latin sous les ordres de Guy de Lusignan, où tant de guerriers fameux périrent, et où fut anéantie à tout jamais la domination franque en Palestine. Ce fut un désastre dont gémissent encore tous les cœurs chrétiens en Terre Sainte.

Puis, à quelque cent mètres, se dresse sur notre gauche le *Mont des Béatitudes*.

C'est là que Notre Seigneur assis au sommet de la colline et entouré d'une foule immense aurait donné son sermon sur la *Montagne* en débutant par les béatitudes chrétiennes.

Heureux les pauvres en esprit, car le royaume des Cieux est à eux. Heureux ceux qui sont doux, car ils posséderont la terre. Heureux ceux qui pleurent, car ils seront consolés. Heureux ceux qui ont faim et soif de la justice, car ils seront rassasiés. Heureux les miséricordieux, car ils obtiendront miséricorde. Heureux ceux qui ont le cœur pur, car ils verront Dieu Heureux les pacifiques, car ils seront appelés enfants de Dieu. Heureux ceux qui souffrent persécution pour la justice, car le royaume des Cieux est à eux. (*Matth.* v.).

Un peu plus loin, du même côté, on montre au voyageur quelques blocs informes de basalte, qui indiqueraient le lieu de la multiplication des sept pains et des deux poissons. L'endroit s'appelle en arabe *Adjaret en Nassara*, la Pierre des Chrétiens, nom qui indique bien assez que la tradition arabe ne prend pas la responsabilité de l'exactitude.

CHAPITRE VIII.

Tibériade, le lac, la navigation, Capharnaüm, Magdala.

A environ quatre ou cinq kilomètres de là, on arrive par une descente rapide et très longue à la ville de Tibériade. Nous jouissons, des hauteurs où nous sommes, d'un spectacle magnifique; les derniers rayons du soleil sur les monts de Moab au delà du lac produisent une teinte rougeâtre d'un effet prestigieux hypnotisant. Puis, plus bas, les mêmes rayons d'or, sur l'onde bleue du lac produisent un effet non moins magnifique. Cette mer en miniature, le joyau de la Galilée, mesure vingt et un kilomètres de long, sur douze de large, sa profondeur va jusqu'à deux cent cinquante mètres.

Nous arrivons assez tard; nous n'avons que le temps de faire une courte visite à l'église et de prendre nos dispositions pour la nuit, chez les bons PP. Franciscains. La chaleur est étouffante. Ce n'est pas étonnant, le lac est à 208 mètres au dessous du niveau de la Méditerranée. La nuit, c'est presque le martyre de Saint Laurent sur son gril, renouvelé ; je me retourne dans mon lit comme une carpe dans le lac, cherchant le frais introuvable,... il a fui sur d'autres rives. Impossible de fermer l'œil de la nuit, aussi il ne nous en coûtera pas de nous lever de très bonne heure pour dire nos messes.

La veille on avait décidé de faire une excursion sur le lac jusqu'à *Capharnaüm*, distant de dix kilomètres, et comme nous devions repartir à midi le temps était fort limité.

Dimanche 24. — A six heures, toutes les messes sont dites dans la charmante église, construite sur l'emplacement, croit-on, de la triple confession de Saint Pierre: « Pierre m'aimes-tu? » etc. et où l'Apôtre fut créé chef de toute l'Église. « Pais mes agneaux, pais mes brebis. » Un beau groupe en bois sculpté au-dessus du Maître-Autel rappelle cette scène fameuse.

A sept heures, par un temps très pur, un soleil splendide, nous montons en barque et nous voguons sur le lac, sur le lac de Jésus et des Apôtres. L'imagination, rapide comme l'éclair, nous reporte aux temps apostoliques, et nous fait revivre ce passé divin. Nous jouissons délicieusement de toutes les scènes vécues là, dont parle l'Évangile, scènes que nous relisons, du reste, religieusement, en entremêlant cette lecture de pieux cantiques et de dizaines de chapelet.

Ce lac a la forme allongée et, au murmure si doux de ses flots, qui avait suggéré aux Hébreux l'idée du Kinnor, sorte de lyre, et qu'ils appelaient pour cela *Kinnereth*, est avant tout le *lac évangélique*. Jésus élit domicile sur sa rive, à Capharnaüm, pendant son ministère ; c'est sur le gracieux contour de ses eaux que se déroula presque tout l'Évangile, et les guérisons sans nombre, et les longs et innombrables discours prononcés *sur la montagne, sur la grève* ou du *haut de la barque*. C'est le vrai berceau du Christianisme.

Les eaux mêmes du lac virent les *deux pêches miraculeuses*, qu'il semble bien difficile d'identifier, comme le voudraient certains critiques. L'une concorde avec l'appel des premiers Apôtres :

« Poussez au large et jetez vos filets pour pêcher. » Simon de répondre : « Maître, nous avons travaillé toute la nuit sans rien prendre ; sur votre parole, toutefois, je jetterai le filet. » L'ayant jeté, ils prirent une grande quantité de poissons, et leur filet se rompait. Puis Jésus dit : « Venez, je vous ferai pêcheurs d'hommes. » (*Luc*, v, 4-11).

L'autre pêche eut lieu quelque temps après la Résurrection.

Simon-Pierre dit aux disciples : « Je vais pêcher. » Ils lui dirent : « Nous allons aussi avec toi. » Ils sortirent, montèrent dans une barque, et, cette nuit, ne prirent rien. Le matin venu, Jésus se trouva sur le rivage, mais les disciples ne savaient pas que c'était Jésus. Jésus leur dit : « Enfants, n'avez-vous rien à manger ? » Ils lui répondirent : « Non » Il leur dit : « Jetez le filet du côté droit de la barque, et vous trouverez. Ils le jetèrent donc, et ils ne pouvaient plus le retirer à cause de la grande quantité de poissons. (*Joan.* XXI, 7.)

Ce serait après ce miracle et sur les bords mêmes du lac que Jésus aurait dit à Saint Pierre les paroles déjà citées : « Pais mes agneaux, pais mes brebis. »

Cet heureux lac vit d'autres prodiges, entre autres la *tempête apaisée.*

Jésus monta dans une barque et ses disciples le suivirent. Et voici qu'il s'éleva sur la mer une si grande tempête que la barque était couverte par les flots. Et Jésus dormait. Les disciples s'approchèrent, le réveillèrent et dirent : « Seigneur, sauvez-nous, nous périssons. » Il leur dit : « Pourquoi avez-vous peur, hommes de peu de foi! » Alors, se levant, il menaça les vents et la mer, et il se fit un grand calme. (*Matth.* XIII, 23-27.)

Le miracle de Jésus *marchant sur les flots*; — les Apôtres le prennent pour un fantôme; mais le mot consolateur s'envola des lèvres divines : « Ne craignez rien, c'est moi », et Pierre à son tour marcha sur les eaux au-devant du Maître.

Quel charme devaient goûter les Apôtres et la foule quand Jésus, assis sur la fragile barque de Pierre, disait :

« Bienheureux vos yeux qui voient et vos oreilles qui entendent. Je vous le dis, bien des prophètes et des justes ont désiré voir les choses que vous voyez et ne les ont pas vues, entendre les choses que vous entendez et ne les ont pas entendues. »

Ce lac paraît bien désert quand on songe à la magnifique couronne de villes qui bordaient ses rives. C'étaient Tibériade, Magdala, Capharnaüm, Miniéh, Bethsaïde, Corozaïn, Hippos, Tarichée, etc. Il ne reste plus de ces villes que des ruines presque effacées. Malgré cela, ce nous est un vrai sacrifice de ne pouvoir les visiter toutes.

Nous n'avons que le temps de parcourir et de nous asseoir sur les ruines pitoyables de Capharnaüm où les Pères Franciscains entretiennent une petite résidence, et que des fouilles récentes, faites par une colonie allemande, arrachent de l'oubli. Ces fouilles ont amené la découverte d'un temple fameux, dont il ne restait pas pierre sur pierre. A voir ces majestueux débris, on ne peut réprimer un sentiment de pitié et de profonde tristesse qui vous envahit malgré vous.

Capharnaüm occupe, dans le Nouveau Testament, une place de choix. Jésus y fixa sa demeure durant sa vie publique. Il y habitait la maison de Pierre et y payait l'impôt. Il multiplia les miracles dans la Synagogue, chez les humbles et chez les riches. Après les journées laborieuses, on s'assemblait devant sa demeure, et les enseignements et les bienfaits pleuvaient dans le calme du soir.

Voici ce qu'on lit dans le saint Évangile :

Le jour du Sabbat, Jésus entra dans la Synagogue et y enseigna. Tous étaient dans l'admiration, quand un démoniaque, saisi de transport furieux, s'écrie : « Qu'y a-t-il entre moi et toi, Jésus de Nazareth ? Tu es venu pour nous perdre. » Jésus dit au démon : « Tais-toi et sors de cet homme. » L'esprit impur sortit et tous furent saisis de stupeur..... (*Marc.* I, 21-28).

En sortant de la synagogue il se rendit chez Simon. La belle-mère de Simon avait une violente fièvre. S'étant penché sur elle, il menaça la fièvre, et la fièvre la quitta. (*Luc.* IV, 38.)

Le soir, après le coucher du soleil, on lui amena tous les malades et tous les démoniaques, et toute la ville était rassemblée devant sa porte ; il guérit beaucoup de maladies et chassa les démons. (*Marc.* I, 32.)

Un jour, Jésus enseignait ; il y avait là des pharisiens et des docteurs de la loi venus de tous les villages de la Galilée, de la Judée et de Jérusalem ; et la puissance du Seigneur était aux guérisons. Et voici des gens qui apportent un paralytique et cherchent à le faire entrer pour le mettre devant lui. Mais, ne sachant pas où l'introduire à cause de la foule, ils montèrent sur le toit et le descendirent par une ouverture avec son lit au milieu de l'assemblée, devant Jésus. Voyant leur foi, Jésus dit : « Homme, tes péchés te sont remis ! » (Et les scribes de se dire : « Qui peut pardonner les péchés si ce n'est Dieu seul ?)..... » Jésus reprit : « Est-il plus difficile de dire : Tes péchés sont pardonnés, que de dire : Lève-toi et marche ? Or, afin que vous sachiez que le Fils de l'Homme a sur la terre le pouvoir de pardonner les péchés, je te l'ordonne, dit-il au paralytique, lève-toi, prends ton lit et va dans ta maison. » Et à l'instant il se leva..... (*Luc.* v, 17-26).

Jésus sortit de nouveau du côté de la mer ; toute la foule venait à lui, et il l'instruisait. En passant (au retour) il vit Lévi, fils d'Alphée (Matthieu), assis au lieu des péages. Il lui dit : « Suis-moi ». Lévi se leva et le suivit, et il lui fit un grand festin.....

Nulle part ailleurs les miracles ne furent aussi nombreux, les discours plus fréquents, la bonté divine aussi tendre et miséricordieuse.

C'est encore l'hémorroïsse guérie en touchant seulement la robe de Jésus ; c'est la petite fille de Jaïre qui se lève de son lit de mort, comme si elle sortait d'un sommeil ; le serviteur du centurion à qui le *Domine, non sum dignus* de son maître vaut le retour à la santé.

C'est à Capharnaüm que Jésus exposa sa doctrine sur le jeûne, le sabbat, les ablutions, sur l'humilité, etc. ; et, peu après la fameuse multiplication des pains de Bethsaïde, il y dévoila l'ambition suprême de son amour : donner sa chair en nourriture et son sang en breuvage : « Je suis le pain de vie » ; et il affirmait malgré les murmures des Juifs par trop étonnés : « Le pain que je donnerai, c'est ma chair que je donnerai pour la vie du monde ».....

C'est là enfin que Saint Pierre recueillit dans la bouche du poisson les deux pièces réclamées par le fisc pour l'impôt de l'Apôtre et du Maître.

Malgré tant et de telles faveurs, les concitoyens de Jésus s'obstinaient à ne pas croire, et méritaient les anathèmes du Christ qui maudit leur ville, ainsi que les deux cités voisines de Bethsaïde et de Corozaïn « dans lesquelles avaient eu lieu la plupart de ses miracles, » et prédit leur ruine.

« Malheur à toi, Capharnaüm, qui as été élevée jusqu'au ciel ; tu seras abaissée jusqu'au séjour des morts. Car, si les miracles qui ont été faits dans ton sein avaient été faits dans Sodome, elle subsisterait encore aujourd'hui. C'est pourquoi, je vous le déclare : au jour du jugement, le pays de Sodome sera traité moins rigoureusement que toi. » (*Matt.* XI, 23).

On est épouvanté en constatant l'effrayant accomplissement de la divine prophétie. Cette ville est rentrée sous terre, en effet. La charrue passe dessus. Il y avait là, tout à côté de nous, un campement de bédouins qui faisaient paître leur troupeau sur l'emplacement même de cette ville infortunée, tant favorisée du Maître et si rebelle à ses enseignements.

Nous revînmes en hâte à Tibériade, laissant à notre droite les ruines de Magdala. La chaleur devint atroce. A midi, les paris s'engagent sur son compte : on court au thermomètre. 35 degrés : on l'apporte, il marque 31° dans la salle ; on le met dans l'eau que nous buvons, il marque 26°. Eau fraîche, Messieurs ! presque à la glace... Horreur !... Mais comme autour il y en avait 35°, elle nous parut presque fraîche, tant il est vrai que tout est relatif ici-bas. Malgré tout, elle ne nous a pas empêché de manger des fameux poissons du lac, descendants de ceux pêchés par Saint Pierre.

Peu après nous traversions la ville, sous les regards d'innombrables curieux, pour prendre nos voitures, remonter la fameuse côte, et regagner Loubieh que nous avions laissé à notre droite, hier.

Comme nous allions partir, nous vîmes dévaler à toute vitesse, tous nos compagnons de route laissés hier à Nazareth et qui, eux aussi, venaient à Tibériade. 45 voitures à la file, cela faisait bien dans le paysage !

Nous les attendons. Ils sont reçus avec enthousiasme ! Mais quelles têtes ils ont ! Éreintés, épuisés, ahuris, mais quand même joyeux. On se salue, on s'embrasse, quelques-uns seulement ! on se dit au revoir, et nous leur laissons la place toute... chaude : cela, en toute vérité. On se quitte, et bientôt ce ne sont plus que des coups de mouchoirs réciproques qui disent tant de choses de part et d'autre.

CHAPITRE IX.

Le Thabor, Naïm, Sunam, Béthulie, Djennin, Silet, Sébaste, Naplouse, Silo, Bethel, Rama, Notre-Dame de France, le Saint-Sépulcre.

Deux heures après avoir quitté Tibériade, que nous avons revu longtemps, et surtout son beau lac, muets témoins des merveilles divines, nous arrivions à Loubieh. Nous allions enfin quitter nos voitures, les chères voitures qui nous ont véhiculés de Caïffa jusqu'ici. Les secousses qu'elles nous ont values sont sans nombre ; quoi qu'il en soit, nous ne les regretterons guère, même pas du tout, moi tout le premier. O ingratitude !...

Notre cavalerie est là, hennissante, à quelques pas de nous. Ah ! cette cavalerie ! effroi des uns, si impatiemment attendue des autres... je suis de ce nombre !

Vite je fais le tour. J'aperçois un petit cheval qui me plaît. D'un bond je suis dessus et me voilà caracolant en tous sens. C'était enfin le jour, le moment attendu, le commencement de notre vrai pèlerinage.

Je prends la tête, après notre directeur cependant, et voilà que la caravane se développe, s'allonge, s'émiette en une interminable queue. Le spectacle est ravissant, on croyait revoir les anciens Croisés réveillés de leur séculaire sommeil et marchant à nouveau à la conquête du tombeau du Christ. Nous avions là une centaine de chevaux, y compris ceux des moukres et des drogmans, bien entendu.

Après une heure et demie d'une chevauchée plus ou moins indécise pour quelques-uns ou quelques-unes, car nous avions avec nous quatre vaillantes Dames, après moult cris d'effroi, des oh ! des ah ! après aussi moult prouesses des fiers cavaliers, superbes, fringants, filant à toute vitesse d'un bout à l'autre de la caravane. recueillant de discrets bravos, nous faisons une halte, notre première. Elle est extrêmement pittoresque, sous un chêne vert, près d'intéressantes ruines, restes d'un immense Khan et d'un poste militaire gardien du Khan, et de toutes caravanes qui, allant de Damas au Caire, passaient là.

Il y avait tout près de nous un immense troupeau de chameaux paissant paisiblement une herbe sèche. quelconque : ils étaient destinés, d'après nos guides, à être vendus sur les marchés d'Égypte.

Après une courte pause, une rapide réfection préparée par la Direction, nous repartons. Départ entraînant, une côte assez rapide est enlevée au galop de nos petits chevaux aux jarrets d'acier, du moins par quelques-uns. Mais, ô fragilité humaine ! un des nôtres, un immense et charmant Hollandais, à peine arrivé en haut, pique des deux, enlève sa monture qui, à son tour, l'enlève, part comme une flèche, et, en moins de temps qu'il n'en faut pour le dire, lui fait piquer une de ces têtes colossales dans la bruyère, et ramasser une pelle sans manche. comme on dit quelque part.

Il se relève, se tâte, se palpe, rien de cassé. Meurtri, confus, boitillant un peu, il jurait, mais un peu tard, qu'il ne recommencerait plus. Oh! l'expérience! rien ne vaut ça !

Le cheval, lui, continuait sa course, et il courrait probablement encore si M. Balldomero, secrétaire de Mgr Tristehler, cavalier émérite, n'avait eu l'adresse de le rattraper dans la brousse. Ce qu'il y a de plus fort, c'est que le cheval, probablement vexé d'un aussi peu habile cavalier, ne voulait plus le revoir sur son noble dos. Il a fallu la lourde poigne et la cravache du moukre pour le réduire à la raison.

On s'est empressé de lui faire le cours suivant, qui devait servir à tous :

COURS D'ÉQUITATION

Ad usum peregrinorum pœnitentiæ.

Vous qui, depuis une heure, utilisez Pégase
Bucéphale ou Martin, un quadrupède, quoi !
Si vous désirez fuir blessures ou mort sans phrase
De l'art de chevaucher écoutez bien la loi...

Je vais vous tutoyer, veuillez me pardonner ;
Si vous me refusez, je le ferai quand même...
Mécontents et froissés, je vous vois ronchonner...
Puis-je pas tutoyer des pèlerins que j'aime ?

De la main gauche tu tiendras
Les deux rênes également ;
De même main tu saisiras
Du cou les crins abondamment,

Dans l'étrier engageras
Ton gauche pied, moyennement ;
D'un grand élan t'élèveras
Vers le ciel verticalement :

La jambe droite passeras
De l'autre côté, prestement :
Sur ton coursier, t'établiras
En t'asseyant tout bonnement ;

Le haut du corps droit tu tiendras,
C'est plus sûr et plus élégant :
Trot ou galop éviteras,
Tout au moins au commencement ;

Des deux genoux tu presseras
De ton coursier les nobles f' mes :
Que s'il s'endort, le frapperas
De ta cravache, rudement :

A ton cheval n'obéiras,
Car c'est toi le gouvernement :
S'il se cabre, tu porteras
Le haut du corps très en avant :

Comme un ami tu traiteras
Ton pur-sang charitablement.
Mais, s'il le faut, le châtieras
Comme on corrige un jeune enfant.

L'équilibre conserveras,
Je te l'assure, assez souvent,
Et pour cela tu maintiendras
Ton buste verticalement :

Si tu tombes, ne trembleras,
Ce n'est qu'un petit accident ;
Sur la selle remonteras
Fort ahuri, mais plus ardent :

Et ainsi faisant, acquerras
De chevaucher le beau talent,
Tandis qu'en souffrant tu suivras
Du ciel le chemin sûrement :

S'il en est ainsi tu diras :
A cheval ! à cheval ! souvent :
Grande vitesse arriveras
Au paradis conséquemment.

Nous arrivons bientôt au pied du Thabor. Nous l'attaquons bravement, malgré ses 610 mètres d'altitude. Rien de pittoresque comme cette ascension du mont sacré par cette théorie de cavaliers serpentant à travers les taillis, les rochers abrupts et dessinant un méandre sans fin. On me prie de dire le chapelet. J'obéis : on y intercale le *Gloria Patri* chanté ; rien d'émouvant et de touchant comme cette chevauchée priante et ascensionnante. Le soleil décline, le temps est calme, la température presque douce. C'est enivrant.

Que de réflexions se précipitent en chacun de nous ! Là Jésus avait passé. Là il avait manifesté sa gloire et sa divinité. Là son Père l'avait proclamé son Fils bien-aimé ; et d'autres réflexions encore qu'on exprimerait si on ne craignait de fatiguer le lecteur en redisant sans cesse des émotions toujours nouvelles et toujours renouvelées.

A six heures et demie du soir, nous faisons notre apparition, mieux, notre entrée triomphale dans la cour du couvent des bons Pères Franciscains, laissant sur notre gauche celui des Grecs non unis. Ils nous font un accueil parfait, comme partout, d'ailleurs. Les moukres s'occupent de nos chevaux. Nous allons saluer le Bon Dieu dans la chapelle, puis on secoue un peu la poussière de la route, et on dîne : après, il y aura le Salut. Dieu bénissant ses enfants pèlerins, comme c'est bon !

« La nuit tombait silencieuse, fraîche et reposante après les ardeurs desséchantes de la journée ; le soleil d'or et de feu illuminait, embrasait la montagne sacrée où il se transfigura...

Et de l'esplanade sainte, au milieu des ruines magnifiées par le calme solennel et tranquille du soir, on *sentait* se perdre la vallée dans les brumes premières du crépuscule et on voyait s'irradier les montagnes environnantes, très lointaines, mais très proches en apparence, à cause de la limpidité excessive de l'atmosphère très pure et très lumineuse. Bientôt, du ciel, de la terre on ne distinguait plus qu'une bande très colorée, rose jusqu'au rouge, jaune jusqu'au doré, mauve jusqu'au violet.

Un dernier rayon plus vif teinta l'horizon, puis la féerique et magique vision se fondit ; la nuit vint très silencieuse et très fraîche, très reposante, après les ardeurs desséchantes et crues de la journée.... » (1)

A neuf heures du soir, nous jouissons enfin d'une fraîcheur vraie, chose que nous n'avions plus goûtée depuis longtemps. Quel calme sur ce sommet béni !

Le silence, la nuit, les étoiles plus brillantes, un air plus pur que dans la plaine, que c'est reposant ! Mais on a un tel arriéré de sommeil que, malgré tous ces charmes, chacun se retire bien vite pour refaire ses forces dans un repos réparateur et bienfaisant.

Lundi 25. — Trois heures et demie : lever : aïe!... mais tant pis, il le faut, et puis l'air frais fouette le sang, ça réveille... Il y avait juste sur notre tête un drapeau agité par une brise très forte, et toute la nuit, flic flac... clic clac... clic clac... flic flac... Quelle musique ! clic clac... Ah ça, mais ! flic flac... A la fin, à bout de patience, je ne fais ni une ni deux... d'un bond je suis dehors, au pied de la hampe, et avec un plaisir mêlé d'une douce vengeance, je l'amène, le gênant!.., pendant qu'il faisait entendre ses flic flac... agonisants... Ma victoire, facile, était complète, il n'y

(1) M. Sarrasin.

avait plus de clic, clac retentissant, et nous pouvions dormir!... Oui, mais le temps était passé. D'autre part, il n'y a que cinq autels, et nombreux sont les prêtres.

A six heures, messe du pèlerinage, sur les ruines de l'ancienne église élevée sur l'emplacement, croit-on, de la Transfiguration du Sauveur en présence des trois Apôtres Pierre, Jacques et Jean.

Six jours après, lit-on dans le Saint Evangile, Jésus prit Pierre, Jacques et Jean, et il les conduisit sur une haute montagne, seuls à l'écart, et il fut transfiguré devant eux. Ses vêtements devinrent resplendissants et blancs comme la neige, d'une blancheur telle qu'aucun foulon sur la terre ne pourrait l'égaler. Et Elie leur apparut avec Moïse ; et ils s'entretenaient avec Jésus. Et Pierre dit à Jésus : « Il nous est bon d'être ici. Faisons-y trois tentes, une pour vous, une pour Moïse et une pour Elie. »......

Une nuée les couvrit de son ombre ; et, de la nuée, une voix disait : « Celui-ci est mon fils bien-aimé ; écoutez-le. »

Et aussitôt, regardant tout autour, ils ne virent plus personne, si ce n'est Jésus, seul avec eux. Mais lorsqu'ils descendaient de la montagne, Jésus leur recommanda de ne raconter à personne ce qu'ils avaient vu, jusqu'à ce que le Fils de l'homme fut ressuscité d'entre les morts.

Tout à côté, la piété chrétienne a élevé, de bonne heure, deux chapelles à Moïse et à Elie, en souvenir du mot de Saint Pierre : *Domine, faciamus hic tria tabernacula.*

Le tout était entouré d'immenses forteresses.

Le Thabor, du reste, a toujours été un lieu fortifié. On peut reconnaître sur tout le pourtour du plateau, les traces de plusieurs enceintes. Celle du Moyen Age, bâtie par les Sarrasins en 1213, est encore parfaitement visible ; elle avait 1.800 mètres de circuit ; l'entrée unique était à l'Ouest, et la porte actuelle n'est qu'une restauration de l'ancienne.

De là le panorama est si beau que je ne puis m'empêcher de le donner tel que nous le trouvons dans notre guide.

De l'angle de la basilique ruinée ou du haut de la terrasse des Pères, on jouit du plus beau panorama qu'on puisse rêver. Il faut le parcourir la carte à la main. Mentionnons seulement quelques points intéressants. A l'est, le lac de Tibériade avec la forte dépression qui se prolonge au sud et où coule le Jourdan. La ville de Beïsan au sud-est. Dans la même direction, sur un petit monticule, à l'extrémité de la plaine, les ruines du château de Belvoir, qui défendait le passage du Jourdain. Au sud, on aperçoit, se dressant au milieu de la vaste plaine d'Esdrelon, le Petit Hermon, sur les flancs duquel on distingue les deux villages bibliques d'Endor et de Naïm, et plus loin les monts Gelboë, où périrent Saül et Jonathas. La ville de Djennin apparait au loin dans la verdure, au pied des montagnes de Samarie. Puis, c'est le Carmel qui dresse sa longue croupe vers l'ouest et va piquer son promontoire dans la Méditerranée, qui scintille au soleil couchant. Au nord, ce sont les collines de Galilée, qui s'élèvent insensiblement, dominées par le Grand Hermon, dont le front majestueux, blanc de neige, s'élève à près de 3.000 mètres.

On aperçoit les diverses voies qui, dans tous les sens, sillonnent la grande plaine : celle de Jérusalem qui, de Djennin ou de la vallée de Dothaïn, se dirige vers Nazareth : celle de Caïffa, à la vallée de Beïsan et au Jourdain, et celle qui, du village de Ledjoun, traverse en oblique la grande plaine pour venir passer à l'est du Thabor ; c'est la grande route des caravanes d'Egypte à Damas. Cette route était gardée, au pied du Thabor, par le Khan-et-Toudjar ou Khan des marchands, immense caravansérail fortifié, construit en 1487. Ce Khan comprend deux enceintes, deux véritables châteaux, à gauche et à droite de la route. Les ruines en sont imposantes. Dans le camp de l'est coule une petite source.

Le Thabor est une montagne totalement isolée dressant son sommet verdoyant à l'entrée de la plaine d'Esdrelon, qu'il domine d'une hauteur de 450 mètres :

son altitude au-dessus du lac de Tibériade est de 855 mètres, son sommet forme un plateau de 550 mètres de long sur 250 mètres de large. Il est couvert d'yeuses, de noyers, de lierres et de bosquets odorants ; il sert parfois de repaire aux animaux sauvages, tels que le chacal, le sanglier, la panthère et le léopard. L'aigle aux serres redoutables, prêtes à saisir sa proie, y plane souvent en décrivant dans les airs ses courbes majestueuses. A ce moment, nous en apercevons un qui vole à peu de distance de nous, au-dessus de la plaine.

Nous avons admiré: mais aussi le temps a passé. Que n'y a-t-il là, un Josué, car le soleil, l'implacable soleil de Palestine monte à l'horizon. brûlant : et il nous faut coucher à Djennin, ce soir : longue course, par conséquent.

Nos bons Pères Franciscains nous arrachent presque de force à nos contemplations et nous entraînent au réfectoire. Debout, comme des voyageurs,... nous prenons un rapide déjeuner. Le boute-selle sonne. On part, mais non sans donner de rudes poignées de mains à nos chers hôtes, qui nous ont reçus en frères : on se dit au revoir, très fort : tout bas on dit adieu. Mais qu'importe ! on se reverra au Ciel !

Je cours à mon cheval. hélas! trois fois hélas, affreuse déception ! il était parti avec les autres, et sans moi... Nos guides — oh les vilains !... ont prétendu que la descente était trop rapide pour les chevaux. Nous en verrons bien d'autres!... Mais on ne rechigne pas, et gaiement tout le monde descend pédestrement. Le coup d'œil n'était pas trop mal... mais, les pauvres pieds... On aurait autant aimé que ce fussent ceux des chevaux !

La cavalerie est là-bas, au fond : les chevaux hennissent. ils nous appellent. Ah! les bonnes bêtes, elles ont plus de cœur que les.... drogmans. Il faut bien un peu les plaisanter, ces braves gens.

Ouf! à cheval: ce qu'on est bien là-dessus!... on n'en dira peut-être pas autant, ce soir. Mais en attendant c'est reposant. Nous partons: défilé tout d'abord étroit.

rocailleux; deux méchants petits villages, où les soldats de Bonaparte sabrèrent les Turcs. Soudain s'ouvre la grande plaine, si souvent nommée déjà d'Esdrelon. Ce n'est pas de ma faute, depuis trois jours nous la côtoyons. Au loin devant nous le Petit Hermon, et à ses pieds Naïm, que nous atteignons après deux heures de chevauchée inégale.

Le village actuel n'est qu'un misérable amas de taudis délabrés, au milieu desquels s'élève une petite chapelle latine, bâtie par les Pères Franciscains sur les ruines d'une ancienne église. C'est en ce lieu même, dit-on, que Notre-Seigneur ressuscita le fils unique de la veuve.

Jésus alla dans la ville appelée Naïm ; plusieurs de ses disciples et une grande foule faisaient route avec lui. Lorsqu'il fut près de la porte de la ville, on portait en terre un mort, fils unique de sa mère qui était veuve ; et il y avait avec elle beaucoup de gens de la ville. Le Seigneur, l'ayant vue, fut ému de compassion pour elle et lui dit : « Ne pleure pas ! » Il s'approcha et toucha le cercueil. Ceux qui le portaient s'arrêtèrent. Il dit : « Jeune homme, je te le dis, lève-toi ! » Et le mort s'assit et se mit à parler. Jésus le rendit à sa mère. Tous furent saisis de crainte, et ils glorifièrent Dieu, disant : « Un grand prophète a paru parmi nous et Dieu a visité son peuple. » Cette parole sur Jésus se répandit dans toute la Judée et dans tout le pays d'alentour. (*Luc.* VII, 11-17.)

Au nord est *Endor*, célèbre par la consultation de la pythonisse que Saül, avant d'engager la bataille avec les Philistins, pria d'évoquer devant lui l'ombre de Samuel.

« Pourquoi m'as-tu troublé en me faisant monter ? » Saül répondit : « Je suis dans une grande détresse ; les Philistins me font la guerre et Dieu s'est retiré de moi ; il ne m'a répondu ni par les prophètes ni par des songes. Et je t'ai appelé pour que tu me fisses connaître ce que je dois faire. » Samuel dit : « Pourquoi donc me consultes-tu, puisque le Seigneur s'est retiré de toi et qu'il est devenu ton ennemi ? Le Seigneur te traite comme je te l'avais annoncé de sa part ; le Seigneur a déchiré la royauté d'entre tes mains et l'a donnée à un autre, à David. Tu n'as point obéi à la voix du Seigneur. Voilà pourquoi le Seigneur te livrera demain avec Israël entre les mains des Philistins. Demain toi et tes fils vous serez avec moi.

Tout à côté il y a un campement des Bédouins. Déjà plusieurs fois j'ai signalé ce fait. Donnons un mot d'explication.

Les Bédouins s'en vont ainsi par tribus de 100 à 200 individus et plus.

Moitié sauvages, moitié civilisés, ils campent ici ou là, quelques mois ou quelques années, au gré de leur caprice, et portent ailleurs leurs tentes, si le sol ne leur convient plus où s'ils croient l'avoir épuisé.

Leurs huttes, ou mieux leurs tentes, sont des plus sommaires : neuf piquets en général, plantés en terre; dessus une grande bâche jetée négligemment, souvent en loques, tout autour quelques branchages entrelacés, c'est tout, et ça leur suffit. Un coup de pied dedans et tout dégringolerait. Après eux, il ne reste qu'un amas informe de ce qui avait été une informe demeure. Nombreux enfants, assez nombreux troupeaux, tout çà vit ensemble pêle-mêle, à la belle étoile, ils se plaisent ainsi.

N'essayez pas d'approcher de trop près, sous prétexte de curiosité : des bandes de chiens et, à leur défaut, hommes, femmes et enfants vous feraient, pour le moins, une belle conduite de Grenoble. Ils sont chez eux partout, et partout indépendants. Ils ne connaissent point de maîtres, pas plus le Grand Turc qu'un autre, et malheur à qui leur cherche chicane! Ils sont redoutés et redoutables. Cependant, dit-on, ils sont fidèles, et ne parjurent jamais une parole donnée. Ils commencent à s'apprivoiser un peu, il va sans dire qu'ils ne voyagent jamais qu'armés jusqu'aux dents.

Çà suffit, continuons notre récit. Avant de partir chacun trempe son mouchoir dans l'eau fraîche, s'en enveloppe la tête, pour éviter une insolation.

En route, un prêtre Hollandais demande grâce : on le met en *palanquin*.

Une heure plus tard, nous arrivons à Sunam, après une dure chevauchée dans un chemin étroit, caillouteux et sous un soleil de plomb. Nous avons laissé à notre droite deux villages à l'aspect misérable *Affouleh* et *Fouleth*. C'est là que Kléber avec une poignée de braves tint en échec 35.000 arabes, depuis six heures du matin jusqu'à midi, et s'empara même du village, en attendant le secours que lui apportait Bonaparte en personne, et qui décida de la victoire.

Nous avons déjeuné là, sous d'énormes figuiers : déjeuner froid et par terre, bien entendu, mais fort bien assaisonné par une très franche gaieté. Un jeune Rémois a fait, comme partout du reste, assaut d'amabilité, en dépensant sans compter une verve intarissable et de bon aloi. La note gaie fait partie du programme, c'est compris !

La foule approche, envahit le campement, quelques-uns s'enhardissent jusqu'à vouloir essayer de causer.

Sunam est célèbre par les visites du prophète Elisée, qui y est venu maintes fois et qui a ressuscité le fils de la Sunamite biblique. On montre encore une chambre qui aurait, dit-on, été celle du miracle; mais !... Là aussi aurait séjourné l'armée philistine avant la bataille de Gelboë où devait périr Saül. Nous avions à notre gauche le Petit Hermon où campaient les Madianites avant leur défaite par Gédéon.

Après une sieste de deux heures, on part : chaleur intense, quelques pèlerins gémissent... certaines parties du corps sont, d'autre part, malmenées... par la selle. Cahin, caha, ils se tiennent tout de même sur leurs coursiers. Ah! tout de même, ce que j'avais été bon prophète en supposant que la joie de voyager à cheval ne durerait peut-être pas jusqu'au soir! Oh! sur quel ton plaintif, certains disaient, car chanter ils ne le pouvaient, les pauvres !

NE TROTTE PAS

Ne trotte pas, Coco, je t'en supplie,
Car de trotter me fait grand déplaisir,
Par toi ne sois point ma jambe meurtrie.
Car si tu trottes, animal effroyable,
Te me mettras en état pitoyable.

LE CHŒUR.

Ne trotte pas, Coco, je t'en supplie,
Car de trotter me fait grand déplaisir. .

Qui va très loin, doit aller doucement,
Il faut dès lors ménager sa monture ;
C'est un proverbe admirable et prudent
Tout fait pour moi, cher par-sang, je t'assure...
Or, à quoi bon, follement t'emballer,
En plein midi, prestement détaler ?

Ne trotte pas...

Au mont Thabor, je joins la Samarie,
Naïm, Sunam et l'antique Sichem,
Route fameuse où Joseph et Marie
Vinrent un jour, gagnant Jérusalem...
Coco, pourquoi précipiter l'allure ?
La pente est raide et la roche est bien dure....

Ne trotte pas...

Je suis, tu sais, un cavalier novice,
De l'équilibre, hélas ! bien incertain ;
De ton ardeur, fais-moi le sacrifice,
Quoi qu'animal, sois pour moi presqu'humain,
Point de galop, surtout, sois raisonnable,
Veux-tu ? dis-moi ? tu seras bien aimable...

Ne trotte pas...

Si tu le veux, de petits noms d'oiseaux
Je charmerai ta route interminable,
Je chanterai tous mes airs les plus beaux
Pieux concert, rare autant qu'admirable...,
Si tu vas bien, je ne serai pas chiche
D'un picotin tu recevras bakchiche....

Ne trotte pas... *Samarie.*

La caravane s'allonge démesurément, les vaillants s'avancent d'un pas alerte, les autres piano-piano. Nous laissons à notre droite la Fontaine dite de Gédéon où sur 10.000 hommes, 300 seulement ne prirent de l'eau qu'avec leurs mains, et ces 300 seuls furent choisis. Puis Bethsan ou Seithopolis qui, dit-on, surpassa Jérusalem par sa population et son commerce.

A droite aussi Zéraïn, l'ancienne Jezraël de la tribu d'Issachar, célèbre par l'histoire de Naboth et d'Achab, et surtout de l'impie Jézabel.

Naboth avait une vigne à Jezraël, à côté du palais d'Achab, roi de Samarie. Et Achab parla ainsi à Naboth : « Cède-moi ta vigne, pour que j'en fasse un jardin potager, car elle est tout près de ma maison. Je te donnerai à la place une vigne meilleure ; ou si cela te convient, je te payerai la valeur en argent. » Mais Naboth répondit à Achab : « Le Seigneur me garde de te donner l'héritage de mes pères ! » Achab rentra dans sa maison triste et irrité..... Survint sa femme Jézabel, qui lui dit : « Est-ce bien toi maintenant qui exerces la souveraineté sur Israël ? Lève-toi, prends de la nourriture et que ton cœur se réjouisse ; je te donnerai, moi, la vigne de Naboth le Jezraëlite. »

Jézabel mit alors toute son influence à suborner de faux témoins qui accusèrent Naboth d'avoir blasphémé contre Dieu et le roi. Pour ce crime purement imaginaire, le pauvre Naboth fut entraîné hors de la ville et lapidé.

Au moment où Achab prenait possession de la vigne tant convoitée, Dieu envoya Élie lui dire :

« Ainsi parle le Seigneur : Au lieu même où les chiens ont léché le sang de Naboth, les chiens lècheront aussi ton propre sang..... Voici, je vais faire venir le malheur sur toi ; je te balayerai, j'exterminerai quiconque appartient à Achab..... Le Seigneur parle aussi sur Jézabel et il dit : Les chiens mangeront Jézabel près du rempart de Jezraël. » (*II Reg.* XXI.)

On sait avec quelle effrayante vérité se réalisèrent ces terribles prophéties.

Tout en face de Jezraël, à notre gauche, se dresse le mont de Gelboé qui mesure environ 10 kilomètres de longueur sur 6 ou 8 de largeur. Son point culminant s'élève à 516 mètres au-dessus de la Méditerranée. Une dizaine de villages pointent çà et là, aux flancs de ses ravins ou sur la croupe de ses plateaux. Fertile par endroits, il n'offre le plus souvent au regard que terres arides et désolées.

Cette chaîne est surtout célèbre par le combat où Saül et ses trois fils furent tués.

Voici le cantique funèbre que David composa sur Saül et Jonathas, son fils, et qu'il ordonna d'enseigner aux enfants de Juda :

L'élite d'Israël a succombé sur tes collines !
Comment des héros sont-ils tombés ?
Ne l'annoncez point dans Geth,
N'en publiez point la nouvelle dans les rues d'Ascalon
De peur que les filles des Philistins ne se réjouissent.
De peur que les filles des incirconcis ne triomphent.
Montagnes de Gelboë !
Qu'il n'y ait sur vous ni rosée, ni pluie,
Ni champs qui donnent des prémices pour les offrandes !
Car là ont été jetés les boucliers des héros,
Le bouclier de Saül ;
L'huile a cessé de les oindre.
Etc., etc.

Vers quatre heures, nous faisons la halte traditionnelle, accueillie avec joie. Elle est courte. On repart avec ensemble et notre chevauchée silencieuse est coupée par la récitation du chapelet. Nous passons près d'un champ couvert de carcasses de toutes sortes : chameaux, mulets chevaux. Ce curieux peuple turc n'enterre rien ; tout reste, se consume sur place.

A cinq heures et demie, grands cris de joie. On aperçoit dans le lointain, tout à l'orée d'un village très coquet et verdoyant, des tentes qui se dressent blanches comme des colombes aux ailes déployées. Ce sont les tentes des pèlerins ; ce sont nos tentes !

Immédiatement, c'est de la part de quelques-uns, dont je suis, naturellement, une course folle à travers la plaine. Nous arrivons au milieu des hourras ! discrets des Turcs qui nous attendent. La fameuse autant que traditionnelle camomille est prête. Chacun prend ce que bon lui semble.

Parfait, notre campement : dix magnifiques tentes, fort bien dressées, renfermant chacune quatre lits, entourant une plus belle encore, celle de Mgr Tristchler, et une autre petite tentinette carrée ; c'est celle de Sœur Camomillette qui prodigue ses soins avec un inlassable dévouement à tous ceux qui ont recours à elle.

Puis, à quelques pas sur la droite, se dresse la grande tente commune, sur laquelle flotte le pavillon de la France ; elle servira tour à tour de salon !... de salle à manger et de chapelle. Là sont dressées les tables, et sur les tables, nappes, verres, bouteilles, couteaux, fourchettes, cuillers, tout le confortable, en un mot, d'un modern-hôtel.

Les chevaux sont là, attachés, tout autour de nous. Les moukres vont, viennent, crient comme d'habitude. Une armée de guides, d'employés s'occupent, qui de la cuisine, qui des chevaux, qui des bagages partis avant nous et que nous retrouvons ici. Tout cela, à la tombée de la nuit, sous les douces effluves de la brise du soir après la chaleur du jour, dans une campagne silencieuse, au pied des monts de la Samarie, aux confins d'une grande plaine, revêt un charme peu ordinaire.

Parfum du désert, de la solitude et de la foule, du repos et de l'activité, du sauvage et de la civilisation; l'Europe et l'Asie fraternisant ce soir sous les tentes de Japhet, c'est beau, impressionnant. Mais comme ce serait encore plus beau et plus consolant si ce peuple n'avait qu'un cœur et qu'une âme pour le Dieu d'amour, qui est passé là plusieurs fois en se rendant à Jérusalem, et qui y a fait éclater sa puissance et sa bonté.

En effet, une tradition fort ancienne veut que Notre-Seigneur ait opéré la guérison des dix lépreux à Engannim ou Djennin.

Jésus, se rendant à Jérusalem, passa par les *confins de la Samarie et de la Galilée.* Comme il entrait dans un village, dix lépreux vinrent à sa rencontre. Se tenant à distance, ils élevèrent la voix et dirent:« Jésus, Maître, aie pitié de nous ! « Dès qu'il les eut vus, Jésus leur dit : « Allez vous montrer aux prêtres ». Et pendant qu'ils y allaient, voici qu'ils furent guéris. L'un d'eux, se voyant guéri, revint sur ses pas, glorifiant Dieu à haute voix. Il tomba sur sa face aux pieds de Jésus et lui rendit grâces ; c'était un Samaritain. Jésus, prenant la parole, dit : « Les dix n'ont-ils pas été guéris? Et les neuf autres, où sont-ils? » etc., etc.

Sept heures, le dîner sous la tente. C'est la première fois, non la dernière. Service parfait, à la française, par des Turcs. D'immenses lanternes se balancent sur nos têtes ; elles éclairent passablement. Conversations plutôt calmes.

Huit heures du soir. Coup d'œil très *sui generis*. De ci, de là, des falots rustiques antédiluviens jettent une lueur blafarde, plutôt parcimonieuse, mais enfin c'est éclairé, et c'est là que le proverbe normand tomberait à pic : Pour dire qu'on y voit, on n'y voit pas ; pour dire qu'on n'y voit pas, on y voit ! Tout de même ce que c'est que d'avoir de l'esprit !

Le côté des drogmans est particulièrement animé. Ils ont dû loger au *bon endroit* le vin gris laissé sur les tables... C'est un vrai petit coin d'un boulevard parisien.

La police turque nous garde contre les chacals et surtout contre.. les voleurs. Toutes les cinq minutes une sentinelle fait entendre un petit coup de sifflet strident, auquel les autres doivent répondre. Pour le moment, c'est bien, mais la nuit... ce malheureux coup de sifflet ! et toute la nuit, et toutes les nuits, on l'entendra !... Avec quelle joie on aurait, à la fin, envoyé et siffleurs et sifflets à la tête du Grand Turc. Malgré tout, on laissera faire, car c'est encore préférable à d'importunes visites nocturnes.

A neuf heures, plus personne sur la place... j'allais dire sur le pont : effet de l'habitude ! Tout le monde repose sous la garde de Dieu, et aussi des Turcs... C'est le silence, sinon le sommeil réparateur.

Demain, huit heures de cheval ! brrr... Je plains les petits et les faibles, et dans ce nombre trouvent place quelques fort gros personnages.

Mardi 26. — A quatre heures et demie, grand remue-ménage. Sonnerie. *Benedicamus Domino!* Tout l'attirail d'un lever inexorable. On s'y prête, bon gré, mal gré. Vingt minutes après, les hommes d'équipe s'amènent, envahissent les tentes. C'est presque un sauve-qui-peut général. On demande grâce, encore cinq minutes, pour ramasser le plus gros de ses affaires... Car on a beau se précautionner, on laisse toujours quelque chose, un peu de ses plumes, dans les mille haltes du voyage. On ne les obtient pas toujours, ces pauvres cinq minutes. Je plains les dames! Vingt minutes, n'est-ce pas, Mesdames, que c'est dérisoire pour une toilette? Mais les pèlerines ne sont, sans doute, pas des dames comme les autres! La preuve, c'est qu'elles ne se plaignaient pas, mais pas du tout; n'est-ce pas probant?

Une demi-heure après, lits et tentes, cuvettes et tables de toilette, tout était déballé, emballé, ficelé, chargé sur les mulets qui filaient devant nous pour le midi ou le soir! Le temps de la messe basse, dite par Monseigneur, à laquelle prêtres et laïcs assistaient, et à laquelle beaucoup ont communié, leur a suffi pour nettoyer la place. Ces braves gens, tout en criant comme des damnés menaçant de s'avaler tout crus, alors que tout s'apaise comme par enchantement, sont d'une dextérité peu commune. Et les paquets s'enroulent, se ficellent, s'empilent d'une façon prestigieuse.

Deux mois après, j'ouvre mon cahier de notes: *Nuit de Djennin.* Voici ce que je lis; ce n'est pas long, permettez-moi de citer:

La nuit. Ah! cette nuit sous la tente... ténèbres épaisses, glapissement des chacals, aboiement infernal des chiens, cris des moukres. Rappel de la consigne. Sifflets qui sifflaient. Mélopée des gardes, bavardages nocturnes des Arabes, hennissement des chevaux, toutes les gammes du tapage, tous les hurlements réunis, étrange cacophonie! Par-dessus tout, une fièvre de cheval, fruit probable de nos galopades du jour. Nuit ineffable; il y en a qui, paraît-il, ont dormi. Veinards! Enfin, il faut des victimes, autant moi qu'un autre. Djennin! Djennin! je ne t'oublierai pas, sois sûre, mais ce souvenir sera plutôt amer!

Sa Grandeur seule a dit la messe. Debout, on prend thé ou café. Le boute-selle sonne. On part.

Nous traversons la petite ville, 3.000 habitants. Maisons assez coquettes... sorte de bazar où, déjà en masse, l'air abruti, accroupis sur leurs portes, les Turcs fument le *narghileh*. Ils savent que nous devons passer...

Nous traversons un petit filet d'eau. C'est le premier depuis le Cison. Il explique la végétation luxuriante de Djennin. Là sont des cactus, sortes de figuiers de Barbarie, au tronc gros comme un homme, hauts de plus de 3 mètres. Nous n'avons pas encore vu ça.

Nous rencontrons de pauvres femmes, venant de loin, chargées d'un lourd fardeau de bois tortueux qui a poussé à regret, pendant que là-bas, derrière nous, leurs seigneurs et maîtres fument tranquillement. Tyranniques et avilissantes mœurs!

Le sentier que nous suivons est d'abord encaissé dans de profondes gorges ; puis bientôt s'ouvre une assez large plaine, la plaine de Béthulie, où de pauvres fellahs ou cultivateurs turcs ou arabes, tracent d'imperceptibles et tortueux sillons avec une minuscule charrue et de pauvres haridelles de bœufs noirs.

On la dit assez fertile : le terrain paraît bon, en effet.

Béthulie s'élève à notre droite, sur la montagne, comme une espèce de château-fort. C'est au dévouement de *Judith*, l'héroïque, que Béthulie doit sa célébrité. On sait, en effet, comment elle trancha la tête d'Holopherne, qui était venu avec 12.000 hommes assiéger cette petite ville.

Nous voici à Dethaïn, célèbre par le miracle du prophète Élisée, et par Joseph qui fut pris et vendu par ses frères. C'est dans ces contrées, en effet, que les fils de Jacob paissaient leurs troupeaux, quand leur frère Joseph vint d'Hébron les rejoindre :

« Voici le faiseur de songes, se dirent-ils l'un à l'autre en le voyant. Venez, tuons-le, et jetons-le dans une de ces citernes ; nous dirons qu'une bête féroce l'a dévoré, et nous verrons ce que deviendront ses songes. » Ruben, en entendant ces paroles, voulut l'arracher de leurs mains. Il dit :

« Ne lui ôtons pas la vie, ne répandez point de sang, jetez-le dans cette citerne qui est au désert, et ne mettez pas la main sur lui. » Etc., etc.

Nous pressons le pas pour arriver à Silet-et-Dhar, encore loin. On doit y déjeuner. Là, un fait curieux et très caractéristique : un moukre, pressé de laver une carafe, y met de l'eau, court à la queue de son cheval, l'introduit délicatement dans le goulot, agite le tout non moins délicatement, et lave bravement... la queue du cheval dans la carafe, sous prétexte de laver le récipient.

De nos repas et de l'eau que nous buvons, au point de vue propreté j'entends, je ne vous en parlerai pas. Mais prendre l'un et l'autre, c'est une pénitence vraie (notre aimable direction n'y est pour rien), que cela vous suffise. Puis ne faisons-nous pas un pèlerinage de pénitence?... Du reste, il est bien entendu que ce ne sont que les braves entre les braves qui font l'épique chevauchée de Samarie.

Un pèlerin de Reims, mis au courant de ces lignes écrites sur place, ajoute : sans faute, dites que les braves, vraiment braves, sont ceux qui ont tenu la tête de la caravane. Mais qui ne l'a pas tenue un moment ou l'autre? N'était-il pas lui-même quelquefois à l'autre bout ?

Autre fait caractéristique : nous quittions le village; une femme, à coups de battoir, frappait sur une pierre. On s'approche. C'était une boulangère, une vieille arabe, pomme reinette passée, qui pétrissait sa galette couleur chocolat, couverte de poussière, et avec des mains!... Quand je vous disais que notre pénitence était de nous mettre à table!

Silet-et-Dhar, enfin. Vite on saute à bas de son cheval qu'on abandonne aux moukres, et sans s'occuper d'autre chose, chacun cherche un lieu de repos. On en a besoin après cinq heures de cheval. Ça peut compter! A deux heures, reposé ou non, on sonne le départ. En avant!

Montée dure et pénible ! C'est vite dit : dure, pénible... mais ça ne dit rien, rien de la réalité. Puis, pour sommet, un plateau de plusieurs kilomètres, hérissé de pierres, de roches de toutes tailles et de toutes formes. C'est à travers ce véritable casse-cou qu'il faut manœuvrer avec son coursier. Non, c'est indescriptible. Çà et là, dans cette solitude rocheuse, un maigre olivier secoue ses branches à l'air enflammé du vent du sud, et semble faire signe comme pour un appel désespéré.

Le passant qui s'attarde sur ces sommets perdus et déserts des monts de la Samarie, éprouve une impression que l'on ignore, si l'on ne connaît pas la mélancolie des steppes ou le recueillement taciturne des landes sauvages. Ce n'est pas la mort, puisque les feuilles de l'olivier s'agitent. Ce n'est pas non plus la joie de vivre, car le sol pauvre, si pauvre de ces monts, ne peut nourrir que des plantes qui souffrent.

Après la plaine, la descente, et quelle descente, Dieu du Ciel !.. Pauvres chevaux ! pauvres de nous ! Chère France, reverras-tu jamais tes enfants valeureux !....

Malgré tout, pas d'accident, pas de culbutes dans les fondrières. Ce n'est pas qu'elles manquent pourtant. Mais nos chevaux sont si habiles, si habitués, leurs pieds fins sont si sûrs ! Cette effrayante chevauchée à travers l'informe est une excellente école d'équitation. Lorsque l'on a, sans broncher et sans avaries, traversé cette mer d'écueils, on peut sans sourciller se décerner un certificat de parfaite stabilité, piquer des deux et affronter désormais tous les obstacles.

Une demi-heure ne s'était pas écoulée, qu'un Abbé galopait déjà ! il est vrai qu'il ne le faisait pas exprès.

Un autre, s'avançant, terrifié, au pas accéléré de sa monture, allait de groupe en groupe, déclarant à qui voulait l'entendre, que son cheval le mène et qu'il croit prudent de ne le point contrarier. Ici, une selle se retourne et le cavalier avec ; plus loin, les ficelles qui retiennent les étriers cassent.

« Holà ! moukres de malheur.... Abdallah, Mohammed, Ibrahim, Ali, Sélim (tous les noms de l'islamisme poussés d'une voix lamentable se croisent)! à la rescousse! il me faudrait de l'aide, c'est insupportable, mon cheval s'emporte; le mien recule; celui-ci rue; l'autre mord son voisin. Chassez donc ces bourricots qui s'insinuent dans nos rangs.... Monsieur, vous n'êtes pas de mon groupe. — Je ne sais pas, Monsieur, je suis perdu. —

« Quelle chaleur! J'étouffe... Malheur! je n'ai plus de gourde... Mon bréviaire vient de tomber.... A qui cette ombrelle cassée ?»

Dans le lointain, des voix récitant le chapelet et envoyant aux échos le joyeux refrain de quelque cantique populaire, et de ci, de là, un mot, merveilleux, sans doute, que les indigènes répètent à tout instant; bakchich, bakchich. Je ne comprends pas encore l'arabe, mais je vais me renseigner auprès de notre guide.

Et toutes ces scènes se déroulent de l'aube au coucher du soleil. Quelle vie, grand Dieu! quelle vie! Si j'avais pu prévoir tout cela... Eh bien! je serais venu, tout de même ...

Nous arrivons à Sébaste, ancienne Samarie, ville illustre, dont l'histoire s'identifie avec celle du royaume dont elle a été la capitale. Elle a subi de fameux sièges, livré de terribles batailles et remporté de grandes victoires sur *Bénadab*, entre autres, à qui les Samaritains tuèrent 100.000 hommes.

Elle n'est plus que l'ombre de ce qu'elle a été. On y voit encore les ruines grandioses de l'ancienne église Saint-Jean.

Ce superbe édifice fut, sans doute, construit sur les ruines d'une basilique antérieure, que mentionne au VIe siècle Antonin de Plaisance. Du monument des Croisés, il reste quelques parties qui font plus vivement déplorer la démolition de ce chef-d'œuvre. Les piliers carrés qui séparent la nef centrale des deux nefs latérales sont flanqués de colonnettes engagées: les voûtes, en partie détruites, étaient ogivales, ainsi que les arcades et les fenêtres. L'abside de l'édifice a été transformée en un sanctuaire musulman, qui donne accès à une crypte très ancienne. Cette crypte comprend une chambre sépulcrale, partagée en trois caveaux cintrés, construits avec de belles pierres.

D'après la tradition, ces tombes sont celles de Saint Jean-Baptiste, d'Abdias et d'Élisée. Cette visite nous a fort intéressés.

Sous la domination romaine, Hérode releva la gloire de Sébaste. Oh! de la ville hérodienne ou byzantine, il ne reste que le majestueux débris d'une colonnade longue d'environ 1.000 mètres, large de 15, qui traversait la ville de l'est à l'ouest. On retrouve également deux autres séries de colonnes monolithes; elles ornaient, sans doute, les portiques d'un temple et d'un hippodrome. A considérer ces ruines grandioses, on ne peut se défendre d'un sentiment d'admiration et de mélancolique tristesse. Elle s'est accomplie à la lettre, cette prophétie de Michée :

> Je ferai de Samarie un monceau de pierres dans les champs,
> Un lieu pour planter de la vigne,
> Je précipiterai ses pierres dans la vallée.
> Je mettrai à nu ses fondements. (*Mich.* 1, 6.)

Là, en effet, où s'élevaient jadis les élégants palais de marbre et les multiples colonnes, la charrue du fellah trace aujourd'hui ses sillons. Le misérable village qui perpétue le nom de l'antique Sébaste renferme une population d'environ 1.000 âmes. La plupart des masures sont construites avec des matériaux provenant d'anciens édifices.

Mais il faut atteindre Naplouse. C'est la halte, c'est le repos. Une heure avant d'arriver, nous attrapons enfin une route passable, c'est déjà un repos. Nous pouvons marcher de front, trois ou quatre cavaliers. C'est superbe. A six heures et demie du soir, à la nuit noire, nous faisons notre entrée solennelle dans cette ville de plus de 20,000 âmes, la plus importante de la Terre Sainte après Jérusalem. De chaque côté de la rue, la foule est compacte, les portes, les fenêtres regorgent de têtes.

Notre entrée martiale, sur deux lignes, Monseigneur en tête, au chant du *Magnificat* et de l'*Ave, maris Stella*, produit un effet superbe. On ne peut voir le jeu des physionomies, il fait trop noir. Nous traversons la partie nord de la ville, nous la dépassons quelques centaines de mètres et arrivons enfin au campement.

Personne ne s'avoue fatigué, et pourtant tout le monde l'est, beaucoup même. dix heures de cheval, pour des novices, n'est-ce pas quelque peu héroïque ?

Dîner rapide, très sobre, et chacun s'empresse de disparaître sous sa tente, comme Achille sous la sienne.

J'en profite pour faire une étude de mœurs sur nos compagnons de route indigènes. On me vantait tant leur sobriété. J'ai voulu me rendre compte du dire. Or, j'avoue que j'ai été déçu. Il peut se faire que ces gens-là soient sobres, chez eux, quand ils en sont réduits à leurs propres moyens. Mais ici, ayant abondamment, ils mangèrent abondamment, gloutonnement. De plus, pardonnez, chers lecteurs, ils mangèrent salement.

Ils se servent avec leurs mains. Le préposé à la table puise à pleines mains dans le plat et remplit avec une rapidité rare les assiettes qui se présentent, et tous les convives piquent dans lesdites assiettes avec les fourchettes d'Adam, je veux dire leurs mains : viande, haricots, purée, *flan...* peu importe. Puis, ils se lèchent avec délices les doigts, retournent au plat et puisent à nouveau avec leurs doigts léchés. Ah! ce que c'est appétissant! Après tant de bains, on ne peut pourtant pas dire que leurs doigts soient sales!

Que dire de leur breuvage? Pourvu que ce soit liquide, ils boivent ; le reste, qu'importe?

Profondément édifié sur les mœurs de nos braves Mamelucks, je me retirai avec un goût, — laissant au lecteur le soin de mettre un *d* devant, — de plus en plus prononcé pour leur cuisine. Mais bref. A çà près, on n'en meurt pas pour si peu, la preuve c'est qu'eux-mêmes se portent à merveille.

A mon tour je me retire sous ma tente, et *tente* de dormir, mais c'est peine perdue ; en plus de bruit de la nuit précédente que nous retrouvons ici, mon lit, par une vraie guigne, a une bosse de chameau au milieu, et çà suffit — pour ne point pouvoir clouer l'œil de la nuit, comme on dit chez moi : — cependant, il faisait frais, de plus une douce brise favorisait le sommeil ; oui, mais, ma bosse !... chameau de bosse, va !

En attendant le sommeil, narrons l'histoire de la ville qui s'étend, à côté de nous.

— Naplouse, en arabe *Nâboulous*, s'appelait jadis *Sichem*. Ce nom apparaît pour la première fois dans la Bible à l'occasion du premier séjour que fit Abraham en ces régions, alors que la ville n'était point encore fondée. Plus tard, après l'outrage commis sur leur sœur Dina, les fils de Jacob arrivèrent à l'improviste dans la cité et en massacrèrent tous les habitants mâles, y compris Sichem, fils d'Hémor, leur roi. Cette cruelle vengeance força Jacob à s'éloigner, mais ses fils revinrent ensuite en ces riches contrées, à la tête de leurs troupeaux. Après la conquête de la Terre Promise, Sichem échut en partage à la tribu d'Ephraïm et devint ville de refuge.

Conformément aux ordres de Moïse, Josué réunit les douze tribus sur les pentes du Garizim et de l'Hébal pour leur faire proclamer *les bénédictions et les malédictions* qu'on lit dans le Deutéronome. « Six tribus montèrent sur le mont Garizim et six sur le mont Hébal. Les prêtres, les lévites, et l'Arche étaient entre les deux montagnes : les lévites s'étant tournés vers le mont Garizim, récitèrent les bénédictions : « Béni soit celui qui ne fera pas d'idole, etc., » le peuple répondait : « Amen. » S'étant ensuite tournés vers l'Hébal, ils récitèrent les malédictions, et l'on répondit « Amen. »

Après la mort de Gédéon, Abimélech, son fils, réussit à se créer parmi les Sichémites un groupe de partisans à la tête desquels il alla assaillir dans leur maison les soixante-dix fils de Gédéon, ses frères. Tous ceux-ci, à l'exception du jeune Joathan qui avait fui, furent immolés sur la même pierre, à Ophra. Après cet exploit sauvage, Abimélech se fit proclamer roi par les habitants réunis de Sichem et de Millo. A cette nouvelle, le jeune Joathan monta sur le Garizim et de là adressa aux Sichémites le piquant apologue des arbres qui, s'étant assemblés pour se choisir un roi, élisent le buisson.

Naplouse occupe une situation magnifique dans la vallée qui sépare le Garizim au sud, de l'Hébal qui s'élève au nord à une altitude de 950 mètres, sur la limite du partage des eaux entre le Jourdain et la Méditerranée. Des sources abondantes jaillissent du pied des monts, forment des ruisseaux qui la sillonnent en tous sens et vont porter la fertilité dans les jardins. Toute la vallée est parsemée de bosquets aux essences diverses. La principale industrie de Naplouse consiste dans le commerce du coton et de la fabrication du savon. Ce dernier produit est exporté en grande quantité à travers la Syrie et jusqu'en Egypte. Les rues, sauf deux ou trois, sont en général étroites, sales et tortueuses : les maisons sont pour la plupart recouvertes de coupoles ou de terrasses, mais, dans les quartiers neufs, la tuile rouge de Marseille tend de plus en plus à faire disparaître le cachet oriental des habitations.

Mercredi 27. — Quatre heures. *Benedicamus Domino.* Lever, pas même au clair de la lune. Ténèbres épaisses. On n'y voit goutte ! on prend les vêtements... du voisin. Emotions.... On reconnaît enfin l'erreur, cris de joie ou d'épouvante ! Je parle seulement de ma tente. Puis, à cinq heures, départ pour le puits de Jacob, distant d'environ deux kilomètres de la ville : on passe devant une caserne turque, toute la milice sommeille, excepté les sentinelles.

Une tente est dressée, Mgr Tristchler, toujours vaillant, toujours à notre tête, célèbre la sainte messe. Tous les pèlerins y assistent, un grand nombre communient.

Ces lieux, et la scène de Jésus et de la Samaritaine qu'ils rappellent, sont trop intéressants pour que nous n'entrions pas dans quelques détails historiques.

A l'entrée du riant vallon qui sépare le Garizim de l'Hébal et dans lequel repose la ville de Naplouse, Abraham fixa jadis ses tentes. C'est [illegible] que Dieu lui promit de donner cette terre à sa postérité. Longtemps après, Jacob revenant de la Mésopotamie avec sa famille et ses nombreux troupeaux, s'arrêta de même en la terre de Sichem et y creusa le puits qui porte son nom. Mais ses fils ayant massacré les Sichémites pour venger l'outrage fait à leur sœur Dina, le patriarche dut fuir au pays d'Hébron. Quelques années plus tard, Jacob s'éteignait en Egypte, où l'avait mandé son fils Joseph qu'il croyait mort ; mais avant de trépasser, il légua à celui-ci, en sus de son héritage, le champ de Sichem. Sur son lit de mort, Joseph, prophétisant à son tour la conquête de Chanaan, fit jurer à ses frères d'emporter sa dépouille de l'Egypte pour la déposer en sa terre de Sichem.

Le puits creusé par Jacob dans le champ de Sichem est aussi appelé *Puits de la Samaritaine*, en souvenir du touchant entretien qu'y eut Notre-Seigneur avec la Samaritaine de l'Evangile.

Le Sauveur se rendait de Judée en Galilée par la Samarie. Comme il passait à Sichar, il s'arrêta fatigué du voyage et s'assit sur la margelle du puits de Jacob. Une femme vint pour puiser de l'eau : « Donne-moi à boire, » lui dit Jésus, et, comme elle hésitait, il ajouta : « Si tu connaissais le don de Dieu et qui est celui qui te dit : Donne-moi à boire, tu lui aurais toi-même demandé à boire et il t'aurait donné de l'eau vive » — « Seigneur, lui dit la femme, tu n'as rien pour puiser et le puits est profond ; d'où aurais-tu donc cette eau vive ? » « Quiconque boit de cette eau aura encore soif : mais celui qui boira de l'eau que je lui donnerai n'aura jamais soif, et l'eau que je lui donnerai deviendra en lui une source d'eau qui jaillira jusque dans la vie éternelle. » La femme lui dit : « Seigneur, donne-moi cette eau afin que je n'aie plus soif et que je ne vienne plus puiser ici. » Après avoir fait une discrète allusion à la vie désordonnée de la Samaritaine, Jésus entend celle-ci lui dire : « Je vois que tu es prophète. Nos pères ont adoré sur le Garizim et vous dites, vous, que le lieu où il faut adorer est Jérusalem. » « Femme répliqua Jésus....., l'heure vient et elle est déjà venue où les vrais adorateurs adoreront le Père en esprit et en vérité, car ce sont là les vrais adorateurs que le Père demande. Dieu est esprit, et il faut que ceux qui l'adorent, l'adorent en esprit et en vérité. » La femme lui dit : « Je sais que le Messie (c'est-à-dire le Christ) doit venir.

Quand il sera venu, il nous annoncera toutes choses. » Jésus lui dit : « Je le suis, moi qui te parle. »

Le puits de la Samaritaine fut toujours très vénéré des Juifs, des Chrétiens et des musulmans : il est aujourd'hui renfermé dans la crypte d'une chapelle des Croisés, bâtie elle-même sur les ruines d'une église plus ancienne dont on a retrouvé les arasements et les débris épars. La profondeur du puits est d'environ 24 mètres, il est ordinairement à sec, surtout pendant l'été. Il y a un grand jardin, bien planté : j'y ai cueilli fleurs et feuilles. Le tout est entouré de hautes murailles.

Le tombeau de Joseph se trouve à une faible distance, au nord-est du puits de la Samaritaine. Le monument qui le recouvre ressemble à tous les ouélis qu'élèvent les musulmans, mais, quoi qu'il en soit, on croit non sans raison que cet ouéli occupe le véritable emplacement du caveau funéraire du patriarche Joseph. Les plus anciennes traditions juives et chrétiennes confirment cette opinion. — Nous partons.

La vallée de Sichem est large, belle, fertile ; de tous côtés les troupeaux partent aux champs. L'unique route que nous suivons quelque temps est encombrée d'ânes, de chameaux et de chameliers apportant toutes sortes de marchandises à Naplouse. C'est jour de marché.

Le vieux et saint Patriarche avait bien choisi l'emplacement de son fameux puits. A l'est, la plaine, à l'ouest, Naplouse, primitivement Sichem, puis au nord et au sud, le Garizim et l'Hébal.

Hæc dies quam fecit dominus : exultemus et lætemur in ea! C'est le jour attendu, le grand jour où nos yeux verront enfin le cher objet de leur désir. Depuis trois semaines, nous courons les mers, arpentons les plaines, traversons les montagnes au prix de difficultés réelles, pour voir Jérusalem ; nous avons tout quitté, tout entrepris pour cela, et Jérusalem est là, tout près, derrière la montagne, et nos cœurs tressaillent d'allégresse.

Ce soir nous devons fouler aux pieds ce sol sacré, voir de nos yeux ce dont nous avons tant entendu parler, toucher de nos mains ce dont on nous a raconté tant de merveilles. Aussi les 66 kilomètres qui nous séparent ne nous paraissent plus rien, et les fatigues ne se feront pas sentir, car ce seront des fatigues aimées.

La fertile plaine de Sichem se termine bientôt au pied d'une colline assez haute qu'il nous faudra escalader. mais c'est pour nous un jeu d'enfant : on en a vu tant d'autres. C'est fait! nous voici en haut. Le plateau est une vraie plaine de rochers, une vraie mer d'isbergs, c'est un spectacle hautement étrange. La descente, comme celle d'hier, complètement à pic est très dangereuse; seuls les chevaux de ces pays peuvent opérer de semblables tours de force.

A dix heures, par une chaleur torride, halte dans un vallon étroit, à l'ombre de quelques maigres figuiers.

Deux petites maisons en forme de tour sont là, surmontées de branches et de feuillages, pour abriter les habitants contre le soleil. Tours faites de pierres sèches, pour ne pas payer l'impôt, dit-on, car ne paient impôt que les constructions avec ciment ou chaux, qui doivent durer par conséquent.

David disait : Quand je le pourrai, je planterai une vigne, je l'entourerai de murs, je bâtirai au milieu une tour, et je me reposerai à son ombre. Le temps a passé, mais non les mœurs. En général les vignes sont encore ainsi. Du reste, il en est de même pour une foule de coutumes anciennes.

Je n'ai pas voulu retarder la marche du récit en m'arrêtant à chaque instant pour faire constater et toucher du doigt cette vérité. Mais je me ferai un plaisir et un devoir de faire suivre ces pages d'un appendice où je relaterai un certain nombre de similitudes entre les coutumes anciennes et modernes, qui pourront intéresser certains lecteurs.

Nous mourions de soif : on a dévalisé les figuiers... Que le bon Dieu nous pardonne — et le propriétaire aussi : Notre-Seigneur, du reste, n'a pas grondé ses Apôtres qui, eux, mourant de faim, ont froissé dans leurs mains quelques épis de blé, même le jour de Sabbat. Du reste, le propriétaire devait nous voir du haut de sa tour, puisqu'à la fin il est venu : mais que faire contre tant de monde ? D'autre part, pas moyen d'acheter, pas de petite monnaie du pays, et pas moyen de se faire comprendre. Alors quoi ! il ne restait plus qu'à se servir. On l'a fait.

Incident comique : peu après vinrent deux jeunes femmes, l'une avec un bébé sur les bras. Or, voyant une pèlerine à la recherche d une source, cette dernière s'avance vers elle et, avec la plus grande simplicité du monde, lui offre son sein pour qu'elle puisse se désaltérer. C'était tout à fait touchant, comme vous voyez. Mais la pauvre pèlerine, affolée, estomaquée d'une pareille offre, part comme une flèche et se sauve, laissant interdite la charitable bédouine. Ces mœurs nous dépassent, là bas c'est tout naturel, preuve à l'appui de ce que je viens de dire sur l'identité des usages actuels avec les anciens, car voici ce que dit le R. P. Julien : (1)

« Bien des femmes d'Europe ont dû s'étonner, en lisant, dans le magnifique discours que la mère des Macchabées adressa à son plus jeune fils, pour l'encourager au martyre : *Aie pitié de moi... qui t'ai allaité pendant trois ans.* (II Mach. XII, 27).

« On n'est pas étonné en Orient. Il n'est pas rare en Palestine et en Syrie de voir des enfants jouer en mangeant une galette de pain, et quitter leurs jeux pour aller boire au sein de leur mère. Les femmes bédouines donnent le sein à leurs enfants jusqu'à l'âge de 5 et même de 7 ans. Cet allaitement prolongé a sa raison hygiénique, dans un pays où les affections intestinales font périr tant d'enfants ».

Nous quittons ce trou pour retomber dans un autre, à Loubbals où nous déjeunons. La tente est dressée

(1) Egyp. p. 260.

faute d'ombrage. On en repart bientôt pour gravir une dernière côte extrêmement raide, atteindre Silo et là trouver route et voitures. Cette dernière étape, courte mais grimpante, est enlevée d'assaut.

Nous avons failli avoir là un grave accident. Une dame enlève son cheval et part à travers les rochers A un moment donné, le cheval butte contre un énorme bloc, il a manqué son coup et tombe à genoux ; il se relève, tombe encore, se relève, se cabre droit avec la pauvre cavalière, on n'a que le temps de sauter à terre, de prendre à bras le corps l'infortunée pèlerine et l'arracher au danger, à une mort certaine, car si le cheval s'était renversé elle et lui roulaient au fond d'un précipice profond. L'émotion passée, cette courageuse femme remonta sur sa bête, poursuivit sa route et arriva saine et sauve aux voitures avec tout le monde.

Ce n'est pas sans une tristesse réelle, une vraie peine, que nous avons dit adieu à nos charmants et valeureux petits coursiers aux jarrets si sûrs et si habiles, à nos dévoués compagnons de route, depuis plus de trois jours.

Nous montons en voiture à Silo, ou Seiloun, pour parcourir en toute hâte les 35 kilomètres qui nous séparent encore de Jérusalem.

Par le nombre et l'importance des souvenirs qu'elle évoque, Silo tient une place de tout premier ordre dans l'histoire d'Israël ; elle garda durant trois siècles le Tabernacle et l'Arche d'alliance, et fut pendant cette longue période le centre de la vie religieuse et politique du peuple hébreu.

C'est à Silo, autour de l'Arche d'alliance, que les tribus d'Israël se réunirent pour se partager la Terre Promise. Silo fut dévolue à Ephraïm.

C'est là qu'Elcana stérile vint prier le Seigneur et le supplier de mettre fin à sa honte en lui donnant un fils. Elle fut exaucée et devint la mère de Samuel.

C'est là aussi qu'est né le prophète Ahias. Un jour que l'homme de Dieu montait à Jérusalem, il rencontra Jéroboam. A cette vue, Ahias saisit son manteau, le déchire en douze parties, en donne dix au prince et s'écrie : « Voici ce que dit le Seigneur, Dieu d'Israël : Je diviserai le royaume de Salomon, et je te donnerai dix tribus. »

Aujourd'hui les ruines de Silo sont lamentables. La nécropole de l'antique cité a mieux résisté à la destruction du temps. Une longue série de tombeaux creusés dans le roc s'ouvrent au flanc de la vallée ; la plupart sont précédés d'un vestibule cintré qui communique par une porte basse à la chambre sépulcrale, contenant des auges avec ou sans arceaux.

Ceci dit, filons sans retard jusqu'à JÉRUSALEM. Nous laissons à notre droite *Sindjil*. Ce nom, dit Victor Guérin, semble être une corruption de celui de Saint Gilles que portait le Comte de Toulouse, un des chefs de la première Croisade.

A gauche, *Tourmous-Aya*, amas de [illegible] gourbis. Nous rencontrons successivement *Gaploua*, *Ephrem*, où Notre-Seigneur se retira avant sa Passion, pour se soustraire aux Juifs qui le cherchaient pour le faire mourir. *Ephrata*. *Ephraïm*, *Ephrem*, autant de variantes d'un seul et même nom. *Béthel*, riche en souvenirs bibliques. C'est là qu'Abraham dressa un autel en l'honneur du vrai Dieu, là qu'il avait fixé sa tente, quand éclatèrent entre ses bergers et ceux de Loth des querelles qui aboutirent à leur séparation.

C'est à *Béthel* que Jacob, fuyant devant son frère Ésaü, vit en songe cette *Échelle mystérieuse*, qui était appuyée sur la terre et dont le sommet touchait au Ciel : « Les Anges de Dieu montaient et descendaient par cette échelle. Et voici, le Seigneur se tenait au-dessus d'elle et il dit : « Je suis l'Éternel, le Dieu d'Abraham, ton père, et le Dieu d'Isaac. La terre sur laquelle tu es couché, je la donnerai à toi et à ta postérité, etc. »

El-Biré, où la Sainte Vierge et Saint Joseph perdirent l'Enfant-Jésus.

Rama, célèbre par le voisinage de la prophétesse Débora, par la résidence de Samuel, enfin par les prophéties de Jérémie, qui se réalisèrent maintes fois et sous différentes formes. *Vox in Rama audita est* :

> On entend des cris à Rama,
> Des lamentations, des larmes amères ;
> Rachel pleure ses enfants ;
> Elle refuse d'être consolée sur ses enfants,
> Car ils ne sont plus. (*Jer.* XXXI, 15.)

Anathoth, qui échut en partage à la race sacerdotale.

Anathoth est la patrie d'Abiézer, l'un des trente héros qui formaient la garde du roi David, et de Jéhu, autre vaillant capitaine de ce prince. Le Grand-Prêtre Abiathar était, lui aussi, originaire d'Anathoth, et c'est là, dans son domaine familial, que Salomon le relégua pour le punir d'avoir favorisé les projets ambitieux d'Adonias. Mais Anathoth doit surtout sa célébrité à *Jérémie*, le plus illustre de ses enfants. Sans cesse honni et maltraité par ses compatriotes, Jérémie les menace des châtiments divins :

> Ainsi parle le Seigneur des armées :
> Voici, je vais les châtier ;
> Les jeunes hommes mourront par l'épée,
> Leurs fils et leurs filles mourront par la famine.
> Aucun d'eux n'échappera ;
> Car je ferai venir le malheur sur les gens d'Anathoth
> L'année où je les châtierai. (*Jer.* XI, 21-23.)

Ces terribles prédictions ne tardèrent pas à s'accomplir; les habitants d'Anathoth furent emmenés en captivité sur les bords de l'Euphrate, lors de l'invasion des Chaldéens.

Gabaa, célèbre dans les annales du peuple de Dieu, entre autres par la fameuse défaite que subit Israël sous ses murs.

Dès la première rencontre, les Israélites, qui comptent 400.000 hommes de guerre, subissent aux portes de Gabaa un échec grave où 22.000 des leurs restent sur le champ de bataille. Israël, atterré, se rendit à Béthel, pour consulter le Seigneur s'il devait poursuivre la guerre, et l'Éternel répondit : « Montez, car demain je livrerai ses habitants entre vos mains. » Ce qui arriva.

Enfin le mont Scopus, qui domine Jérusalem, au nord, et d'où tous les envahisseurs de la Ville Sainte ont combiné leur plan d'attaque.

Je n'ai pas encore parlé de l'aspect du pays depuis Silo.

A mesure qu'on approche de Jérusalem, la campagne prend un aspect plus gai et plus riche. Elle est mieux cultivée. La vigne y est par endroits très belle. J'y ai cueilli un raisin énorme, émule peut-être de ceux qu'ont rapportés au camp de Josué ses célèbres émissaires. Qu'en faire? Nous l'avons mangé... pour nous désaltérer.

Soudain la tête de colonne s'arrête; Jérusalem est là! Ce mot magique vole de bouche en bouche. On arrive, on se presse, on descend de voiture. On baise la terre, et immédiatement on entonne le *Lætatus sum*, qu'on chante d'un trait, les larmes aux yeux. Comment pourrait-il en être autrement ? Tant d'efforts ont été faits pour contempler ce que nos yeux contemplent enfin.

Oui, Jérusalem est là, s'étendant à nos pieds, hypnotisant nos regards avides. Là, avec le Saint Sépulcre, la Voie douloureuse, le Cénacle. Là, avec le mont Sion, le mont des Oliviers; le tout abrité par le drapeau tricolore qui flotte sur les tours de Notre-Dame de France. Nous pourrions presque, nous aussi, chanter notre *Nunc dimitis*, comme le saint vieillard Siméon.

Cependant, nous voulons mieux, nous voulons coller nos lèvres tremblantes sur le Mont sacré, arrosé du sang rédempteur; nous voulons nous prosterner et prier sur cette roche sainte où le Dieu d'amour a donné sa vie pour nous.

Nous nous arrachons à regret à cette frissonnante contemplation, et, plus heureux qu'Alexandre qui s'arrêta là, effrayé par la majesté du Grand Prêtre, nous remontons en voiture pour continuer notre course. Un quart d'heure après, nous arrivions à Notre-Dame de France, où les pèlerins venus de Caïffa nous attendaient depuis quelques heures.

Notre réception fut vraiment triomphale et fraternelle. Nous étions heureux de nous retrouver après quatre jours de séparation, et cette rencontre fut pleine d'effusion et de cœur.

Aussitôt la procession se forme. Elle est longue, elle est belle, elle est imposante. En tête du cortège, à la suite de la Croix et du drapeau français, flottaient le drapeau belge et une bannière hollandaise. Nous franchissons la porte de la Ville Sainte, car Notre-Dame de France est en dehors des murs. Nos cœurs battent bien fort. Le lieu, la foule immense, les chants sacrés, l'ensemble des choses et des circonstances, tout est impressionnant, tout empoigne, tout émeut.

Nous passons en face du Consulat de France. Drapeaux et bannières s'inclinent devant le représentant de la grande nation catholique et protectrice de ces lieux. Après vingt minutes d'une marche lente et religieuse, à travers des rues étroites, tortueuses, souvent couvertes et encombrées de curieux de toute sorte, nous arrivons enfin au Saint Sépulcre. Nous entrons, écrasés sous le poids des souvenirs divins, souvenirs dix-neuf fois séculaires. C'est la Terre Sainte par excellence, c'est la terre qu'a foulée aux pieds Jésus portant sa Croix et qu'il a empourprée de son sang rédempteur, c'est la terre témoin de sa crucifixion et de son effrayante agonie, c'est le rocher fendu qui clame sa divinité, c'est le tombeau glorieux qui chante son triomphe et sa victoire sur l'enfer et sur la mort, c'est le divin que foulent aux pieds les mortels. Quoi de surprenant alors qu'ils se trouvent pour ainsi dire hors d'eux-mêmes et en quelque sorte anéantis !

Le R. P. Dominique, membre français de la Custodie, a prononcé un discours de bienvenue auquel a répondu le directeur du Pèlerinage par quelques mots bien sentis, exprimant les sentiments de chacun.

Après cela les pèlerins pénètrent, un à un, dans l'édicule qui recouvre et entoure le Tombeau du Sauveur et le baisent, avec quel bonheur indicible! Il ne m'en coûte pas, cher lecteur, de m'avouer vaincu, d'avouer que je ne puis redire ni exprimer les sentiments éprouvés quand il nous est donné de pénétrer dans ce lieu, le plus saint du monde, de nous y prosterner et de coller nos lèvres frémissantes sur la pierre sacrée sous laquelle a reposé le Corps du Dieu fait homme. Ce que je dirais ne serait rien, et serait de trop. Ce sont de ces émotions qu'on éprouve, mais qu'on ne définit point. Hélas! on ne fait que passer. Nous sommes deux cents, et vous le pensez bien, personne ne cède sa place. Mais on y reviendra, et bien souvent, pendant notre séjour ici.

On sort. On revient presque en silence à Notre-Dame de France où nous serons logés pendant tout notre séjour à Jérusalem. Chacun conserve et médite ce qu'il a vu, entendu et goûté. Comme les bergers, nous nous en retournions, glorifiant Dieu intérieurement.

Le dîner, servi dans un immense réfectoire, éclairé *à giorno* avec la lumière électrique, fut néanmoins gai et animé. On avait tant à se dire!

Les bons Pères de l'Assomption nous font un accueil délicieux. Ils nous chantent de ravissantes poésies de circonstance. Des avis toujours très importants sont donnés. Puis, les Grâces dites, soudain les lumières s'éteignent et une immense Croix électrique, aux lampes innombrables, éblouit la salle. On entonne l'*O Crux ave*. Le chant fini, la Croix disparait et le réfectoire reprend sa physionomie ordinaire.

La Bénédiction est ensuite donnée dans la gracieuse chapelle des Pères, et chacun, sous le poids d'énormes fatigues et de poignantes émotions, se retire pour méditer et se reposer dans sa cellule : nom modeste, mais qui cache une grande et belle chambre, haute, large, bien aérée. Après trois semaines d'un lit quelconque, c'est une vraie jouissance.

JÉRUSALEM

CHAPITRE X.

Jérusalem, Le Drame de la Passion.

Jérusalem aurait été fondée en 1769 avant Jésus-Christ, par Melchisédech, roi et prêtre. Cette ville a été saccagée et détruite plusieurs fois. Les Israélites s'en emparèrent vers l'an 1415 avant la venue du Messie.

La Ville Sainte compte actuellement 100.000 habitants environ; elle est située sur le mont Acra, à 780 mètres au-dessus du niveau de la mer.

C'est la ville la plus élevée de la Terre Sainte, et l'on comprend pourquoi dans le psaume *Lætatus sum*, le Prophète dit que de partout les tribus montaient en cette ville pour adorer le Seigneur dans son Temple. Bâtie sur un plateau fortement ondulé, Jérusalem est bornée à l'est par la vallée de Josaphat, au sud et à l'ouest par celle de la Géhenne, et au nord par le plateau de Garel. Entourée de monticules, parmi lesquels se dressent ceux des Oliviers, du Scandale et du Mauvais Conseil, Jérusalem ne peut s'apercevoir de loin. Ses alentours sont en général arides et pierreux, ce qui offre un aspect désolant. La ville elle-même a des rues étroites et sales, à pavé glissant. Une ombre de tristesse semble s'étendre sur toute la cité. On éprouve le sentiment des malédictions annoncées par Notre-Seigneur. Jérusalem forme un carré aux côtés à peu près égaux. Elle est ceinte de hautes murailles, vieilles déjà de quatre siècles, mesurant 13 mètres de haut sur 2 de large, parsemées de tours et de bastions. Sept portes donnent accès dans la Ville Sainte: les portes de Damas, d'Hérode, de Saint-Etienne, des Africains, de Sion, de Jaffa et la Porte Dorée.

Cette dernière mérite d'être signalée; elle est murée. Les musulmans croient, en effet, que les Français doivent un jour s'emparer de Jérusalem et entrer par la *Porte Dorée*. Ils prennent leurs précautions. C'est par cette porte que passa Notre-Seigneur le jour de son entrée triomphale. Elle est ornée de magnifiques sculptures à l'extérieur et surtout à l'intérieur; elle serait l'œuvre d'Hérode.

Bornons là notre vue d'ensemble sur Jérusalem, car si nous voulions en entreprendre l'historique, même très succinct, il faudrait des pages qui dépasseraient les limites de ce modeste travail.

A peine arrivés dans la VILLE SAINTE, nous nous sommes dirigés vers le Saint Sépulcre, le but principal de notre pèlerinage.

La Sainte Vierge, rapporte Sainte Brigitte, aimait à parcourir tous les lieux où son divin Fils avait souffert. Après Elle, les premiers Chrétiens conservèrent pieusement cette sainte habitude; le Calvaire et le Saint Sépulcre devinrent le rendez-vous de leurs fréquents et pieux pèlerinages.

Mais ce n'est qu'après trois siècles de persécutions sanglantes, qu'ils purent pleinement satisfaire leur dévotion. Sainte Hélène y fit construire une splendide basilique à cinq nefs, renfermant le Calvaire, le Saint Sépulcre et la citerne où l'on venait de découvrir la VRAIE CROIX. Cet édifice splendide fut renversé par Chosroès, roi de Perse, au VIIe siècle. La basilique actuelle, reconstruite peu après par Modeste, fut presqu'entièrement refondue par les Croisés. Elle est d'un aspect assez étrange.

Je pourrais en commencer ici la description, mais il me semble préférable d'imiter de suite et la Sainte Vierge et les premiers Chrétiens, en parcourant préalablement en compagnie de Notre-Seigneur, LA VOIE DOULOUREUSE, et en nous arrêtant aux souvenirs que les siècles ont laissés de ce Chemin de souffrance, qui fut pour le Christ et doit devenir pour nous le chemin du triomphe et de la gloire.

C'est au *Cénacle*, on peut dire, que commença la Passion de Jésus : car c'est pendant la dernière Cène que sont sorties de la bouche adorable du Sauveur ces tristes paroles : « *En vérité, en vérité, je vous déclare que l'un d'entre vous doit me trahir.* »

Épargné pendant le siège de Jérusalem, en l'an 70, et pendant les persécutions, le Cénacle tombait en ruines lorsque Sainte Hélène entreprit de le rebâtir, mais dans le même plan et avec les mêmes dimensions. Détruit au départ des Croisés au XIIe siècle, il se releva de nouveau de ses ruines et resta en la possession des Catholiques jusqu'au XVIe siècle, où les musulmans s'en emparèrent et en chassèrent les Chrétiens. Nous y reviendrons, du reste.

C'est là que le divin Maître institua la Sainte Eucharistie, c'est de là qu'il partit avec ses Apôtres pour se rendre, selon son habitude, au jardin des Oliviers ou de Gethsémani. Alors, il épancha son cœur dans le cœur de ceux qu'il se plaisait à appeler ses amis. Les paroles suaves qu'il leur adressa à ce moment nous ont été rapportées par l'Évangéliste Saint Jean, ainsi que la prière admirable adressée à son Père pour lui recommander ses Apôtres et tous ceux qui croiront en lui jusqu'à la fin des siècles.

Gethsémani était située au delà du Cédron, au pied de la montagne des Oliviers. Là se trouvait un jardin planté d'arbres, où Jésus aimait à se retirer avec ses disciples.

Remémorons-nous, l'Évangile en main, les différentes phases du grand drame qui s'est accompli en ce lieu.

Quand Jésus eut franchi le seuil de l'enclos, il dit à ses Apôtres : « Asseyez-vous ici pendant que j'irai là pour prier. » Il ne prit avec lui que Pierre, Jacques et Jean, les trois témoins de sa Transfiguration sur le Thabor. Après un instant de marche, il s'arrêta : « Mon âme, dit-il, est triste jusqu'à la mort ; demeurez ici, veillez et priez. » Puis il s'éloigna seul, à la distance d'un jet de pierre. Une angoisse mortelle étreignait son âme : « Mon Père, s'écria-t-il, tout vous est possible, écartez de moi ce calice. Cependant, que votre volonté s'accomplisse et non la mienne. » Durant ce temps, les trois Disciples dormaient; Jésus vint à eux, et s'adressant à Pierre, lui dit d'un air attristé : « Simon, tu dors, tu n'as donc pu veiller une heure avec moi? Veillez et priez afin que vous ne tombiez pas dans la tentation; l'esprit est prompt, mais la chair est faible. » Le Sauveur s'éloigna de nouveau, répétant sa prière : « Mon Père, s'il n'est pas possible que ce calice s'éloigne sans que je le boive, que votre volonté soit faite! » Une deuxième fois, Jésus alla à ses Disciples, qu'il trouva encore endormis, car leurs paupières étaient appesanties par la fatigue. Ils ne surent que lui répondre. Jésus les quitta derechef, redit sa même prière, cependant qu'une sueur de sang dégouttait de son corps jusqu'à terre. Au plus fort de sa douleur, un Ange descendit du Ciel pour le consoler. Réconforté par cette visite, Jésus retourna une troisième fois à ses Apôtres : « Dormez maintenant, leur dit-il, et reposez-vous »; mais, entendant les pas de ceux qui accouraient pour se saisir de lui, il ajouta presque aussitôt : « C'est assez, l'heure est venue où le Fils de l'Homme va être livré aux mains des pécheurs. Levez-vous, allons, voilà que celui qui va me trahir s'avance. » Au même moment, Judas parut à la tête d'une troupe armée d'épées et de bâtons. A deux reprises Jésus demanda : « Qui cherchez-vous? » — Jésus de Nazareth, » répondit la foule. — « C'est moi, » dit le Sauveur. Judas alors s'approche : « Salut, Maître! » Et ses lèvres effleurent le chef sacré du Christ. C'était le signal convenu; la foule se précipite sur Jésus pour le saisir. A cette vue, Pierre s'armant d'un glaive, accourt et tranche l'oreille à un serviteur du Grand Prêtre, nommé Malchus. Jésus, très calme et très bon, guérit l'oreille du serviteur et dit à Pierre sur un ton de reproche : « Remets ton épée dans le fourreau, car quiconque se servira de l'épée périra par l'épée. » Quelques instants après, le Sauveur, abandonné des siens, était traîné chez le Grand Prêtre.

Huit oliviers, très anciens rejetons de ceux qui existaient du temps du Sauveur, sont encore là ombrageant ce lieu aujourd'hui entouré de murs, religieusement gardé et émaillé des fleurs les plus variées. C'est un bonheur à nul autre pareil que de pouvoir là s'agenouiller, prier, baiser les traces du divin agonisant.

A distance d'un jet de pierre, suivant le récit évangélique, se trouve la Grotte de l'Agonie, demeurée telle depuis Jésus. J'ai eu l'ineffable bonheur de pouvoir y célébrer le saint sacrifice de la messe, le dernier matin de notre séjour ici. On croit y entendre encore ces plaintes d'une divine résignation : « Mon Père, s'il est possible, que ce calice s'éloigne de moi, néanmoins que votre volonté soit faite et non la mienne ! »

On croit voir la sueur de sang perler du front divin et couler jusqu'à terre, quand Notre-Seigneur se voit chargé de toutes les iniquités du monde ; on le suit se levant, broyé et tremblant, pour aller vers ses Apôtres qui dormaient non loin de là, sur une roche que l'on montre encore, et leur disant : « Veillez et priez, car l'esprit est prompt, mais la chair est faible ! »

L'heure des ténèbres a sonné. Judas arrive avec sa troupe scélérate : il leur désigne Jésus, qu'il ose trahir par un baiser hypocrite. Et ces misérables se précipitent, comme autant de bêtes féroces sur cet innocent Agneau qui se laisse saisir et garrotter comme un criminel. On le conduit à Jérusalem, pendant que les Apôtres, remplis de crainte et d'épouvante, s'enfuient lâchement.

Jésus est amené devant le Grand Prêtre Anne, dont le palais était situé non loin du Cénacle : on en a conservé l'emplacement. C'est là qu'il reçut d'un valet du Pontife un ignoble soufflet. De là, on le conduit, à une distance de 200 mètres, devant Caïphe, où se rendent les témoins qui doivent déposer contre Jésus. Voici, tout proche, la cour où se chauffait Saint Pierre pendant le reniement. Le Sauveur, en sortant du palais, l'aperçoit et jette sur lui un regard de tendresse et de pitié qui pénètre jusqu'au fond du cœur du malheureux Apôtre : Pierre s'éloigne et va dans une grotte voisine, qu'on nous a montrée, pour pleurer amèrement sa faute.

Pour se rendre de là au prétoire de Pilate, où va se poursuivre le procès de Jésus, il faut traverser toute la Ville. De ce palais il ne reste rien actuellement, sinon le rocher à pic sur lequel il était bâti. Un escalier de 28 marches y conduisait ; cet escalier n'est plus à Jérusalem : on l'a transporté à Rome où les Chrétiens peuvent le vénérer.

Chemin de la Croix des Pèlerins à Jérusalem.

Nous étions là 180 pèlerins et un grand nombre de Chrétiens de Jérusalem pour suivre désormais, pas à pas, le Maître sur la Voie douloureuse, et baiser la terre à chacune des quatorze stations. Dix-huit hommes, prêtres et laïcs, portent la Croix monumentale, amenée de France, sur tout le parcours de la Voie Sacrée. J'ai eu la grande joie d'être du nombre. Nulle part une cérémonie plus impressionnante ne peut se dérouler. A l'aide du *Guide*, suivons pieusement le douloureux chemin du Calvaire.

1re STATION. Jésus est condamné à mort. — Nous sommes dans la cour d'une caserne d'infanterie, située au nord de la mosqué d'Omar.

C'est dans la cour même de cette caserne qu'aurait eu lieu le jugement. Il suffit de résumer les Evangiles :

Livré dès l'aube à Ponce-Pilate, procurateur romain de la Judée, Jésus-Christ triomphe aisément des griefs dont on l'accable : son innocence et la haine des sanhédrites ses accusateurs, éclatent pareillement ; Pilate reconnait cette innocence, mais n'ose prononcer l'acquittement. Comme Jésus est de Galilée, il le renvoie devant Hérode Antipas, tétrarque de Galilée.

Chez le tétrarque, Jésus est tourné en dérision. De retour au prétoire de Pilate, il est menacé de la torture, mis de pair avec Barabbas ; la foule lui préfère ce Barabbas, et accepte d'une voix unanime la responsabilité de sa mort.

Jésus subit le supplice, parfois mortel, de la flagellation romaine ; puis, dans le prétoire, en une scène de corps de garde, c'est le couronnement d'épines, les adorations dérisoires, les crachats et les soufflets des soldats romains.

« Voilà l'homme ! » crie Pilate à la foule en lui présentant Jésus dans ce pitoyable état. Les chefs des prêtres répondent par le cri :

« Crucifiez-le ! » auquel le peuple fait écho.

Et ils ajoutent : « Si tu le délivres, tu n'es pas l'ami de César !..... »

Il riposte : « Crucifierai-je votre Roi ? » — « Nous n'avons pas d'autre Roi que César ! » C'est le cri du servilisme. La justice du procurateur fléchit. Venu pour absoudre, il décide qu'il soit fait selon la volonté des Juifs, et il leur remet Jésus pour être crucifié.

C'était un vendredi, 15e jour de nisan, entre 9 heures et midi.

Sur la tablette portant mention du crime, Ponce-Pilate ne mit que ces mots : *Jésus de Nazareth, Roi des Juifs.*

C'est là que l'Homme-Dieu entendit son injuste condamnation. Les soldats turcs qui nous regardent se montrent fort respectueux.

On montre encore dans la caserne un petit édicule octogone, du style roman ; il marquerait le lieu de couronnement d'épines. Le lieu de la flagellation, indiqué aujourd'hui par une église sous ce vocable, est à quelques pas de là. Enfin un autre souvenir, très précieux pour nous, c'est le *lithostrotos*, où le pavé même du temps du Sauveur. — Ce pavé romain, aux dalles larges et strillées que Notre Seigneur aurait foulé aux pieds, s'étend depuis l'endroit de la flagellation, jusque sous le couvent voisin des DAMES DE SION, où l'on montre l'arcade d'où Pilate présenta Notre-Seigneur à la foule en disant : « *Ecce homo*, voilà l'homme ! »

IIme STATION. Jésus est chargé de sa Croix. — Soit usage, soit de la part des Sanhédrites hâte d'en finir, l'exécution suit immédiatement la sentence.

Tout malfaiteur porte son gibet, dit, un ancien. Jésus, dès qu'il a repris ses vêtements, reçoit la Croix préparée pour Barabbas. Ce serait, d'après la tradition, au bas des 28 marches de l'escalier de marbre blanc vénéré à Rome sous le nom de *Scala Santa*, que Jésus aurait été ainsi chargé du bois de son sacrifice.

IIIme STATION. Jésus tombe pour la première fois. — Au carrefour, devant l'hospice autrichien, une colonne brisée en bordure de la chaussée marque cette station.

Dans l'état où l'ont mis l'agonie du Jardin des Oliviers, les mauvais traitements de la nuit chez les Grands Prêtres et, plus encore, la flagellation et le couronnement d'épines, Jésus est à bout de forces ; la Croix, même de dimensions normales, est un fardeau supérieur à ses énergies physiques. Son corps ploie sous le faix, exténué, défaillant. L'Evangile peut insinuer tout cela quand il montre l'escorte obligeant un passant à porter la Croix derrière Jésus.

IVme STATION. Jésus rencontre sa Très Sainte Mère. — A 40 mètres environ de la station précédente, au débouché d'une ruelle.

Nous suivons la rue qui, venant de la porte de Damas, s'avance, (direction sud) dans la partie basse de Jérusalem, ancienne vallée de Tyropœon ; nous arrivons à une ruelle qui aboutit sur notre passage. C'est là, que la Sainte Vierge se tenait debout pour voir passer son Fils, et, lorsqu'elle l'aperçut, tout couvert de sueur et de sang, elle tomba évanouie. Nous apercevons sur la rue une maison qui y est à cheval ; une légende nous l'indique comme étant la maison du mauvais riche.

Vme STATION. Simon le Cyrénéen aide Jésus à porter sa Croix. — A quelques pas de la IVe station, une petite chapelle, aménagée en 1889 par les Pères Franciscains, marque le souvenir évangélique.

Au moment où Jésus succombe sous le fardeau de la Croix, le cortège parait approcher de la porte de la ville. A cet endroit le chemin devient montant et pénible. On y rencontre un homme qui rentre des champs, un Cyrénéen du nom de Simon, employé, semble-t-il, aux travaux de la terre.

Comme il est à craindre que Jésus ne puisse, s'il n'est déchargé, parvenir au lieu de l'exécution, le centurion arrête l'homme de peine et lui impose la corvée de porter la Croix de Jésus.

VIme STATION. Sainte Véronique essuie la face de Jésus. — Une crypte qui s'ouvre à gauche de la rue et qui porte sur une grille l'indication : VI, ST., marque l'emplacement de la maison de Sainte Véronique.

Au passage du cortège, une femme, dit une pieuse tradition, perce la foule jusqu'au divin Condamné, et, ne pouvant autrement le secourir, lui essuie charitablement la figure avec son voile. En reconnaissance de ce courageux service, Jésus laisse sa sainte Face empreinte sur le voile de celle que, depuis des siècles, la piété chrétienne s'est plu à vénérer, sous le nom de Véronique, comme le type des nobles et saintes hardiesses.

La précieuse relique du voile de Véronique est vénérée aujourd'hui à Saint-Pierre de Rome.

VIIme STATION. Jésus tombe pour la deuxième fois. — Il tombe en dehors des murs de Jérusalem sous le poids de l'ingratitude de cette Ville coupable qui l'envoie à la mort, après en avoir reçu tant de bienfaits.

Notre divin Maitre passa par la porte qui regardait le Calvaire, porte que l'on désigne sous le nom de *Porte Judiciaire*, en souvenir de la sentence de Notre-Seigneur, qu'une tradition dit y avoir été affichée.

Depuis la station précédente, le chemin gravit une pente assez raide. C'est vraiment la montée du Calvaire. La marche avait été assez pénible par les rues, ni moins glissantes, ni moins étroites alors que de nos jours. Dans l'extrême faiblesse de Jésus, la chaleur, la montée, les embarras de la marche, et aussi la Croix à porter, tout cela permet de s'expliquer la chute dont la VIIe station joint le souvenir à celui de la Porte Judiciaire.

VIIIme STATION. Jésus console les filles de Jérusalem. — A une trentaine de mètres à l'ouest de la *Porte Judiciaire*, la VIIIe station est marquée par une Croix noire sur le mur d'un couvent grec.

Jésus console les filles d'Israël qui le suivent, les engageant à ne pas pleurer sur lui mais sur elles-mêmes et sur leur perfide Patrie : « *Pleurez sur vous et sur vos enfants ; car si l'on traite ainsi le bois vert, que fera-t-on un jour du bois sec ?* »

IXme STATION. Jésus tombe pour la troisième fois. — Derrière le chevet de l'église du Saint-Sépulcre, au fond d'une impasse, une colonne engagée dans le mur, près de l'entrée du couvent Copte, indique la station.

Le cortège touche enfin le pied du Calvaire.

A peu de distance du mur d'enceinte, à proximité d'une porte et de chemins fréquentés, le Calvaire formait une butte chauve, arrondie en forme de crâne, où avaient lieu les exécutions publiques.

Lorsque Jésus y parvient, le bruit de la pioche qui creuse le trou dans lequel va être plantée sa Croix, l'appréhension de ce qui lui reste à souffrir, renouvellent en son être humain la défaillance de Gethsémani.

Nous voici arrivés au pied du Golgotha ; les dernières stations se déroulent maintenant dans la Basilique du Saint-Sépulcre. Quatre sur le Calvaire même, les X, XI, XII et XIIIes ; la XIVe au Tombeau, que je décrirai plus loin.

Les bourreaux sont pressés d'en finir avec le divin Souffrant. On lui arrache violemment ses habits, on le couche sur la Croix, on perce ses mains et ses pieds à l'aide de gros clous. Le voici élevé entre le ciel et la terre ! Recueillons les dernières paroles qu'il va prononcer de ses lèvres mourantes, et surtout celles-ci : « *Pardonnez leur, ô mon Père, car ils ne savent ce qu'ils font !* »

Jésus meurt, et voilà que la terre tremble ; les rochers se fendent. Cette large fente est encore bien visible aujourd'hui ; les pèlerins peuvent l'examiner de près et constater qu'elle n'est pas naturelle et n'a pu être produite que par un tremblement de terre, étant en contre sens des veines de la pierre ; elle se prolonge bien avant dans la terre ; on peut y passer la main aisément.

Au soir de cette journée, le corps de Jésus fut déposé de la Croix et placé dans le tombeau d'un riche personnage de Jérusalem, Joseph d'Arimathie.

Arrivés devant le saint Tombeau, nous en faisons trois fois le tour avec la Croix et au chant du cantique : *Je suis Chrétien.*

Telle est, simplement et en quelques mots, cette impressionnante et inoubliable cérémonie du Chemin de la Croix sur la Voie douloureuse. Si, à la lecture du *récit de la Passion* on est pénétré d'une émotion profonde, que doit-ce être lorsqu'on en suit les scènes sur la sainte montagne de Sion, et dans les murs même de Jérusalem ! Pendant le pieux trajet, les cantiques : *O Crux, ave !... Au sang qu'un Dieu va répandre,.. Vive*

Jésus, vive sa Croix ! etc. s'élevaient de la poitrine de tous les pèlerins à travers les rues, autrefois arrosées du sang du Rédempteur. Et cette imposante procession s'accomplissait au milieu d'une nombreuse affluence massée de chaque côté du parcours, dans une attitude digne et respectueuse, bien qu'appartenant à des religions diverses.

Maintenant que nous voilà arrivés au terme du pèlerinage par excellence, qu'est le Chemin de la Croix, maintenant que nous avons payé notre faible tribut d'amour au divin Crucifié, reprenons notre récit descriptif (1).

(1) Je m'aiderai, pour cette description et les suivantes, du travail si intéressant sur cette matière de M. Marius Blanc. « Voyage en Terre Sainte. 1889. »

CHAPITRE XI.

La Basilique du Saint-Sépulcre, Le Tombeau, La Pierre de L'Onction, La Chapelle de Sainte Madeleine, La Prison du Seigneur, Le Puits de Sainte Hélène, Le Calvaire.

Le vieux sanctuaire des Croisés présente tout d'abord sa façade mutilée toute fleurie de sculptures ; son beau portail à deux baies, dont l'une murée, et au-dessus, deux fenêtres symétriquement disposées ; puis une double corniche de genre antique, l'une couronnant la façade, l'autre la coupant en deux parties ; sur la droite, enfin, le porche surélevé qui jadis donnait accès au Calvaire.

On arrive ainsi au seuil de la Basilique, en passant sur la tombe d'un Chevalier français, Philippe d'Aubigny.

Quand on a franchi la porte d'accès dans le Sanctuaire (gardé par les Turcs, qui prélèvent un droit d'entrée, hors les grandes solennités) on se trouve en face d'un mur couvert de tableaux byzantins. C'est le côté méridional de l'ancien Chœur des Chanoines, aujourd'hui église grecque.

Un peu avant ce mur, est placée une longue pierre en marbre rouge, ornée à chaque angle d'un pommeau doré, et sur laquelle brûlent 10 lampes : c'est la Pierre de l'Onction ; elle recouvre la partie du rocher où le corps du Sauveur fut déposé après sa mort, pour y être embaumé par Nicodème et Joseph d'Arimathie. Les pèlerins, en entrant et en sortant, s'agenouillent devant cette pierre et la baisent avec respect.

A douze mètres, à gauche de ce lieu saint, une pierre circulaire surmontée d'une cage en fer indique l'endroit où se tenaient les trois Maries pendant que Notre-Seigneur était sur la Croix.

A six mètres de là, au nord, on entre dans la rotonde. Elle a environ 20 mètres de diamètre et est supportée, avec la coupole qui la surmonte, par 18 gros pilastres. Trois vastes galeries superposées entourent cette rotonde, construite en 1868 et qui tombe déjà en ruines. Elle demeure irréparée, comme tout le reste, grâce à la rivalité des confessions religieuses : Arméniennes, Grecques et Latines, possesseurs du saint édifice ; ce qui fait qu'aucune d'elles n'a le droit de mettre une pelletée de mortier, sans le consentement des autres.

Au centre, se trouve le saint Tombeau de Notre-Seigneur Jésus-Christ, sur lequel s'élève un petit Édicule. Ce dernier a la forme allongée : il est divisé en deux parties : sur le devant, à l'est, il présente une surface carrée, et à l'ouest, un pentagone. Sa hauteur est de cinq mètres. Cet Édicule, recouvert de maçonnerie, orné de 16 pilastres en marbre rougeâtre, est surmonté d'une balustrade à colonnettes massives. De chaque côté de l'entrée sont des chandeliers énormes.

La première partie du mausolée sacré est appelée la Chapelle de l'Ange ; suivant le Saint Évangile, ce fut là que l'Ange du Seigneur annonça aux Saintes Femmes la résurrection du Sauveur. Dans cette chapelle, où brûlent 15 lampes, on voit une partie de la pierre qui fermait l'entrée du Saint Sépulcre et sur laquelle se tenait l'Ange quand les Saintes Femmes vinrent pour embaumer le corps de Notre-Seigneur.

Nous courbons la tête pour passer dans la seconde chapelle : elle renferme le Tombeau où est resté déposé le corps de Notre-Seigneur Jésus-Christ, jusqu'à sa Résurrection glorieuse. Le tombeau est placé à 0m60 au-dessus du pavé ; sa longueur est de 2 mètres et sa largeur de 0m90 ; il est recouvert de marbre blanc, ne portant aucune inscription ni bas-relief, quarante trois lampes en or et en argent brûlent continuellement dans ce lieu sacré.

Chacun voudrait voir la pierre nue du Sépulcre : mais elle est complètement cachée sous un épais revêtement de marbre. A la dernière reconnaissance qui en fut faite, en 1555, on put s'assurer facilement que c'était bien le Sépulcre tel qu'il était à la mort de Jésus : il renfermait alors un morceau considérable de la Vraie Croix, déposé au IVe siècle par Sainte Hélène.

Je ne reviendrai pas sur les sentiments qu'on éprouve ; ils sont trop complexes et intraduisibles. Un prêtre intelligent exprimait très bien cet état d'âme en disant : On est comme *suffoqué*, surtout pour une première fois qu'on se trouve en présence de ce Tombeau unique.

Sur le devant de l'Édicule s'ouvre la grande église, destinée par les Croisés aux Chanoines et actuellement occupée par le chœur des Grecs. Elle est formée d'une grande nef, surmontée d'un dôme élevé, et terminée à l'orient par une abside couverte d'une coupole. Au centre de cette abside est un vase de marbre blanc, supportant un hémisphère appelé « le nombril de la terre ». Cet hémisphère indiquerait que c'est ici le milieu de notre planète. Cette croyance est ancienne en Orient. Nous ne nous attarderons pas à en discuter la valeur scientifique, mais, au point de vue mystique, le Calvaire n'est-il pas le centre où sont fixés les regards de tous, et où toutes les confessions chrétiennes sont représentées : les Grecs, unis ou non, les Russes orthodoxes, qui pompeusement se donnent ce qualificatif, (qui au fond ne qualifie rien et ne cache qu'un mensonge,) les Latins, les Arméniens, les Coptes, les Protestants, etc., ne se pressent-ils pas pour avoir un couvent, une chapelle, un édicule quelconque sur le terrain sacré ?...

Selon l'usage grec, ce chœur est fermé par une cloison ou iconostase assez riche en tableaux et sculptures.

Tout près du Tombeau de Notre-Seigneur, en marchant vers l'est, on arrive à la chapelle dite de Sainte

Madeleine, élevée en souvenir de l'apparition du Sauveur ressuscité se présentant à elle sous la forme d'un *jardinier* et lui disant :

« Femme pourquoi pleurez-vous ? qui cherchez-vous ? » Celle-ci, pensant que c'était le jardinier, lui dit : « Seigneur, si c'est vous qui l'avez enlevé (le corps de Jésus) dites-moi où vous l'avez mis et j'irai le prendre. » Et Jésus de lui répondre : « Marie ! » — « O Maître ! » s'écria-t-elle, en se précipitant vers lui.

A l'extrémité nord de la chapelle de Sainte Marie-Magdeleine, on monte par quatre degrés dans l'église des P. P. Franciscains, placée sous le vocable de l'Apparition de Notre-Seigneur à sa Très-Sainte Mère. On y conserve une partie de la Colonne de la Flagellation, que l'on peut voir, toucher de la main et vénérer.

Continuant notre marche dans le déambulatoire, nous arrivons à un sombre sanctuaire creusé dans le roc. C'est la Prison du Christ. D'après la tradition, l'Homme-Dieu y fut enfermé pendant les derniers préparatifs de son supplice. On y montre une pierre percée de deux trous : on y aurait passé les pieds du Sauveur et on les aurait liés par dessous avec une chaîne.

Nous avançons toujours et passons à la chapelle de Saint Longin, ce soldat qui transperça de sa lance le côté du Christ : il se convertit après la Passion du Sauveur et fut martyrisé en Cappadoce.

Encore quelques pas, et nous voilà dans la chapelle de la Division des vêtements. Les habits des suppliciés étaient abandonnés aux soldats : il en fut ainsi de ceux du Christ. Seule, la tunique sans couture fut tirée au sort ; elle se trouve aujourd'hui dans la Cathédrale de Trèves, en Allemagne.

Un escalier de 29 marches conduit dans l'église abyssinienne de Sainte Hélène. Au fond de ce sanctuaire taillé dans le roc, se dressent deux autels dédiés, l'un au Bon Larron, l'autre à Sainte Hélène. C'est devant ce dernier que l'Impératrice se tenait en prières pendant les fouilles pratiquées dans la citerne où furent jetés les Instruments du supplice : treize marches y conduisent. La Croix y fut miraculeusement retrouvée, et cette chapelle porte le nom de l'Invention de la Sainte Croix. De nombreux œufs d'autruche, en guirlandes, décorent ce lieu. Pourquoi ? on se le demande !

Dans l'abside du Saint Sépulcre, il y a la colonne des *Impropères*, tronçon de marbre gris sur lequel était assis le Sauveur, dans le prétoire de Pilate, avec une couronne d'épines sur la tête, un lambeau de pourpre sur les épaules, et un sceptre de roseau dans la main, pendant que les soldats l'abreuvaient d'outrages, l'insultaient, fléchissaient le genou devant lui en lui disant avec dérision : « Salut, Roi des Juifs. »

Nous voici devant l'escalier de 18 marches qui conduit au Golgotha ou Calvaire. Nous le gravissons. Arrivés au sommet nous sommes en présence d'une surface presque carrée d'environ 14 mètres de côté. Deux pilastres séparent les deux chapelles qui le recouvrent. *Voici, à gauche, l'autel sous lequel se voit, entourée d'un cercle d'argent, l'ouverture* (1) *figurant celle où fut enfoncé le pied de la Croix où le Christ Sauveur expira pour le salut des hommes !* C'est là que le Maître du monde a consommé son dernier sacrifice ! Inclinons-nous respectueusement et baisons ce lieu trois fois saint. Un grand et beau Crucifix domine l'autel ; il est placé entre une *Mater dolorosa* et un Saint Jean : images de grandeur naturelle, richement peintes sur bois, qui laissent chez le visiteur une impression indéfinissable. On croirait vraiment assister au dernier soupir de Jésus Crucifié. De chaque côté de l'autel de la Plantation de la Croix, à environ 2 mètres en arrière, une plaque ronde indique *l'endroit où furent plantés les croix des deux larrons.*

A droite, c'est l'autel du *Stabat Mater*. La Sainte Vierge, ô cruel moment ! reçut en ce lieu le corps inanimé de son divin Fils, détaché de la Croix.

(1) Cette ouverture n'est pas la primitive. Cette dernière aurait été coupée pour être emportée à Constantinople. Mais la mer qu'on aurait dit courroucée de ce larcin engloutit dans ses flots relique et passagers.

Sur la même ligne, encore plus à droite, s'élève l'autel du Crucifiement : une surface oblongue en mosaïque marque l'endroit précis où Notre-Seigneur était étendu sur l'instrument de son supplice, pendant que les bourreaux enfonçaient les clous dans ses mains et dans ses pieds adorables.

Un peu plus bas, vers l'escalier, une rosace indique le lieu où la sainte Victime fut dépouillée de ses vêtements.

Le Calvaire, comme le saint Tombeau, a perdu sa forme et son aspect primitifs. Le rocher a été découpé tout autour par Sainte Hélène, afin de l'isoler ; il a disparu sous un revêtement de marbre. Cette transformation, faite dans un but louable, sans doute, n'est-elle pas regrettable, et n'aimerait-on pas mieux voir ces lieux tels qu'ils étaient à l'époque du crucifiement du Christ ?

Descendons du Calvaire. Arrivés au pied de la sainte Montagne, nous pénétrons dans la Grotte d'Adam. En entrant, se trouve, à droite, le tombeau du preux Chevalier et Roi très-chrétien de Jérusalem, Godefroi de Bouillon, et à gauche, celui de Baudouin, Comte de Flandre, également Roi de Jérusalem. On remarque aussi dans cette grotte l'emplacement du tombeau de Melchisédech qui, d'après la tradition hébraïque, aurait fondé Jérusalem. Vers le fond de la chapelle, au milieu de la partie orientale, se voit une excavation où l'on aurait déposé le crâne d'Adam. Melchisédech, à qui le chef du premier homme échut en partage, l'apporta avec lui lorsqu'il vint fonder Salem (Jérusalem). Ici, à cinq mètres au-dessous du faîte du Calvaire, on voit la fente qui coupe le rocher en deux, d'une façon contraire à toutes les lois physiques et naturelles.

La chapelle de Notre-Dame des Sept-Douleurs, contiguë au Calvaire, recouvre l'endroit où se tenaient, d'après la tradition, la Sainte Vierge et Saint Jean au moment où les bourreaux attachaient Notre-Seigneur à la Croix. Une des fenêtres de la chapelle s'ouvre sur la sainte Montagne.

Dans ces différents sanctuaires, tous les jours, à 4 heures du soir, les P. P. Franciscains font une procession en chantant des hymnes ; nous y prendrons part plusieurs fois.

CHAPITRE XII.

Messe à la Basilique de l'Ecce-Homo L'Esplanade du Temple Mosquée d'Omar, Mosquée El-Aksa Visite au mur des Pleurs des Juifs et des Lamentations, Synagogue

Jeudi 28, au lendemain de notre arrivée, la messe solennelle du pèlerinage a été dite au Saint-Sépulcre.

Aujourd'hui, vendredi 29, elle est célébrée dans l'Eglise de *l'Ecce-Homo*, au couvent des Dames de Sion. La chapelle est ravissante, mais l'objet le plus précieux est sans contre-dit "l'Arc de l'Ecce-Homo", dont les blocs de pierre sont à nu, et qui se dresse derrière le Maître Autel.

Il est surmonté d'une très belle statue en marbre blanc représentant l'Ecce-Homo. Le grand Arc, à cheval sur la rue, existe encore. C'est du sommet de cet Arc que Pilate présenta au peuple, après l'avoir fait cruellement flageller, Notre-Seigneur couronné d'épines et revêtu de pourpre, en disant : « *Ecce Homo!* » Voilà l'homme. On connait la triste et inconcevable réponse de la foule : « *Qu'il soit crucifié !* »

Nous avons la joie de visiter ce lieu saint sous la conduite de la Révérende Mère qui connait par cœur toutes les pierres de son couvent. Nous descendons dans les souterrains et là nos yeux contemplent avec une vive émotion les dalles de l'ancienne Voie douloureuse, dalles ou *lithostrotos* que le Divin Rédempteur a dû fouler aux pieds, chargé du bois de son Sacrifice, en se rendant au lieu de son immolation.

Après cette visite intéressante au premier chef, une autre non moins poignante va nous faire passer quelques heures délicieuses. C'est celle de l'esplanade du mont Moriah ou du Temple, si riche en souvenirs.

Le mont Moriah était, à l'époque de David, une colline escarpée située au nord et séparée de l'Ophel par une petite vallée transversale aujourd'hui comblée.

Au nord, elle se prolongeait par une autre colline un peu plus élevée, appelée plus tard Bézetha. A l'est et à l'ouest, elle était limitée par les deux profondes vallées du Cédron et de la Géhenne (*Tyropæon*).

La tradition place en ce lieu le *sacrifice d'Abraham* immolant son fils. Au temps de David, le *sommet du Moriah* était la propriété d'un Jébuséen du nom d'Ornan ; voici le fait dont ce lieu fut le théâtre :

David avait ordonné le dénombrement de son peuple, sans doute par orgueil. Aussi le Seigneur se courrouça et envoya à David le prophète Gad, porteur de ce message : « Ainsi parle le Seigneur : Accepte ou trois années de famine, ou trois mois de guere, ou trois jours de peste. »

David répondit : « Je suis dans une grande angoisse, mais j'aime mieux tomber entre les mains de Dieu, dont les compassions sont immenses, qu'entre les mains des hommes. »

Et il choisit la peste.

Dieu envoya un Ange à Jérusalem pour la détruire, et l'Ange se tenait près de l'aire d'Ornan le Jébuséen ; David leva les yeux et vit l'Ange du Seigneur se tenant entre la terre et le ciel et ayant à la main son épée nue tournée contre Jérusalem. 70.000 hommes tombèrent; la colère de Dieu s'apaisa devant le repentir de David.

Celui-ci reçut ensuite l'ordre d'élever un autel au Seigneur dans l'aire d'Ornan. Il dit donc à Ornan : « Cède-moi l'emplacement de l'aire contre sa valeur en argent. » Ornan répondit : « Prends-là, et que mon Seigneur le roi fasse ce qu'il lui semblera bon ; vois, je donne les bœufs pour l'holocauste, les chars pour le bois et le froment pour l'offrande.»

David refusa le présent et ne voulut pas offrir un holocauste qui ne lui coûtât rien. Il paya l'aire 600 sicles d'or, y bâtit un autel à l'Eternel, et il offrit des holocaustes et des sacrifices d'actions de grâces. C'était le premier sacrifice offert en ce lieu qui allait devenir l'autel des holocaustes. Le feu descendit du Ciel sur l'autel. Alors le Seigneur parla à l'Ange, qui remit son épée dans le fourreau. (*II Reg. XXIV, 11-25*).

C'es là que plus tard Salomon bâtit le fameux Temple de Jérusalem. Brulé en 402 par Nabuchodonosor.

il fut réédifié par Zorobabel, au retour de la Captivité des juifs. C'est dans ce Temple que la Sainte Vierge vint se consacrer à Dieu dès l'âge de trois ans, là, qu'elle offrit au Seigneur son divin Fils qu'elle racheta avec une paire de colombes, obole des pauvres. C'est là que plus tard Jésus viendra, à l'âge de 12 ans, faire l'œuvre de Dieu son père, et confondre les docteurs de la loi par la sagesse de ses réponses. Ce Temple fut détruit par Titus, suivant la prédiction du Sauveur.

Nous passons auprès de la haute tour Antonia, observatoire pour les soldats du Croissant ; elle domine toute la vallée de Josaphat. Il n'en reste plus qu'une partie. Elle servit autrefois de palais au gouverneur romain Ponce Pilate. Elle permettait au gouverneur de surveiller les Juifs venus en foule autour de leur Temple à l'occasion des solennités pascales.

Le prétoire où Jésus-Christ fut condamné se trouvait tout près de là.

Au centre de l'esplanade du mont Moriah, s'élève la mosquée la plus vénérée après celle de la Mecque et de Médine : la mosquée d'Omar. Bien qu'appelé ainsi, ce monument n'est pas l'œuvre d'Omar, mais d'In-Mérouan qui le fit construire il y a 1200 ans. Il remplace celui qu'y avait élevé Omar. La mosquée actuelle est fort imposante et sa coupole est terminée par l'étendard des Turcs, un immense croissant doré.

Nous entrons dans ce fameux monument, non en nous découvrant respectueusement la tête, comme dans nos églises, mais en quittant nos chaussures. Il nous faut les porter à la main, comme si les souliers étaient un objet de luxe, ou faits pour servir de contenance. Quelques-uns essayent de tricher, c'est difficile, on peut y arriver en partie mais alors en prenant des babouches, qui sont aux portes de toute mosquée et dans lesquelles on emmanche ses pieds, mais avec ses souliers ! Une fois entré, on peut envoyer promener les susdites babouches et continuer avec ses propres chaussures. Mais ce n'est pas très prudent ! Surpris ainsi vous pourriez vous exposer à des inconvénients assez désagréables. Le mieux est encore de se conformer à cet usage, quitte à maugréer tant qu'on voudra... intérieurement!

La mosquée d'Omar est un chef-d'œuvre de légèreté et d'élégance, de luxe dans ses décorations et d'harmonie dans ses proportions. Elle forme un *octogone régulier* inscrit dans un cercle de 27 mètres de rayon, divisé par deux rangées concentriques de *colonnes* et de piliers et couronnée par une *coupole* élancée de 21 mètres de diamètre. On y accède par *quatre portes* qui s'ouvrent aux quatre points cardinaux. L'ensemble du monument est byzantin. Les colonnes sont des monolithes en marbre précieux : porphyre rouge, granit, vert antique. Depuis les corniches jusqu'à la naissance du dôme, la décoration est en *mosaïques byzantines* du plus haut intérêt. D'après M. de Vogüé, elles offrent deux types distincts : l'un est caractérisé par des combinaisons de joyaux appliquées aux enroulements d'une végétation imaginaire : « l'autre reproduit une nature de convention : de larges fleurs comme il n'en fleurit que dans les régions fantastiques, où se complaît l imagination orientale, étalent leurs corolles découpées, diaprées d'or, constellées comme la queue d'un paon, miroitantes comme un riche plumage, accompagnées de larges feuilles qui laissent échapper par intervalles des tiges chargées de boutons gemmés, de fruits bizarres au milieu desquels on s'étonne de voir des grappes de raisin rendues avec une remarquable fidélité. »

Cette décoration est complétée par de grandes inscriptions arabes.

Les *plafonds* qui relient entre elles les deux enceintes sont en bois ornés de peintures. Les *vitraux*, très remarquables, ne ressemblent en rien à ceux d'Europe. Par la simple juxtaposition de fragments découpés dans des verres unicolores, on a obtenu une distribution de tons, faite avec un tel sentiment de l'harmonie, que l'impression produite est comparable à celles de nos verrières les plus longuement étudiées. Ils ne sont pas montés en plomb, mais en plâtre, et sont protégés à l'extérieur par un grillage en faïence qui tamise la lumière et ne laisse arriver dans la mosquée qu'un demi-jour mystérieux.

L'extérieur est recouvert de faïences bleues jusqu'à la coupole, ce qui produit un assez bel effet.

Au milieu de la mosquée, sous la coupole, se trouve *la Sakhrah* ou roche; elle est en grande vénération chez les musulmans.

Voici leur légende :

Son dernier jour venu, Mahomet, monté sur *El Bourack*, magnifique jument blanche dont lui avait fait présent l'Archange Gabriel, arriva à Jérusalem et y pria sous la roche avant de se mettre en route pour le ciel. Mais quand il voulut quitter le rocher, celui-ci s'éleva à la suite du Prophète. Dieu envoya l'Archange Gabriel qui le retint immobile, élevé déjà à une certaine hauteur. Depuis ce temps, le rocher est demeuré suspendu entre le ciel et la terre (!)

Au-dessous de la *Sakhrah*, se trouve une crypte. Les musulmans y montrent les endroits où ont prié David, Salomon, Abraham, Elie, Saint Georges, et surtout la place où Mahomet, en faisant sa prière, heurta le rocher qui devint tendre comme de la cire et reçut l'empreinte de son turban. Au-dessous de la chambre, symétriquement à l'orifice de la voûte, se trouve une cavité que les musulmans appellent le *puits des âmes*, parce que, disent-ils, les âmes se réunissent là, deux fois par semaine, pour adorer Dieu.

Nous avons, nous Chrétiens, d'autres données historiques autrement intéressantes. D'après la tradition c'est là qu'Abraham allait immoler son fils Isaac, c'est là que le roi David offrit un sacrifice au Seigneur en actions de grâces pour la cessation de la peste, c'est là que l'Arche d'alliance reposa pendant la construction du Temple de Salomon.

Nombreuses sont ici les fictions musulmanes. Parlons seulement de celle de la fin du monde : dans une plaque de japse, il y avait autrefois 19 clous en or fixés par Mahomet lui-même ; on en compte encore aujourd'hui trois et demi ; lorsqu'ils auront tous disparus, la pauvre humanité aura cessé d'exister. Nous laissâmes tomber à la hâte le tapis qui les recouvrait, car, approchait l'iman chargé de les garder.

Les musulmans montrent dans la mosquée d'Omar l'étendard et la lance de ce conquérant, ainsi que le lieu où il vint faire sa prière, après la prise de Jérusalem. Signalons enfin la jolie chaire de *Bohran-ed-Din-Kadi*, vrai bijou de sculpture.

A l'est de la mosquée, où se trouvait l'autel des holocaustes, dix-sept colonnades supportent un petit édifice à dix pans, il est consacré à l'ascension nocturne de Mahomet et offre exactement le même modèle que la mosquée de l'Ascension.

A l'extrémité de la colline de Moriah, vers le sud, il y a la mosquée El Aksa; elle a la forme d'un parallélogramme. Sa longueur est de 90 mètres, sa largeur de 60 ; ses nefs sont au nombre de sept. Elle occupe l'emplacement de l'église de la Présentation de la Sainte Vierge, bâtie par Justinien.

C'est à l'extrémité sud de la grande nef que se trouve l'emplacement approximatif de l'habitation de la Sainte Vierge, lors de son séjour dans le Temple, et l'endroit où, croit-on, elle aurait présenté au Seigneur le divin Enfant Jésus.

Comme curiosité citons une magnifique *chaire* ornée d'arabesques et incrustée de nacre et d'ivoire, qui avait été sculptée par ordre du sultan Noureddin.

A droite de cette chaire, l'*Angle de la Circoncision*, petit oratoire entouré d'un grillage en fer qui remonte aux Croisés et où les musulmans montrent *l'empreinte d'un pied de Jésus*.

Tout près de là, les *Colonnes de l'épreuve* entre lesquelles il fallait être capable de passer pour aller au Ciel. Des accidents étant arrivés à des dévots trop obèses, on ne permet plus l'épreuve depuis 1883.

A l'ouest du transept, on voit une grande pièce divisée en deux par une rangée de lourds piliers qui supportent des voûtes ogivales : c'est la *salle d'armes des Templiers*.

Le transept oriental se prolonge aussi en une petite galerie badigeonnée à la chaux, qui porte le nom d'*Oratoire d'Omar*.

Nous descendons sous la mosquée, dans de vastes souterrains, vulgairement appelés les *Écuries de Salo-*

mon, mais!... en tout cas, les Templiers y logèrent sûrement leurs chevaux. Aux angles des 88 piliers carrés qui soutiennent les voûtes, on voit des trous où l'on passait les licous des chevaux. Tout cela surprend, étonne, intéresse énormément.

Enfin, le soir du vendredi 29, nous nous sommes rendus au *mur des Lamentations* ou des *pleurs des Juifs*.

Quel spectacle drôle et navrant, tout à la fois! Devant une antique muraille de soutènement du Temple de Salomon, construite avec des blocs gigantesques, mesurant jusqu'à 12 mètres de longueur, des femmes, des hommes déguenillés, ou richement drapés de houppelandes de velours (ces derniers sont généralement des Rabbins à la mine blafarde) se lamentent, pleurent, baisent les pierres du mur, lisent la Bible, accompagnant parfois cette lecture de nombreux mouvements du corps. L'aspect des Juifs, pleurant sur la perte de leur royaume et de leur temple, est grandement attristant. C'est une preuve frappante de la malédiction qui pèse sur le peuple déïcide.

Ils se rassemblent en ce lieu le vendredi, et voici une des prières qu'ils y chantent :

Le Rabbin : A cause du palais qui est dévasté;

Le peuple : Nous sommes assis solitairement et nous pleurons.

Le Rabbin : A cause du temple qui est détruit ;

Le peuple : Nous sommes assis, etc.

Le Rabbin : A cause des murs qui sont abattus ;

Le peuple : Nous sommes assis, etc.

Le Rabbin : A cause de notre majesté qui est passée ;

Le peuple : Nous sommes assis, etc.

Le Rabbin : A cause des pierres précieuses qui sont brûlées ;

Le peuple : Nous sommes assis, etc.

Le Rabbin : A cause de nos prêtres qui ont trébuché ;

Le peuple : Nous sommes assis, etc.

Le Rabbin : A cause de nos rois qui les ont méprisés ;

Le peuple : Nous sommes assis, etc.

Après ce spectacle attristant, mais aussi quelque peu grotesque parfois, et pas toujours pris au sérieux par ceux qui s'y livrent, nous allons en toute hâte visiter *deux Synagogues* ; elles se ressemblent, et qui en voit une, les voit toutes.

La synagogue affecte la forme d'un cercle ou d'un quadrilatère. Une plate-forme, appelée *almmeor* par les Juifs modernes, en occupe le centre. Au milieu, sur le devant, une chaire avec un pupitre. C'est là que le lecteur lit le texte sacré et le commente, là même où, un jour de Sabbat, à Nazareth, le Sauveur souleva l'indignation de ses compatriotes après avoir lu et commenté, en s'en faisant à lui-même l'application, un passage d'Isaïe dont l'explication, d'ailleurs, les avait remplis d'admiration.

Tout au fond de la salle, un voile, *vilon*, imitation du voile du Temple, recouvre l'arche où sont renfermés les livres de la Loi.

Nous rentrons exténués et très diversement impressionnés par tout ce que nous avons vu. Notre retour a failli devenir tragique. Nous nous étions égarés (il faisait nuit noire) dans des ruelles plus noires encore. Enfin, après un moment d'émotion, le Père Emmanuel, envoyé sans doute par son bon Ange, nous remit sur notre chemin, et tout se termina bien.

CHAPITRE XIII.

Bethléem, Basilique de la Nativité, Sainte Grotte, Visite des souterrains, Grotte du Lait, Champ des Pasteurs, Champ de Booz, Mont des Francs, Vasques de Salomon, Tombeau de Rachel.

Le lendemain samedi, 30 Septembre, à cinq heures du matin, nous partons en voiture pour Bethléem, où nous arrivons une heure après. Cette ville est à 8 kilomètres environ de Jérusalem et à 777 mètres d'altitude. Elle est bâtie en amphithéâtre avec ses terrasses et ses blanches maisons, sur deux collines pierreuses. Aux alentours s'étendent des vallées fertiles, plantées d'arbres et de vignes. Sa population est de 6.000 âmes. Sa fondation se perd, comme celle de Jaffa, dans la nuit des temps, puisqu'elle existait 1740 ans avant Jésus-Christ. Booz était de Bethléem, et le prophète Samuel y sacra roi d'Israël, par l'ordre de Dieu, le jeune pâtre David. Jacob, père de Saint Joseph, est né dans cette ville; Sainte Anne, mère de la Sainte Vierge, y aurait également vu le jour. Abézan, juge d'Israël pendant sept ans, est né aussi à Bethléem. Mais ce qui rend aujourd'hui cette ville illustre entre toutes, c'est avant tout la naissance du Messie.

La Basilique de la Nativité a été construite par Sainte Hélène en 327; elle est donc très ancienne. C'est un monument vaste et admirable : son plan général a la forme d'une Croix latine; ses cinq nefs sont larges de 27 mètres et longues de 55; elles sont divisées en onze travées par quarante-quatre colonnes monolithes, en calcaire ou marbre jaunâtre veiné de rouge et de blanc. Ces colonnes, placées sur quatre rangs, ont une hauteur de 6 mètres et sont surmontées de chapiteaux d'ordre corinthien.

Nous assistons à la messe du pèlerinage et entendons une touchante allocution sur le mystère de Noël.

Nous descendons par un escalier de 16 marches dans la Grotte de la Nativité ; elle se trouve sous l'église même. C'est une grotte naturelle, qui servait à abriter des animaux, comme on en voit en grand nombre encore dans cette contrée. Sa forme est irrégulière : elle a 12 mètres de longueur, 3 ou 4 de largeur et 3 de hauteur. Trente et une lampes éclairent cette enceinte qui ne reçoit aucun jour du dehors.

« En ce temps-là parut un édit de César-Auguste, ordonnant le recensement de toute la terre. Joseph monta de la ville de Nazareth pour se rendre dans la Ville de David appelée Bethléem, parce qu'il était de la Maison et de la famille de David, afin de se faire inscrire avec Marie, son épouse, qui était enceinte. »

A Bethléem on ne trouva pas de logement. Il n'y avait pas toujours place dans le *Khan*. ou caravansérail, sorte d'enceinte, le plus souvent à ciel ouvert, fermée de murailles et où les étrangers venaient s'établir avec leurs montures pour être à l'abri des voleurs et des animaux malfaisants.

Marie, dont l'heure était venue, se réfugia dans une étable, et elle déposa son nouveau-né dans la crèche des animaux.

Or, en la même contrée, il y avait des bergers qui gardaient tour à tour leurs troupeaux durant les veilles de la nuit. L'Ange du Seigneur leur apparut ; une clarté divine les environna, et ils furent saisis d'une grande crainte. L'Ange leur dit : « Ne craignez point, car je vous annonce une grande joie. Il vous est né aujourd'hui, en la Cité de David, un Sauveur qui est le Christ, le Seigneur. Vous le trouverez enveloppé de langes et couché dans une crèche. »

Soudain le chœur des Anges chanta : « Gloire à Dieu au plus haut des cieux et paix sur la terre aux hommes de bonne volonté. »

Les bergers se dirent entre eux : « Allons jusqu'à Bethléem. » Et ils trouvèrent Marie, Joseph et l'Enfant couché dans la crèche. (*Luc*, II, 8-12.)

Voici donc l'étable où naquit le Maître du Monde, Celui à qui appartenaient palais et cités!

Sur le pavé de marbre rayonne une étoile d'argent sur laquelle on lit cette inscription latine :

HIC DE VIRGINE MARIA JESUS CHRISTUS NATUS EST.

Ici Jésus-Christ est né de la Vierge Marie.

Elles sont puissantes les émotions éprouvées là, mais qui peut les redire? puissantes et indicibles surtout quand on a le bonheur d'y célébrer la sainte messe et de faire naître à nouveau l'Enfant-Jésus dans ses mains sacerdotales. Ce bonheur, je l'ai eu et j'en remercie Dieu.

La veille, nous étions venus, plusieurs prêtres, coucher à Bethléem. La fatigue avait été grande, mais, plus grande avait été la joie sainte goûtée à célébrer le saint Sacrifice à l'endroit même où, pour la première fois, Jésus avait daigné poser son pied divin sur la terre.

A trois pas de là, il y a une petite excavation, dans le rocher, en forme de crèche. C'est là que fut déposé l'Enfant Dieu. Inclinons-nous « joyeusement » devant le *berceau du Roi des rois ;* et rappelons-nous cette touchante légende d'un âne et d'un bœuf réchauffant de leur douce et tiède haleine le corps frêle et délicat du divin Enfant. Les margelles de la crèche n'y sont plus ; elles ont été transportées à Rome dans l'église de Sainte-Marie-Majeure.

Voici l'autel des Mages ; il est placé à l'endroit même où les Rois Gaspard, Melchior et Balthazar, venus de l'Orient, guidés par une étoile miraculeuse, adorèrent l'Enfant-Jésus.

Un étroit passage nous conduit aux grottes dites souterraines : c'est d'abord la chapelle construite sur le lieu où Saint Joseph reçut de l'Ange l'ordre de partir pour l'Egypte avec sa famille, afin d'échapper à la cruauté d'Hérode. C'est ensuite le caveau des Saints Innocents qui renferme les restes de quelques-uns de ces jeunes Martyrs.

Ce sont enfin les autels érigés sur les tombeaux de Saint Eusèbe de Crémone, Sainte Paule, Sainte Eustochie et Saint Jérôme.

A l'oratoire de Saint Jérôme est une salle souterraine dans laquelle ce saint Docteur vaquait nuit et jour à l'étude de la Sainte Écriture.

Nous nous rendons à la *Grotte du lait*, ainsi appelée parce que la Sainte Famille s'y réfugia en attendant de fuir plus loin pour éviter la persécution. En allaitant le divin Enfant, la Sainte Vierge laissa tomber quelques gouttes de lait sur la pierre, et la tradition rapporte que depuis lors ces pierres ont la vertu de donner du lait aux nourrices. Aussi les mères catholiques, turques, schismatiques et même les femmes des Bédouins venus du fond de leur désert, prennent un peu de cette pierre crayeuse, la font dissoudre dans de l'eau et la boivent après avoir adressé une prière à la Sainte Vierge. Beaucoup assurent avoir obtenu la grâce demandée.

En dehors de Bethléem, nous pouvons voir, vers le sud-est, le village de Beit-Sahour, à côté duquel se trouve un carré planté d'oliviers : c'est là que les bergers apprirent par les Anges la naissance du Messie.

Une voix leur parla dans le rayonnement d'une lumière céleste :

« Je vous annonce une bonne nouvelle, etc., etc.

Puis autour du premier Ange, tout un chœur de l'armée céleste entonna le cantique :

Gloire à Dieu dans les cieux
Et paix sur la terre à ceux qu'il aime !

Et les bergers se levèrent pour aller porter à Jésus l'hommage des pauvres.

A l'est de Beit-Sahour se déploie une petite plaine ; c'est l'ancien champ de Booz où vint glaner Ruth, la Moabite. Ce champ à configuration ondulée, est un des plus fertiles de la Judée. Il est d'une longueur et d'une largeur moyennes d'un kilomètre. Le jeune pâtre David qui devint plus tard le Roi d'Israël y menait paître ses troupeaux.

Le Mont des Francs s'élève au loin devant nous. C'est l'ancienne résidence du roi Hérode, dit le Grand ; un escalier de 200 marches y conduit. C'est là qu'est la sépulture de ce roi sanguinaire qui ordonna d'exterminer tous les enfants mâles de Bethléem, qui n'avaient pas encore deux ans.

On part pour les Vasques de Salomon, trois immenses réservoirs, creusés dans le roc vif, construits probablement par le roi de ce nom, mais, leur forme actuelle remonterait aux Croisés. Elles servaient à recueillir l'eau qu'un aqueduc, dont on voit encore des restes considérables, conduisait à Jérusalem. Voici les dimensions de ces remarquables réservoirs : le premier, le plus au nord, à peu de distance duquel se trouve Kalâah-el-Bourah, château fort en partie ruiné, a 116 mètres de longueur, 70 de largeur, et 7 à 8 de profondeur ; le deuxième 129 mètres de longueur, 70 de largeur et 12 de profondeur, et le troisième 177 de longeur, 64 de la largeur et 15 de profondeur. Leur contenance totale est de 34.324.000 litres.

Les Croisés, mourant de soif, étaient chaque jour obligés d'y envoyer chercher de l'eau pour se désaltérer.

Nous reprenons le chemin de Jérusalem et faisons une courte halte au tombeau de Rachel, épouse de Jacob. Le sépulcre est en forme de dos d'âne, et de la hauteur d'un homme ; il est recouvert d'un édifice avec coupole. Nombreuses sont, à ce moment, les femmes musulmanes ou juives venues en pèlerinage pour obtenir la fécondité.

Après quelques minutes de route, nous apercevons sur le mont Tantour un grand établissement. Il recouvre le lieu où Jacob, revenant de la Mésopotamie, dressa ses tentes et où Rachel mourut en mettant au monde son fils Benjamin.

Ces visites terminées, nous nous rendons à Notre-Dame de France, joyeux et ravis de notre excursion à Bethléem.

D'heureux pèlerins auront le bonheur d'y retourner, de savourer à nouveau les délices de ce lieu béni. Je ne serai pas du nombre, car j'irai au Jourdain, à la Mer Morte, et cela prendra du temps.

Bethléem sera une des journées les mieux vécues de notre pèlerinage. La Grotte sainte a un charme pénétrant au delà de toute expression ; on y vit des heures du Ciel !

Dans la soirée, nous sommes allés au Patriarcat Latin. Mgr Piccardo, aussi distingué qu'aimable et bon, nous fait un accueil des plus gracieux. Notre Directeur présente à Sa Grandeur les personnages de marque du pèlerinage et, dans une allocution empreinte d'un véritable esprit apostolique, Elle nous souhaite la bienvenue sur cette terre bénie qui a vu s'accomplir les plus grands événements du monde. Elle veut bien nous admettre ensuite à lui baiser la main, ce que tous font avec un profond respect.

De là, nous nous rendons chez les Dames de Marie Réparatrice pour le Salut du Très-Saint Sacrement.

Puis, chacun, libre de son temps, s'occupe de ses affaires personnelles, des achats qui vont déjà commencer. Oh les achats ! Savez-vous quelle place ils tiennent dans les préoccupations de ces sortes de voyages ?

CHAPITRE XIV.

Saint-Etienne. Le Tombeau des Rois, Le Cénacle, Le Jardin de Saint Pierre, Le terrain de la Dormition, L'Eglise de Saint Jacques.

Le Dimanche 1er Octobre, tout le pèlerinage se rendit à Saint-Etienne pour y entendre la sainte messe.

La Basilique de Saint-Etienne, relevée si richement de ses ruines séculaires par les Pères Dominicains, rappelle le souvenir de la lapidation et de la sépulture du premier Diacre et du premier Martyr. « Etienne, plein de grâce et de force, faisait de grands prodiges et de grands miracles parmi le peuple. Il discutait victorieusement avec les Juifs au sujet de la religion nouvelle. Comme ceux-ci ne pouvaient pas résister à la sagesse et à l'Esprit qui parlait en lui, ils subornèrent des gens pour dire qu'ils lui avaient entendu proférer des paroles de blasphème contre Moïse et contre Dieu. »

Cette église renferme le tombeau de ce Saint et l'endroit même où il fut lapidé.

Après avoir visité les fouilles faites aux abords de la Basilique, nous nous rendons au *Tombeau des Rois*. Un vaste escalier de 22 marches aboutit à une immense cour taillée à même dans le roc. Au-dessus d'un profond et large vestibule, on aperçoit encore une frise délicatement sculptée, ayant en relief des fruits, des feuillages et des grappes de raisins, emblèmes probables de la fertilité de la Terre Promise d'autrefois.

Les cryptes sont derrière ; on s'y rend par un soupirail précédant une antichambre carrée. C'est le premier caveau suivi de sept autres plus petits. Dans chacun d'eux sont vingt-quatre tombes en forme de niches, avec banquette pour recevoir les cercueils. Les fours sont creusés dans le roc vif et fermés par des meules à moulin.

Ainsi que leur nom semblera't l'indiquer, ces souterrains n'ont pas servi de sépulture aux Rois de Juda, mais à Hélène, Reine de la Mésopotamie (on y a retrouvé son cercueil) et aussi, très probablement, à beaucoup de membres de sa famille, fixés avec elle à Jérusalem. Cette nécropole somptueuse aurait servi aux Rois Asmonéens et Assyriens.

Sur le parcours de la porte de Damas à la porte Saint Etienne, au nord-est, on rencontre la Grotte de Jérémie, irrégulièrement constituée, et mesurant 33 mètres de long sur 13 de haut. Elle servit de retraite au grand prophète. C'est là qu'il annonça les malheurs qui devaient fondre sur sa patrie coupable, et qu'il composa ces admirables *Lamentations* qu'on chante encore dans nos églises, les trois derniers jours de la Semaine Sainte.

Le soir, nous revenons chez les bons Pères (c'est une journée de repos) pour assister aux vêpres, et à la procession du Très-Saint Rosaire. C'est en effet la solennité de cette fête, plus grandiosement célébrée ici qu'ailleurs, les PP. Dominicains étant les Propagateurs nés de cette puissante et sainte dévotion.

Longue, pieuse, édifiante, fut cette procession déroulant ses interminables théories dans les vastes jardins des religieux. Des chants parfaits, une musique instrumentale digne de tout éloge à fait entendre de superbes morceaux. Tout le monde s'est retiré ravi et édifié.

Le drapeau de la France flottait là, et combien de cœurs français battaient à l'ombre de ses plis! Quelle harmonie, quelle douce paix régnait dans cette foule compacte, de toutes nationalités!

Mais, les meilleurs choses ont une fin! Il se faisait tard; chacun par petits groupes, au gré du caprice, rentrait bientôt à l'hôtellerie.

Le lendemain, lundi, il fallait se lever de fort bonne heure; le programme comportait : Messe solennelle de la Pentecôte sous la tente, au Mont Sion, près du Cénacle ; Messe basse pour les prêtres ; visite du terrain des Pèlerins, du Jardin de Saint Pierre, de la ville ancienne, du Cénacle, de la Dormition, de l'Eglise Saint Jacques.

Ce matin-là, je ne suis pas parti avec tout le monde. J'ai eu l'inappréciable bonheur de chanter la *messe conventuelle* des Pères Franciscains sur le *Tombeau du Sauveur*. Je ne dirai rien, parce que je ne pourrais les exprimer, des émotions éprouvées dans cet endroit, le plus saint de la terre.

Bientôt, avec d'autres confrères, je rejoignais le groupe des pèlerins sur le mont Sion, juste au moment où se terminait la sainte messe. Vite on prend à la hâte une tasse de café, et, en avant ! pour les visites annoncées.

Nous parcourons la colline triangulaire d'Ophel. C'est là, qu'après son triple reniement, Saint Pierre vint pleurer, dans une grotte naturelle, son apostasie d'un moment. Les P. P. de l'Assomption ont acheté ce terrain, y ont fait des fouilles et découvert une route dallée, des fondations et des ruines de monuments, d'un intérêt historique de premier ordre. Le mont Ophel faisait autrefois partie de la ville de Jérusalem. Là, dans une ancienne citerne, les Pères ont élevé un cimetière où reposent plusieurs des leurs et quelques pèlerins morts à Jérusalem pendant ces dernières années ; nous leur faisons une visite bien fraternelle et de tout cœur nous récitons pour eux un *De profundis*.

Des pentes du Sion ou du jardin Saint Pierre, on aperçoit au loin, sous l'angle sud-est des remparts, les clochetons dorés de l'église russe qui domine Gethsémani. L'on a, dans ce simple coup d'œil, le trajet accompli par Notre-Seigneur au dernier soir ; d'abord, *du Cénacle à Gethsémani* ; puis *de Gethsémani au palais d'Anne et de Caïphe*, qui était situé sur la pente du Sion chrétien. C'est la *Voie de la Captivité*, à peu près identique au chemin qui longe aujourd'hui les remparts, et qui se trouvait alors au centre de la ville.

Le Cénacle est là, tout à côté de nous. J'en ai déjà dit un mot à l'occasion du Chemin de la Croix, mais il faut y revenir.

Le Cénacle était la demeure d'un Juif très riche, Joseph d'Arimathie. Dès les premiers temps du christianisme, on y a élevé une église; mais, hélas! depuis le XIVe siècle, une mosquée remplace l'église catholique. Les Turcs y sont même d'une sévérité outrée; on y entre difficilement et ils ne permettent pas d'y faire un acte public de dévotion, de s'y mettre à genoux, par exemple.

Ce serait à l'étage inférieur que Notre-Seigneur aurait lavé les pieds à ses Apôtres, et à l'étage supérieur qu'il institua le Sacrement de l'Eucharistie.

« Allez, dit Jésus à ses disciples Pierre et Jean, nous préparer la Pâque afin que nous la mangions. » Le soir venu, Jésus mange pour la dernière fois l'agneau sacré, suivant les rites solennels prescrits par Moïse, et lave les pieds des Apôtres. « J'ai désiré grandement manger cette Pâque avec vous avant de souffrir, car je ne la mangerai plus, jusqu'à ce qu'elle s'accomplisse dans le Royaume de Dieu. » Puis, le repas liturgique est suivi de la nouvelle Pâque, ou mieux, de l'institution de l'alliance nouvelle établie sur la présence réelle du Corps et du Sang de Jésus-Christ livrés pour le salut des hommes : Le Sacerdoce chrétien est fondé. Jésus prit du pain et, rendant grâces, il le rompit et le leur donna en disant : « Ceci est mon corps qui est livré pour vous; faites ceci en mémoire de moi ». Il prit de même la coupe, et la leur donna en disant : « Ce calice est la nouvelle alliance en mon sang qui est répandu pour vous. »

Cependant, le traître Judas est sorti du Cénacle; Jésus prédit les trois reniements de Saint Pierre et se livre avec ses Apôtres aux graves et sublimes entretiens qui se poursuivent sur le chemin de Gethsémani; c'est comme son testament, en cette heure suprême.

Dans une salle contiguë, exhaussée cependant de quelques marches d'escalier, se trouve le cénotaphe de David. C'est un grand tombeau en forme de dos d'âne, recouvert d'un tapis. Mais la tradition n'est rien moins que positive sur ce fait historique.

Le Cénacle rappelle aussi l'apparition plusieurs fois renouvelée de Jésus à ses Apôtres, après sa résurrection ; notamment celle où il prononça ces paroles : « Tu as cru, Thomas, parce que tu as vu. *Heureux ceux qui ont cru sans avoir vu.* » Si cette sentence était peu à l'avantage de l'Apôtre incrédule, et, dans le cours des temps, de ses trop nombreux imitateurs, elle est bien consolante pour le vrai Chrétien.

Au Cénacle, le jour de la Pentecôte, eut lieu également la descente du Saint Esprit sur les Apôtres, les premiers prêtres de l'Église.

Un sanctuaire est construit sur l'emplacement des maisons des Grands Prêtres Anne et Caïphe. Chez Anne, Jésus subit un premier interrogatoire et reçut un soufflet. A côté de l'église, dans une petite cour, sont les rejetons de l'olivier auquel on avait attaché le Sauveur, pendant qu'on délibérait sur son sort.

Chez Caïphe, le Sauveur subit un second interrogatoire. Saint Pierre y consomma lâchement son triple reniement.

Nous rentrons à Jérusalem par la porte de David et nous visitons l'église de Saint-Jacques-le-Majeur, bâtie sur le lieu même où Hérode Agrippa fit précipiter cet Apôtre du haut d'une tour.

D'après une légende consignée par un pèlerin russe du XVe siècle, on conservait ici deux pierres du mont Sinaï apportées par un Ange à la Sainte Vierge qui voulait faire le pèlerinage de la Sainte Montagne. Aujourd'hui on montre dans une pièce attenante à la nef de droite trois pierres brutes provenant, la première du Sinaï, la seconde du Thabor et la troisième du Jourdain. On conserve aussi plusieurs sièges anciens. Celui qui est dans le chœur est décoré du titre de *Chaire de Saint Jacques.* On gardait, en effet, un siège de Saint Jacques au mont Sion au IVe siècle (SAINTE SYLVIE), mais on peut douter qu'il existe encore. Il s'agirait d'ailleurs de l'autre Saint Jacques (le Mineur, le « frère » de Notre-Seigneur), premier Évêque de Jérusalem, mort l'an 62.

Cette église appartient aux Arméniens. C'est là, du reste, pour eux, leur principal quartier à Jérusalem :

séminaires, monastères d'hommes et de femmes, hôtelleries pour les pèlerins, tout est là.

Nous visitons encore l'endroit où le cortège funèbre de la Sainte Vierge fut arrêté par une foule de Juifs; la prison où Notre-Seigneur passa le reste de la nuit du jeudi au vendredi, et que recouvre une église; dans ce sanctuaire, on voit une partie de la pierre de l'Ange, qui sert de table d'autel, et dont nous avons déjà vu un fragment dans la chapelle de l'Ange au Saint Sépulcre; l'emplacement de la maison qu'habita la Sainte Vierge avec Saint Jean après la mort de son divin Fils et où elle mourut. Il n'y a plus là d'habitation.

Cet emplacement est appelé le terrain de la Dormition, en souvenir de la mort de Marie; il a été donné par le Sultan à l'Empereur Guillaume, et voit s'élever une superbe église construite par des religieux allemands.

Sur le mont Sion, David et Salomon avaient leur palais. De la cité du Roi-Prophète, il ne reste plus aujourd'hui qu'un corps de bâtiment appelé « Tour de David ». La partie inférieure de cette tour, plus ancienne que la partie supérieure, mesure 12 mètres au-dessus du fond du fossé qui la sépare de la ville; sa longueur est de 20 mètres et sa largeur de 17.

Cette journée, qui devait marquer le départ de la caravane des *Jérichotains* et des *Hierosolymitains*, se termina pour eux par les visites facultatives de l'Orphelinat de Saint-Joseph et de l'établissement russe construit sur le flanc du mont des Oliviers. Ce dernier, que j'ai parcouru rapidement, un autre jour, m'a paru richement décoré et méritant, à tout point de vue, la peine d'un déplacement.

CHAPITRE XV.

Vallée de Josaphat, Jardin de Gethsémani, Grotte de l'Agonie, Tombeau de la Sainte Vierge, Sépultures d'Absalon, de Josaphat, de Zacharie et de Saint Jacques le Mineur, Fontaine et piscine de Siloé, Mont du Scandale, Lieu du Martyre du prophète Isaïe, Jardins de Salomon, Léproserie, Champ d'Haceldama, Vallée de la Géhenne, Devant Notre-Dame de France.

Les Jérichotains, dont j'étais, ont dû faire les visites annoncées dans ce chapitre, à temps perdu... et à la sueur de leur front. Là, comme ailleurs, et moins encore peut-être qu'ailleurs, on n'a rien sans peine, surtout avec le soleil dévorant que nous avons dû subir pendant les dernières journées de notre séjour à Jérusalem.

La vallée de Josaphat est la plus connue et la plus célèbre du monde. Théâtre des plus tragiques événements, elle a été le témoin de l'histoire du peuple d'Israël, le témoin surtout de la vie apostolique et des derniers instants de l'Homme-Dieu. Combien de fois notre divin Maître ne l'a-t-il pas traversée, soit pour se rendre au Jardin des Oliviers, où il se retirait pour passer la nuit, soit pour se rendre sur la sainte Montagne, ou aller plus loin encore jusqu'à Béthanie, se reposer chez ses amis de la terre, Lazare, Marthe et Marie.

Elle est célèbre aussi par la prophétie de Joël qui la montre comme devant être le rendez-vous du monde entier pour y subir le jugement général. Peu importe les discussions auxquelles a donné lieu cette prophétie sur l'exiguïté de la dite vallée pour contenir le genre humain, ou le sens dans lequel il faut l'entendre ; nous savons qu'il n'y a rien d'impossible à Dieu, et cela nous suffit.

On y voit quelques arbres rabougris, très peu de verdure, partout des monuments funèbres et deux grands cimetières. A droite, celui des musulmans : chaque tombe a une bâtisse ayant aux deux extrémités deux petites colonnes surmontées de turbans ; à gauche, le cimetière des juifs : une dalle en pierre, blanchie à la chaux, portant des inscriptions hébraïques, est posée à plat sur les sépulcres. Si les musulmans ont établi leur cimetière à droite de la vallée de Josaphat, c'est, disent-ils, afin d'occuper la droite au jugement dernier. Les juifs au contraire ont choisi la gauche, afin de dormir leur dernier sommeil en face de l'ancien Temple de Salomon. Aussi beaucoup de personnes, appartenant au judaïsme ou à la religion de Mahomet, même très éloignées de ce lieu, recommandent-elles de les enterrer dans ces cimetières.

Sur la vallée de Josaphat s'ouvrait autrefois la Porte Dorée, actuellement murée. C'est par cette porte que les Croisés pénétrèrent dans Jérusalem ; c'est aussi par là que Notre-Seigneur fit son entrée triomphale dans la Ville Sainte, le jour des Rameaux.

En descendant de Jérusalem et en regardant vers l'Orient, on a en face de soi, le *Jardin des Oliviers.*

Ce jardin est entouré d'une double clôture, une extérieure, pour le protéger contre les passants, l'autre intérieure, pour le protéger contre la pieuse indiscrétion des pèlerins. Il y a, tout autour, une sorte de déambulatoire intérieur que l'on peut parcourir.

Les Pères Franciscains y cultivent des fleurs. Selon la tradition, il y avait là beaucoup d'oliviers ; le Maître réunissait souvent ses Apôtres sous leur ombrage, pour les instruire et vaquer à la prière. L'olivier, selon Pline, est immortel, il repousse de ses racines. Les huit arbres du Jardin de Gethsémani ont un tronc énorme : l'un d'entre eux mesure 8 mètres de circonférence. Tout porte donc à croire que s'ils ne sont pas les contemporains de Notre-Seigneur, ils sont au moins les rejetons des oliviers témoins des promenades du divin Maître.

Autour des murs et à l'intérieur du jardin, Isabelle II, reine d'Espagne, a fait placer un Chemin de Croix composé de quatorze petites chapelles, renfermant des tableaux peints sur porcelaine de Valence.

C'est au Jardin de Gethsémani, la veille de sa Passion, et quelques instants avant d'être arrêté par la cohorte des soldats conduite par le traître Judas, que Notre-Seigneur fit entendre cette parole qui résumait les tribulations et les angoisses de son esprit : « Mon âme est triste jusqu'à la mort ! »

A côté du Jardin des Oliviers, une petite colonne marque l'endroit précis de la trahison de Judas. Tout près on montre les rochers où s'endormirent les trois Apôtres Pierre, Jacques et Jean.

Nous suivons un chemin qui, au bout de quelques minutes, nous conduit à la Grotte de l'Agonie, dont j'ai parlé plus haut. Cette grotte, de 10 à 12 mètres de long sur 7 à 8 de large, existe dans son état naturel. Au fond, sous le maître-autel, est l'endroit où le divin Sauveur se tenait prosterné pendant son agonie ; c'est là qu'il prononça ces paroles : « Mon Père, s'il est possible que ce calice s'éloigne de moi ! Mais que votre volonté soit faite et non la mienne ! » Paroles divinement touchantes, pleines de la sainte résignation du Fils de Dieu à la volonté de son Père. Sous l'autel on lit, avec une indicible émotion, ces mots gravés sur une plaque de marbre :

Hic factus est sudor ejus sicut guttæ sanguinis.
Il lui vint une sueur comme des gouttes de sang.

A côté de la Grotte de l'Agonie, une église souterraine, dont la façade ne manque pas de cachet, malgré son antiquité, est l'un des rares sanctuaires qu'ait épargnés la barbarie musulmane : l'église de l'*Assomption de Marie*. Une soixantaine de marches nous conduisent dans la nef, qui serait toujours dans l'obscurité la plus profonde si quelques lampes ne brûlaient constamment sur l'édicule qui en fait l'objet principal : *le Tombeau de la Sainte Vierge.*

Un immense escalier d'une soixantaine de marches descend jusqu'en bas. A la 21me, deux autels se trouvent sur les tombeaux de Sainte Anne et de Saint Joachim, parents de la Très Sainte Vierge. Un peu plus bas, dans le mur à gauche, l'on voit une chapelle qui renferme les sépultures de Saint Joseph et du vieillard Siméon.

Cette église, de 32 mètres de long sur 7 de large, a la forme d'une Croix latine. C'est dans le bras droit que se trouve le saint édicule renfermant le Tombeau de la Sainte Vierge. Nous vénérons ce lieu trois fois béni, qui a gardé pendant quelque temps les restes de la Vierge Immaculée.

« C'est un Sanctuaire, dit M. l'abbé Curtet, où on est mal à l'aise ; car je rougis de le dire, tous les cultes qui se partagent Jérusalem ont ici leur place marquée, tous, excepté le culte catholique. — Oui, les musulmans eux-mêmes ont un lieu de prières dans ce saint temple, et les vrais fils de Marie, *les Enfants de la Maison*, comme parle la Sainte Écriture, sont exclus, impitoyablement exclus, depuis plus d'un siècle. On leur permet d'y prier, seulement en dehors des Offices. Quand cessera donc ce scandale ? »

LA MORT DE LA SAINTE VIERGE

ET SON TOMBEAU

Belle comme la fleur des champs,
Comme le lis de la vallée,
La Vierge, ici-bas exilée,
Exhale ainsi ses cris touchants :

« O bon Jésus, dit-elle,
Mon amour et mon bien,
Brise le faible lien
De cette chair mortelle.

« Les beaux jours du printemps
Chassent l'hiver austère,
Les fleurs couvrent la terre
De tapis éclatants.

« La douce tourterelle
Fait entendre sa voix,
Appelant dans les bois
Sa compagne fidèle.

« La vigne et le rosier,
Mariant leur parure,
De leur fraîche verdure
Embau ent le sentier.

« L'Époux divin m'appelle
Parmi les chastes lis,
A travers les treillis
J'entends sa voix fidèle :

Lève-toi, hâte-toi,
Ma colombe chérie ;
Prends ton vol, je t'en prie,
Viens du Liban, suis-moi!

Descendant le long de la vallée de Josaphat, nous rencontrons le tombeau d'Absalon, curieux monument monolithe taillé dans le roc. Il est orné sur chacune de ses faces de quatre demi-colonnes, et surmonté d'une maçonnerie ronde en forme de bouteille, terminée par une pointe cylindrique au haut de laquelle est un gros bouquet de palmes.

Absalon s'était fait tailler ce monument funèbre pour perpétuer sa mémoire; il n'y fut pas inhumé. Tué dans sa révolte contre son père, il fut jeté dans une grande fosse, à l'est du Jourdain. Autrefois les abords de ce monolithe étaient encombrés de pierres. Les Juifs y jetaient des cailloux, en exécration de ce fils rebelle, en répétant cette malédiction de nos Livres Saints : « Maudit soit celui qui méprise son père et sa mère. »

Le tombeau de Josaphat est à côté. Le roi de ce nom n'y a pas été inhumé ; nous lisons, en effet, dans le troisième livre des Rois, que ce prince fut enseveli dans la Cité de David, conséquemment sur le mont Sion.

Le tombeau de Zacharie ressemble beaucoup à celui d'Absalon. Suivant la tradition, ce Zacharie serait le fils de Barrachias, tué entre le Temple et l'autel.

Enfin le tombeau de Saint Jacques le Mineur a servi de sépulture à l'Apôtre de ce nom, établi par Saint Pierre premier Evêque de Jérusalem.

Nous traversons le pont du Cédron : du haut de ce pont une soldatesque effrénée aurait précipité Jésus dans le torrent. Ce forfait se serait accompli pendant que l'on conduisait le Sauveur chez les Grands Prêtres Anne et Caïphe. On montre encore l'empreinte qu'auraient laissée sur le rocher les genoux du Fils de Dieu. Ce n'est cependant qu'une pieuse légende.

Nous passons successivement à la fontaine de Siloé, à la piscine du même nom, au puits de Jacob, à la léproserie, pour remonter par la partie inférieure de la vallée de la Géhenne.

Un escalier de 32 marches conduit à la fontaine de Siloé, ou de la Sainte Vierge. Cette fontaine, taillée dans le roc à environ 8 mètres de profondeur, est située sur le versant méridional du Mont Sion. Les Arabes l'appellent *Notre-Dame-Marie*. La Sainte Vierge y serait souvent venue puiser de l'eau pendant son séjour à Jérusalem et y laver les langes de l'Enfant Jésus. Nous goûtons de cette eau qui est excellente. De nombreuses femmes, pour la plupart du village de Siloé, en remplissent leurs outres qu'elles transportent ensuite sur leur tête ou sur leur dos en les retenant par des cordes.

Devant nous, à l'est, est le mont du Scandale ; sur cette montagne Salomon fit élever des temples aux fausses divinités des femmes étrangères qu'il avait épousées, c'est pour cela qu'on l'appelle Mont du Scandale. D'après la tradition, le traître Judas s'y pendit de désespoir, à un figuier. Sur les flancs de cette montagne est bâti le village de Siloé, remarquable par ses maisons superposées, qui s'étagent sur des rochers à pic.

La piscine de Siloé reçoit ses eaux de la fontaine que nous venons de quitter. Elle est à jamais célèbre par la guérison de l'aveugle-né.

C'était un jour du Sabbat, Jésus marchait à travers la ville (voisine alors de la piscine), quand il rencontra un aveugle de naissance qui mendiait. A la vue de cet homme, le Sauveur s'arrêta, cracha à terre, fit de la boue avec sa salive, puis il appliqua cette boue sur les yeux de l'aveugle en disant : « Va et lave-toi dans la piscine de Siloé. » Il y alla, se lava, et s'en retourna voyant clair. Ce merveilleux prodige mit tout Jérusalem en émoi. Chacun disait : « N'est-ce pas là celui qui se tenait assis et mendiait ? » Traduit devant les Pharisiens, l'heureux miraculé déjoua les insidieuses questions de ses juges, et conclut en confessant bien haut la divinité du Christ : « Jamais on n'a entendu dire que quelqu'un ait ouvert les yeux d'un aveugle-né. Si cet homme ne venait pas de Dieu, il ne pourrait rien faire. » *Joan.* IX.

Voici, tout près, un gros mûrier planté sur le lieu où le prophète Isaïe a été scié en deux, par ordre du cruel Manassès, roi de Jérusalem.

Le puits Bir-Ayoub ou de Job, que nous visitons, a 2? mètres de profondeur ; il est construit avec de grosses pierres qui paraissent très anciennes. Suivant la croyance générale, c'est dans ce puits que les Israélites, avant de partir pour la captivité de Babylone, cachèrent, par ordre du prophète Jérémie, le feu sacré du Temple.

Bir-Ayoub est placé au confluent de deux vallées : la Géhenne et Josaphat. Ces vallées se réunissent pour n'en former qu'une, affreusement déserte et brûlée, s'étendant jusqu'à la mer Noire. Cette unique vallée prend dès lors le nom de vallée du feu.

Entre le puits de Job et la piscine de Siloé, il y avait *les Jardins du roi* dont parle l'Ancien-Testament, ou *jardin fermé*, qui sert de gracieuse image à l'auteur du *Cantique des Cantiques*.

La léproserie se trouve un peu plus loin, au sud du village de Siloé. Des lépreux, les membres tuméfiés, rongés par les ulcères, nous tendent la main, et, d'une voix suppliante, nous demandent l'aumône. Nous nous empressons de la leur donner, car les pauvres malheureux ne vivent guère que de la charité publique. Des Sœurs de Saint-Vincent de Paul, ô sublimité de la religion catholique ! viennent deux fois par semaine, panser leurs plaies hideuses. Ces lépreux, logés dans de misérables taudis, d'où s'exhalent des odeurs nauséabondes, n'ont pour ainsi dire pas de communication avec le monde. Par leur mariage, qui a lieu forcément entre eux, ils transmettent à d'autres générations l'impitoyable et effroyable mal.

VISITE AUX LÉPREUX

Lorsque Jésus mourait au sommet du Calvaire,
Se tenaient près de lui trois femmes tout en pleurs,
Et depuis l'on rencontre, auprès de la misère,
Un ange au doux sourire, apaisant les douleurs.

Des lépreux de Sion, berçant la peine amère,
Émus, nous vous voyons, du Christ vaillantes sœurs,
Servant ces malheureux avec un cœur de mère,
Se donnant sans compter avec mille douceurs.

Dans nos yeux, ce spectacle a fait perler des larmes.
L'héroïsme, en ce monde, a vraiment bien des charmes,
Quand il revêt ainsi tant d'amabilité !

C'est Dieu qui vous donna cette exquise tendresse :
Demeurez donc toujours (c'est un vœu que j'adresse)
Les anges d'ici-bas par votre charité !

Nous visitons ensuite la vallée de la Géhenne ou Ben-Hinnon, autrefois si profonde, qu'il faut fouiller de 15 à 20 mètres dans les décombres pour retrouver son ancien niveau. Elle ne forme plus qu'un pli de terrain qui va de la piscine à la porte des Maugrebins.

Sur un de ses flancs se trouve le champ d'Haceldama, ou du potier, acheté pour la sépulture des étrangers avec les trente deniers de Judas. Dans ce terrain, acquis avec le prix du sang, on continue d'ensevelir les personnes appartenant à d'autres nationalités. Aussi y voit-on des chambres funéraires que nous parcourons à la lueur de flambeaux, des sépulcres recouverts par un mauvais suaire. En soulevant un coin de ce voile lugubre, on se trouve en présence d'ossements de toutes sortes. A l'époque des Croisades, on inhumait à Haceldama les pèlerins morts à Jérusalem, et son nom était Charnier de *Caudemar*.

Du *Caudemar* des Croisés, il ne reste qu'une construction massive recouverte d'une voûte ogivale. Cette voûte, percée de huit ouvertures, repose sur les murs extérieurs et sur un vaste pilier central. L'ensemble du monument, d'aspect fort délabré, court risque de s'effondrer tout à fait, d'ici à peu d'années.

C'est sur le sommet du mont du Mauvais-Conseil, limite méridionale de la vallée de la Géhenne, que la tradition place la maison de campagne de Caïphe. Là, les Juifs tinrent conseil pour décider du sort de Jésus-Christ. C'est ce qui lui a fait donner le nom caractéristique de mont du *Mauvais-Conseil*.

Cette tradition, comme tant d'autres qui prirent naissance à la même époque, ne repose sur aucune donnée sérieuse; elle semble même contredire les conclusions toutes simples tirées du texte évangélique: *Les pontifes donc et les pharisiens assemblèrent le Conseil*, dit Saint Jean (XI, 47).

Le fond de la vallée de la Géhenne porte le nom de Taphet. C'est en cet endroit que les Israélites, se laissant parfois entraîner à l'idolâtrie, avaient élevé une statue au Dieu Moloch, et venaient lui sacrifier des animaux et même des êtres humains. Ils faisaient du feu dans l'intérieur de la statue, puis, lorsque les deux grandes mains qu'elle tendait en avant étaient rouges, ils y déposaient des enfants; le roulement du tambour se faisait alors entendre, pour couvrir les cris douloureux des victimes. Triste exemple, bien propre à nous faire comprendre dans quel état de barbarie peut tomber un peuple qui s'éloigne de Dieu!

Fourbus, mais satisfaits au possible, nous sommes rentrés à Notre-Dame de France.

De partout on la voit, et tout le monde en connaît le chemin. Du reste, maintenant nous voilà de vieux habitués de la Ville Sainte, et c'est presque avec aisance que chacun de nous en parcourt seul les principaux quartiers.

J'ai eu, ce soir, la bonne pensée de gravir les 180 marches des tours de l'Hôtellerie. Combien j'ai été récompensé de ma peine. Quelle vue on a, du haut de cette superbe plateforme! sans compter une délicieuse fraîcheur qui vous réconcilie avec la température tropicale et surtout *trop piquante* de la journée.

A mes pieds, la Ville, avec ses dômes et ses minarets, son bruit discret qui monte à peine jusque-là. Au loin, la Judée, à perte de vue, et ses monts dorés par les derniers feux d'un soleil couchant.

J'ouvre ici une parenthèse pour y placer les lignes d'un de nos pèlerins de Reims, nature ardente qui sent les choses et les exprime en un style à lui, lignes inspirées par le spectacle que je viens d'indiquer.

« Sur la Ville très sainte où se consomma le sacrifice suprême, le soleil, très bas, pose ses rayons rouges, presque sanglants.

Et la Ville flambe et saigne sous cette caresse embrasée qui agonise.

Au mont des Olives, les éclatantes coupoles de l'église russe, trop dorées pour ce lieu qui réclame une atmosphère recueillie et grise, brûlent et s'enflamment au dernier contact du jour. Les bâtisses trop neuves de la Ville, qui trop se transforme, jettent une note trop blanche au milieu des vieux murs noircis, rebâtis sur d'autres murs plus anciens, irretrouvables maintenant et qui, ceux-là, L'ont vu passer, prier, pleurer et aimer !... »

CHAPITRE XVI.

Chapelle des Croisés du Purgatoire, Excursion à Saint Jean in Montana, Couvent de Sainte-Croix, La Basilique du Magnificat, La Basilique de la Nativité de St-Jean-Baptiste, Couvent des Dames de Sion.

Hier, mardi 3 Octobre, la Messe avait été dite dans la Grotte de Gethsémani ou de l'Agonie : aujourd'hui mercredi 4, elle est dite dans la *Chapelle des Croisés du Purgatoire*, à Notre-Dame de France même.

La chapelle est une merveille due au talent d'un Père aussi pieux que modeste ; il en est l'architecte et le décorateur ; les mosaïques sont de toute beauté. Tout le monde s'incline devant une œuvre si bien comprise, exécutée avec tant de tact et de goût.

Là est instituée canoniquement l'Archiconfrérie des *Croisés du Purgatoire*. Rien de plus digne d'éloge, et rien de plus utile à recommander que cette pieuse pratique de prier, de s'enrôler dans une Croisade de prières en faveur des pauvres Ames du Purgatoire, souvent trop délaissées.

On pria de tout son cœur pour les chers Défunts ! Et qui, dans ses connaissances, n'a pas, là, dans ces flammes expiatrices des mains suppliantes qui se tendent en disant : *Miseremini mei, saltem vos amici mei !* « Vous du moins mes amis, ayez pitié de moi ! »

A 9 heures, ce même jour, une grand'messe a été chantée à l'église de Saint Sauveur. Cette église, de style corinthien, richement décorée de dorures, marbres et peintures, est l'un des édifices neufs les plus beaux de la Ville Sainte.

Après la messe, la Colonne de la Flagellation est exposée dans la chapelle des P. P. Franciscains, au Saint-

Sépulcre ; la foule défile devant elle, et chaque personne y dépose un pieux baiser. Cette colonne, en porphyre rouge, d'environ 60 centimètres de haut, peut se voir tous les jours, mais elle n'est point ainsi quotidiennement exposée à la vénération des fidèles.

Les Pères Franciscains ont à Saint Sauveur leur principale Maison de Terre Sainte. Il y a ici un très grand mouvement d'œuvres. C'est la résidence du Révérendissime Père Custode, qui porte encore le titre de *Gardien du Mont Sion*.

Une imprimerie de premier ordre occupe un grand nombre d'ouvriers, et de ses presses sortent la plupart des imprimés chrétiens répandus en Palestine.

Le déjeuner, ce jour là, fut quelque peu avancé ; nous devions fournir, en effet, dans la soirée, une assez longue course : *Saint-Jean in Montana*, situé à environ dix kilomètres à l'ouest de Jérusalem était le but proposé. A une heure, les voitures étaient dans la cour de l'Hôtellerie, nos petits chevaux piaffaient et attendaient impatiemment le signal du départ.

En voiture ou à cheval, nous formons rapidement une caravane, et nous voilà partis par la *porte de Jaffa*.

Nous passons à l'extrémité de la vallée du Gihon, devant la *Piscine supérieure*, aujourd'hui desséchée. A l'est, s'étend le *champ du Foulon*, où 180.000 soldats de Sennachérib furent tués par l'Ange exterminateur.

A mi-chemin de notre course, à une lieue environ, nous apercevons le couvent grec de Sainte-Croix, assis au milieu des oliviers et des arbustes verdoyants.

La tradition veut que la matière de la Croix où fut attaché le divin *Sauveur*, le cèdre, l'olivier et le cyprès, ait été prise en cet endroit. Il y a une église magnifique où abondent les mosaïques et les peintures. Au bas du vallon où s'élève le monastère, débouche la *vallée du Térébinthe* ; puis le chemin devient difficile : le sol est raboteux et les sentiers sont escarpés.

Nous descendons à toute vitesse une pente rapide qui surplombe une profonde vallée, c'est effrayant ; mais nous sommes aguerris contre les accidents. Les nombreuses vignes qui ornent les coteaux fournissent un vin très alcoolique et excellent.

Nous rencontrons de nombreuses femmes, pieds nus, vêtues simplement d'une longue tunique bleue pas très propre, portant sur leur tête une sorte de grand panier rempli de fruits, figues ou raisins, puis un pauvre diable d'homme avec un âne et son ânon qui gambadait, le malheureux ! à cœur joie, et avec une prestesse de chèvre, à travers les obstacles de toute nature.

Vers les deux heures et demie nous arrivions dans le charmant village de *Saint-Jean in Montana* : charmant est le mot ; c'est de beaucoup le mieux de tous ceux que nous avons visités jusqu'à cette heure ; il semble qu'il ferait bon y finir ses jours. Ce gros village de 1.200 habitants est entouré d'une ceinture de petites montagnes très coquettes.

Dans les jardins croissent d'énormes plantes potagères, entre autres, poivrons et tomates de toute beauté, puis une quantité d'arbres, dont nous ignorions les essences. L'eau coule partout, c'est un vrai petit coin du Paradis terrestre.

Voici la Fontaine de la Vierge, ainsi appelée parce que, durant son séjour chez sa cousine Elisabeth, la Mère du Sauveur vint y puiser de l'eau.

Voici la Basilique de la Visitation ou du *Magnificat*, bâtie sur l'emplacement de la maison de campagne de Saint Zacharie. Ici, la Sainte Vierge rendit visite à sa cousine Elisabeth. Je cite le fait évangélique :

« Marie partit et s'en alla en toute hâte au pays des montagnes, en une ville de Juda. Et, étant entrée dans la maison de Zacharie, elle salua Elisabeth. Dès qu'Elisabeth entendit la voix de Marie qui la saluait, son enfant tressaillit dans son sein ; et Elisabeth fut remplie du Saint Esprit. Elle s'écria d'une voix forte : « Vous êtes bénie entre toutes les femmes et le fruit de vos entrailles est béni. Et d'où me vient ce bonheur que la Mère de mon Seigneur vienne vers moi ? Car votre voix n'a pas plutôt frappé mon oreille, lorsque vous m'avez saluée, que mon enfant a tressailli de joie dans mon sein. Que vous êtes heureuse d'avoir cru, parce que les choses qui vous ont été dites de la part du Seigneur s'accompliront en vous! »

. Marie répondit par le *Magnificat.*

Elle demeura avec Elisabeth environ trois mois ; elle s'en retourna ensuite en sa maison. (*Luc*. I. 39.)

On voit dans cette Basilique, à droite, un rocher qui se serait ouvert pour se refermer et cacher ainsi Saint Jean-Baptiste, lors de la persécution d'Hérode. Ce rocher miraculeux fut transporté à la place où on le vénère aujourd'hui, par les premiers constructeurs du Sanctuaire.

Sur l'emplacement de la maison de Saint Zacharie, père de Saint Jean-Baptiste (1), est érigée la Basilique de la Nativité de Saint Jean. Cette église est construite d'après le style de la Renaissance ; de lourds piliers massifs la partagent en trois nefs écourtées ; les parois sont tapissées de faïence blanche à dessins bleus. Dans la crypte se trouve une grotte, taillée dans le roc, où brûlent continuellement 6 lampes. Sous l'autel, une ouverture ronde indique le lieu où Sainte Elisabeth donna naissance au « plus grand d'entre les enfants des hommes ». On y lit sur une plaque enchassée dans le pavé, cette inscription :

Hic Præcursor Domini natus est.
C'est là que naquit le Précurseur du Seigneur.

« Cependant, le temps auquel Elisabeth devait accoucher arriva, et elle enfanta un Fils. Ses voisins et ses parents, ayant appris que le Seigneur avait fait éclater sa miséricorde sur elle, l'en félicitaient. Et le huitième jour, étant venus en sa maison pour circonscrire l'enfant, ils le nommaient Zacharie, du nom de son père. Mais la mère, prenant la parole, leur dit : « Non, il sera nommé Jean.

Certains vont à Saint Jean du Désert voir la grotte qu'habita pendant 20 ans Saint Jean-Baptiste ; il s'y préparait à sa mission par la pénitence et la prière, n'avait pour tout vêtement qu'une tunique en poil de

(1) Il ne faut pas confondre celle-ci avec sa maison de campagne.

chameau et pour toute nourriture que des sauterelles et du miel sauvage (1).

D'autres préfèrent se rendre au couvent des Dames de Sion, situé au bord de la vallée du Térébinthe; de cette vallée, le jeune David envoya, avec sa fronde, au front du géant Goliath, une pierre qui le terrassa d'un coup. Une Religieuse nous y reçoit avec ce bon sourire gaulois... Elle nous fait visiter la chapelle, puis la chambre du P. Ratisbonne, juif converti et fondateur de la Congrégation des Dames de Sion, dont le but est d'instruire les jeunes filles juives. Dans sa chambre, rien n'a été dérangé, depuis sa mort, survenue le 6 Mai 1884; on y voit son manteau avec le vêtement blanc qu'il prenait pour aller au soleil; sa canne dans un coin; sur sa table, ses livres et sa barrette, et, sur sa cheminée, une pendule marquant encore l'heure de son dernier soupir.

Nous traversons le jardin et arrivons au cimetière. A gauche, ombragée d'un laurier, la tombe du P. Ratisbonne; plus loin, à l'extrémité de ce terrain funèbre, celle des Religieuses.

Les Religieuses nous offrent des rafraîchissements, en même temps que de jeunes orphelines nous font gentiment entendre des chants, à deux parties, en langue française et arabe. Des graines de fleurs nous sont ensuite offertes très aimablement; on en prend quelques spécimens qu'on emportera avec joie en France, pour essayer de transplanter dans notre douce patrie, les fleurs de Terre Sainte. Comme elles nous paraîtront belles dans nos jardinets!...

Il y a dans ce petit pays une très grande industrie : la fabrication d'objets de piété et de fantaisie. Nous avons rarement été assaillis autant qu'ici par les marchands; c'était véritablement à se fâcher; et il fallait quelquefois le faire pour se débarrasser de leur importunité.

(1) Les sauterelles formaient, en Palestine, la nourriture du pauvre; elles étaient broyées et mêlées avec la farine, ou rôties et cuites dans le beurre. Même chose se pratique encore aujourd'hui.

Nous avons vu dans une des petites maisons que nous côtoyions, une jeune fille avec ses frères, en train de moudre du froment avec un petit moulin à pierre très primitif, d'environ 50 centimètres de diamètre. J'entrai et je pris dans ma main cette farine assez bien moulue, mais naturellement peu blanche, tout étant mélangé, son et farine.

Nous reprenons la route de Jérusalem. Une voiture a eu beaucoup de peine à revenir, les chevaux probablement fatigués ne voulaient plus avancer; il a fallu que les pauvres voyageurs fassent une partie du chemin à pied.

Nous entrons, à la nuit, dans les faubourgs de la nouvelle ville hors les murs, les boutiques regorgent de monde; il y en avait d'assez bien éclairées; on sort pour nous voir passer. Nous avons su plus tard que c'était un quartier à peu près uniquement juif que nous venions de traverser.

Nous arrivons; comme à l'ordinaire, les indigènes et même des Bédouins sont là, encombrant les abords de Notre-Dame de France.

Les uns nous offrent d'échanger notre monnaie, d'autres invitent les pèlerins à visiter leurs magasins, et avec quelle insistance!... ils vous entraînent presque de force. Quelques-uns enfin, frappés d'étonnement à la vue de la lampe électrique qui domine la porte de l'établissement, en demandent naïvement le prix pour l'acheter.

Des policiers turcs se tiennent à la porte; ils répriment, à l'occasion, ceux des indigènes qui deviennent importuns ou qui voudraient pénétrer dans la maison. Ils sont parfois obligés, pour cela, d'avoir recours à la « courbache » (espèce de cravache) qu'ils portent avec eux, et dont ils ne ménagent pas les coups... sur le dos des récalcitrants!... C'est même parfois une vraie pitié!

CHAPITRE XVII.

**Sainte-Anne,
Crypte de l'Immaculée-Conception,
La Piscine probatique, le Musée biblique,
Le Mont des Oliviers,
Dominus flevit, le Lieu du Pater, du Credo,
L'Ascension,
Béthanie, Le Tombeau de Lazare,
Emplacement de la maison de Marthe & de Marie.**

Le jeudi 5 Octobre, la messe du Pèlerinage fut dite à Sainte-Anne, qui se trouve tout près de la porte orientale dite porte *Sainte-Marie*, non loin du Temple et du Prétoire où le Sauveur fut condamné à mort.

Tout le monde s'accorde à dire que la crypte est bien la *maison de Saint Joachim et de Sainte Anne*. C'était une maison comme il en existe tant en Palestine, en partie construite, en partie taillée dans le roc. C'est là qu'est née notre douce et auguste Reine, la Vierge Marie. J'ai eu la très grande joie de pouvoir célébrer la sainte messe au lieu même de sa naissance.

Après mille vicissitudes, le sanctuaire de Sainte-Anne a pu sortir de ses ruines et apparaître tel qu'il est aujourd'hui. Voici rapidement son histoire :

A la suite de la guerre de Crimée, Sainte-Anne devint *terre française* ; restaurée par M. de Mauss, qui, selon le mot de Vogüé, a eu le louable courage de s'oublier lui-même pour ne laisser parler que les architectes primitifs ; elle est sortie de ses mains telle que, sans doute, l'avaient faite les premiers auteurs, au temps peut-être où la communauté possédait dans son sein deux princesses royales. En tout cas, l'église actuelle, qui mesure 37 mètres en longueur et 19m.50 en largeur, ne paraît pas devoir, dans son ensemble, remonter au-delà des Croisés. De style roman avec les voûtes d'arêtes, à arc légèrement brisé, elle est divisée en trois nefs par deux séries de larges pilastres. Les trois nefs se terminent par trois absides semi-circulaires. Sur le croisement du transept s'élève une coupole légèrement allongée, posée directement sur pendentifs, sans tambour. Les fenêtres sont petites et peu nombreuses ; on remarque, dans le plan comme dans l'élévation, des irrégularités qui étonnent. La France en a confié la garde aux Pères-Blancs, qui cherchent à rendre au monument toute son antique splendeur. Déjà, sous la vieille coupole, ils ont élevé, ces dernières années, un riche autel orné de marbres précieux et surmonté d'un magnifique baldaquin de marbre blanc, supporté par quatre colonnes de granit rouge. Derrière l'autel, une belle statue de marbre représente Sainte Anne instruisant la Vierge enfant.

La crypte qui renferme les souvenirs de la Sainte Vierge et de ses parents, s'étend sous le côté droit du transept de l'église. Elle a été ornée, en 1902, d'un autel très artistique : la Vierge Immaculée y trône dans une gracieuse niche dont les pierres fleuries rappellent l'églantier qui enguirlande la grotte de Lourdes. D'un côté la statue de Saint Joachim, de l'autre Sainte Anne présentent à leur fille nos premiers parents Adam et Ève (1).

A une petite distance de l'église, au nord-ouest, se trouvent les restes de la piscine de Béthesda, ou *probatique*, célèbre par le miracle raconté en Saint Jean :

Il y a, à Jérusalem, près de la *Porte des Brebis*, une piscine qui s'appelle en hébreu Béthesda, et qui a cinq portiques. Sous ces portiques gisaient un grand nombre de malades : aveugles, boiteux, paralytiques. Ils attendaient le mouvement de l'eau, car un Ange descendait de temps en temps dans la piscine et agitait l'eau, et celui qui descendait alors le premier était guéri, quelle que fût sa maladie.

Or, il y avait là un homme malade depuis trente-huit ans, Jésus lui dit : « Veux-tu être guéri ? « Le malade répondit :

(1) Cf. *Sainte-Anne de Jérusalem et Sainte-Anne d'Auray*, par le Cardinal LAVIGERIE.

« Seigneur, je n'ai personne pour me jeter dans la piscine quand l'eau est agitée, et pendant que j'y vais, un autre descend avant moi. »

« Lève-toi, lui dit Jésus, prends ton lit et marche. » Aussitôt cet homme fut guéri ; il prit son lit et marcha.

C'était un jour de Sabbat. Les juifs dirent : « C'est le Sabbat, il ne t'est pas permis d'emporter ton lit. » Il répondit : « Celui qui m'a guéri m'a dit : Prends ton lit et marche... » Depuis, Jésus le trouva dans le Temple et lui dit : « Voici que tu as été guéri; ne pèche plus de peur qu'il ne t'arrive quelque chose de pire. » *Joan.* v, 2-9.)

A Sainte-Anne, il y a un Musée très curieux, créé par les soins des P. P. Blancs, et en particulier du P. Cré, qui en est le vrai fondateur. Il est extrêmement intéressant pour ceux qui s'occupent d'études scripturaires. On y conserve une multitude d'objets destinés à faire comprendre les usages et les locutions bibliques.

Les bons Pères y ont un superbe séminaire qu'ils dirigent avec la compétence que l'on sait, tout en gardant soigneusement ce petit coin de terre française, petite mais précieuse parcelle de la grande patrie. Le consul de France qui était venu, précédé de ses cavas superbes, à notre cérémonie, a bien voulu partager notre déjeuner. A son arrivée comme à son départ, il fut salué par l'excellente fanfare des R. R. Pères, qui exécute avec un brio parfait la *Marseillaise* et les hymnes nationaux des différents pays représentés par les pèlerins.

Le soir de ce même jour était réservé à la visite du mont des Oliviers. L'horizon de Jérusalem est brusquement fermé à l'orient par une montagne qui, par delà, la vallée du Cédron, relève son sommet à 60 mètres au-dessus du Temple et empêche le regard de s'étendre jusqu'aux profondeurs du Jourdain et de la mer Morte. C'est le mont des Oliviers.

Les quelques oliviers aujourd'hui parsemés sur son versant sont loin d'évoquer la splendeur de jadis décrite par Josèphe. Et cette végétation déjà si pauvre diminue encore, étouffée sous les pierres tombales dont les

Juifs couvrent ces pentes sur un espace de jour en jour agrandi.

Le mont des Oliviers fait face au Moriah, dont il suit la direction du sud au nord ; mais à l'encontre de ce dernier, il doit sa célébrité moins aux souvenirs de l'Ancien Testament qu'aux événements évangéliques accomplis à ses pieds ou sur sa cime. Aussi à l'intérêt qu'il offre en déroulant aux regards les magnifiques panoramas de Jérusalem, de Bethléem, de Samarie et surtout de la vallée du Jourdain, de la mer Morte et des monts bleus de Moab et de Galaad, il ajoute les attraits bien autrement puissants de ses divins souvenirs.

Sur cette colline sont groupés tous les grands événements des derniers jours du Sauveur : la *résurrection de Lazare, l'entrée triomphale du Messie à Jérusalem*, la *prédiction des derniers jours de Jérusalem et du Jugement dernier*, les *derniers enseignements du Sauveur et ses suprêmes recommandations à ses Apôtres*, enfin son *Ascension.*

C'est là aussi que Titus, pendant le siège de Jérusalem, fera camper sa 10e légion ; là que les Croisés, avant de donner l'assaut à la Ville Sainte, se rendront en chantant les Litanies ; là enfin que l'immortel Pierre l'Ermite leur fera un discours, avec la foi ardente qui le caractérisait.

Suivons pendant quelques minutes le sentier rocailleux qui serpente à travers la montagne, et arrêtons-nous au pied d'une petite chapelle ; on nomme cet endroit : *Dominus flevit.* C'est ici que s'arrêta Jésus à son retour de Béthanie, lorsqu'en un jour d'enthousiasme les habitants de Jérusalem lui proposaient une entrée triomphale. *Jésus pleura.*

« Ah ! si tu connaissais, au moins en ce jour qui t'est encore donné, ce qui peut te procurer la paix ! Mais maintenant tout est caché à tes yeux. Bientôt viendront des jours où tes ennemis t'environneront de tranchées : ils t'enfermeront, te presseront de toutes parts, ils te jetteront à terre et de tes murs il ne restera pas pierre sur pierre. »

Cette terrible prophétie se réalisait quarante ans plus tard, alors le Temple et la Ville furent détruits par Titus. Des centaines de mille de juifs accourus pour la fête de Pâque, périrent par le fer, le feu et la famine; d'autres, en grand nombre, furent emmenés à Rome en captivité.

De cet endroit la vue sur Jérusalem est merveilleuse, tout se détache et on se rend un compte exact de la topographie de la ville.

Continuant notre course, nous arrivons au Carmel dit *du Pater*: ce serait là, d'après la tradition, que notre Divin Maître aurait enseigné cette magnifique prière à ses Apôtres.

En mémoire de ce fait, une Française, la Princesse de la Tour d'Auvergne, a fait élever en cet endroit une monumentale galerie quadrangulaire; la belle prière du *Pater* est écrite sur les parois de la muraille en trente-deux langues différentes, voire même en *breton* et en *provençal*.

Ce Carmel est pauvre, comme sans doute à peu près tous les Carmels; mais il est bien pieux. C'est du sang français qui s'immole goutte à goutte; ce sont des prières françaises et ardentes qui s'élèvent de cette sainte montagne jusqu'au trône de Dieu. Qu'elles soient bénies, nos saintes Carmélites!

Une tourière non religieuse, Mlle Babin, consacre à leur service sa vie, son temps et ses forces; elle accueille avec une bonté et un dévouement inlassables ses chers compatriotes et autres. C'est plaisir de voir avec quelle grâce et quelle dextérité elle répond à tous, se fait toute à tous, et trouve encore le temps de soigner admirablement un gracieux petit jardin.

Dans la cour extérieure du Carmel, une grotte rappelle le lieu de la composition du Symbole des Apôtres, d'où le nom de *Credo* donné à une ancienne crypte restaurée naguère par les soins des Pères Blancs.

Tout au sommet enfin du mont célèbre, a eu lieu l'Ascension de notre divin Sauveur, dont l'emplacement marqué primitivement par une chapelle l'est maintenant par une mosquée qui la remplace, hélas ! On y voit encore l'empreinte qu'a laissée un des pieds de Jésus lorsqu'il s'éleva au ciel. Primitivement, il y avait même, au dire de Saint Jérôme et d'autres Saints, la trace des deux pieds; la disparition de la seconde empreinte est probablement due à l'indiscrète piété des fidèles qui ont gratté le rocher pour en emporter des reliques.

De ce mont illustre, couronné par le village de Zeitoun et par une tour élevée appartenant aux Russes, on jouit d'un paronama magnifique. A l'ouest, tout près, se déroule la grandiose Cité Sainte ; au côté opposé, à l'est, c'est, puissant contraste, un vaste et majestueux désert. Là, coule le Jourdain sur les bords duquel N. S. J. C. reçut le baptême de Saint Jean-Baptiste, c'est, au dernier plan, la mer Morte encadrée par les monts *Moab*, au milieu desquels il faut signaler le *Nébo* d'où Moïse contempla la Terre Promise avant de mourir.

La mer Morte s'étend sur une longueur de 80 kilomètres et une largeur de 16 à 20 ; elle nous apparaît comme une belle nappe unie. C'est sur l'emplacement de la mer Morte que s'élevaient autrefois Sodome, Gomorrhe, Adama, Seboïm, villes de la Pentapole du Jourdain, consumées, à cause de l'énormité de leurs crimes, par une effroyable pluie de feu et de soufre — Au premier plan, c'est une série de montagnes parallèles toutes très arides, qu'on appelle le *Désert de Juda.* C'est le cas de redire ces vers si débordants de vérité :

TERRE DE PALESTINE

Que venons-nous chercher sur de stériles bords,
Pèlerins accourus de provinces lointaines ?
La désolation et la soif y sont reines,
Car la Terre Promise a perdu ses trésors.
En vain le laboureur s'y consume en efforts,
Il ne peut féconder l'aridité des plaines ;
Le sable du désert a bu l'eau des fontaines.
Sous un soleil de plomb les oliviers sont morts.

L'horizon désolé ne présente à la vue
Que la roche brûlante ou la campagne nue ;
Cependant le Chrétien proclame à haute voix,
Que vous êtes la terre entre toutes féconde,
Sol béni d'Israël, sol ou germa la Croix,
Arbre saint dont le fruit est le salut du monde.

X. DE LA PERRAUDIÈRE.

Là nous avons été témoins de la façon dont les pauvres gens cuisent encore, comme du temps de Notre-Seigneur, leur pain sur la cendre.

Dans une espèce de four très bas, sans issue pour la fumée, et, dans lequel on ne peut pénétrer que courbé en deux, ils font brûler toutes sortes de scories, crottins, bouses desséchées, ce qu'ils trouvent, en un mot. Ce qu'il fume là dedans, ce n'est rien de le dire ! Et sur cet amas de résidus où de cendres chaudes, ils font un lit de petites pierres carrées de 0m02 centimètres environ sur lesquelles ils étendent une pâte quelconque ; ce n'est ni beau, ni bon, ni propre !...

Autour du four fourmillent d'innombrables gamins qui attendent les galettes et aussi les passants, pour demander bakchich. Oh ! alors, il n'y a plus de galette qui tienne, la vraie galette recherchée, c'est la galette en espèces sonnantes et trébuchantes. J'ai vu là des femmes affreusement vêtues et portant autour de leur tête des colliers faits de pièces d'or ! C'est à n'y rien comprendre.

Le pèlerin ne saurait quitter le mont des Oliviers sans visiter les établissements russes dont la haute *tour carrée* attire de si loin les regards et domine toute la Judée.

A côté de la tour, se trouve la chapelle devant laquelle une pierre entourée d'un grillage marque l'endroit où, d'après les Russes, Notre-Seigneur serait descendu un instant après s'être élevé au ciel, une première fois, à l'endroit traditionnel.

Au lieu de revenir sur nos pas nous continuons notre marche sur l'autre versant de la montagne des Oliviers ; nous rencontrons bientôt sur la route une petite maison de modeste apparence : c'est la place de *Bethphagé* où Jésus-Christ s'arrêta pour prendre l'humble monture qui devait le conduire à Jérusalem pour le triomphe du jour des *Rameaux*. La pierre qui lui servit à monter sur l'ânesse est conservée dans ce petit édifice construit par les Pères Franciscains.

La pierre est recouverte sur chaque face de peintures qui représentent : au nord, les Disciples déliant l'âne ; au sud, la résurrection de Lazare ; à l'est, l'annonce faite à Jésus de la maladie de Lazare ; à l'ouest, l'entrée triomphante de Jésus à Jérusalem.

Ce serait donc de là que le Sauveur, assis sur sa modeste monture, partit, suivi et précédé d'un cortège enthousiaste, pour son entrée solennelle dans la Ville Sainte.

Voici le résumé des faits :

Jésus était arrivé à Bethphagé, nous dit Saint Matthieu, quand il envoya deux Disciples au village. « Vous trouverez, leur dit-il, une ânesse liée et son ânon avec elle ; déliez-la et amenez-la-moi. »

Les envoyés exécutent l'ordre du Maître. Ils amènent l'ânesse et l'ânon. Mais c'est celui-ci qui sert de monture au Triomphateur. Les Disciples étendent leurs vêtements sur l'humble animal que personne n'avait encore monté et font asseoir dessus le divin Maître. La marche triomphale commence et descend la pente du mont des Oliviers C'était le Messie tel que l'avait décrit Zacharie dans sa vision :

Pousse des cris d'allégresse, fille de Jérusalem ;
Voici, ton Roi vient à toi.
Il est juste et victorieux ;
Il est humble et monté sur un âne,
Sur un âne, le petit d'une ânesse.

Les Disciples préludent à la manifestation. Une nombreuse foule, composée surtout d'ardents Galiléens venus au Temple pour la Pâque et fiers de leur compatriote, ne met aucune borne à son enthousiasme. On couvre de vêtements la route du triomphateur ; on jonche de verdure et de fleurs le parcours du roi messianique entrant dans sa capitale, Jérusalem, et dans son palais, le Temple de Jéhovah. Les cris de la multitude sont plus significatifs encore : on ne salue pas seulement le grand prophète qui guérit et ressuscite, mais encore le glorieux successeur de David, le Messie ardemment appelé depuis des siècles : « Hosanna ! Béni celui qui vient au nom du Seigneur, le Roi d'Israël ! Hosanna au plus haut des cieux ! » Et lorsqu'il fut entré dans Jérusalem, toute la ville fut émue et disait : « Quel est celui-ci ? » Et le peuple disait : « C'est Jésus, le prophète de Nazareth en Galilée. »

Encore quelques minutes, et nous serons à *Béthanie*, gracieux village à demi caché dans un pli de terrain et dominé par un pan de mur, débris d'un ancien couvent construit au Moyen Age. Béthanie, on le sait, a été immortalisée par les visites fréquentes que fit Jésus à Lazare et à ses deux sœurs Marthe et Marie. On nous a montré les ruines de cette maison bénie où le divin Sauveur fit entendre souvent de si suaves paroles, à en juger par l'entretien que nous a rappelé l'Évangile. Nous passons à côté d'un large rocher, appelé la *Pierre du Colloque* ; Jésus y était assis quand Marthe vint lui dire : « Seigneur, si vous eussiez été là, mon frère ne serait point mort. »

Mais le plus beau et le plus authentique monument que renferme cette petite localité, c'est le tombeau de Lazare. L'entrée en est basse ; il faut, pour y pénétrer, se courber profondément ; et, après avoir descendu 26 marches taillées grossièrement dans le rocher, on se trouve dans un petit vestibule. C'est là que se tenait Jésus lorsqu'il commanda à Lazare de sortir du tombeau.

Voici le fait évangélique.

Jésus, frémissant en lui même, vint au sépulcre : c'était une grotte, et une pierre était placée à l'entrée. Jésus dit : « Otez la pierre. » Marthe, la sœur du mort, lui dit : « Seigneur, il sent déjà mauvais, car il y a quatre jours qu'il est là. » Jésus lui dit : « Ne t'ai-je pas dit que, si tu crois, tu verras la gloire de Dieu ? » Ils enlèvent donc la pierre. Et Jésus, levant les yeux, dit : « Père je vous rends grâces de ce que vous m'avez écouté. Pour moi, je savais que vous m'écoutez toujours ; mais je parle ainsi à cause du peuple qui m'entoure, afin qu'ils croient que c'est vous qui m'avez envoyé. » Ayant dit cela, il cria d'une voix forte : « Lazare, viens dehors ! » Et aussitôt le mort sortit, ayant les pieds et les mains liés de bandes et le visage enveloppé d'un suaire. Jésus leur dit : « Déliez-le et laissez-le aller. » (*Joan.* XI, 29.)

Ainsi s'accomplit la troisième résurrection opérée par Notre Seigneur.

Rien n'est touchant comme cette visite ; rien n'est palpitant comme ces scènes évangéliques rapportées avec un grand luxe de détails, et qui semblent avoir été vécues hier. On est là sur les lieux, on croit voir agir les personnes, entendre les discours, être témoin de ces faits merveilleux et des émotions profondes qu'ils jettent dans la foule ahurie, dans cette foule habituée pourtant aux prodiges, mais dont celui-ci dépasse les limites connues jusqu'à ce jour.

Ce semble être le triomphe par excellence du Christ, plus calme et plus en possession de lui-même que jamais. On sent que c'est le Maître qui commande en maître, sans trouble ni émotion, qui est sûr de l'obéissance passive des éléments : c'est la Vie qui commande à la Mort.

On est prêt, malgré la tristesse des lieux, à acclamer encore Jésus ; on sait qu'il a passé par là, et on ne serait presque pas surpris de le voir déboucher au détour d'un chemin, accompagné de ses Apôtres. Tout, là, en effet, parle de Lui, redit, clame sa puissance et sa bonté, qui ont éclaté ici avec une force vraiment divine !

Il semble que Jésus est là plus qu'ailleurs, plus près de l'humanité, que ses sentiments sont en quelque sorte plus humains. — O Dieu ! pardon de cette expression qui dépasse ma pensée ! — Là, en effet, Jésus a pleuré, gémi, souffert de la douleur de Marthe et de Marie ; il a pleuré un enfant d'Adam, notre frère, son frère, sa créature ; là il se dégage pour Jésus, le divin, le bien aimé thaumaturge, un amour immense, indéfinissable qui fait envier le sort de Marie silencieuse, aux pieds de Jésus.

O scène admirable ! Comme elle vit intense aux regards du cœur, et comme il est facile de se la représenter sous ses couleurs divinement attrayantes, sur les ruines de la maison de Marthe et de Marie où Jésus reçut si souvent l'hospitalité, sur les ruines surtout de la maison de Simon le Lépreux chez qui les amis de Jésus donnèrent un souper au Maître, et où se déroula la scène évangélique que tout le monde connaît.

C'était six jours avant la mort de Jésus. Marthe servait, toujours active ; Lazare était un des convives, et Marie, afin de témoigner sans doute sa reconnaissance pour la résurrection de son frère, en même temps que son amour pour le Sauveur, répandit un vase rempli d'un nard précieux sur les pieds de Jésus et les essuya de ses cheveux. Notre-Seigneur agréa cette onction comme un symbole de sa mort prochaine. (*Joan.* XII, 1 ; XIV, 3)

N'est-ce pas une scène vraiment émouvante, pleine de repentir et d'amour, dont il aurait fait bon être l'heureux témoin? L'écho de ces choses délicieuses retentissait dans nos âmes, comme si nous eussions été au lendemain de ces événements mémorables.

Nous reprenons plus qu'émus, bouleversés, en quelque sorte, la route de Jérusalem. Doux retour, exécuté au crépuscule du soir ; il nous semblait le faire en compagnie de Jésus et de ses amis de Béthanie. Oui, il était suavement doux ; et malgré la fatigue, le chemin (5 kilomètres environ) nous parut bien court. Le cri de Saint Pierre, sur le mont Thabor : « Seigneur, nous sommes bien ici ! » nous étreignait et, malgré nous, il s'échappait de nos lèvres.

Délicieuse soirée, pourquoi faut-il dire adieu et non au revoir? Qui sait, pourtant?

CHAPITRE XVIII.

Expédition à Jéricho, Le Bon Samaritain, Koziba, Le Jourdain, La Fontaine d'Elisée, La Mer Morte, Le Mont de la Quarantaine. Saint Sabas.

Le lundi 2 Octobre, à midi, les *Jérichotains* quittaient Jérusalem pour entreprendre leur longue fugue jusqu'au Jourdain et à la mer Morte. Le livre-guide dit : « Cette expédition est un peu pénible avec la grande chaleur, mais l'intérêt qu'elle présente compense largement la fatigue. Cette excursion demande quatre heures à l'aller et cinq au retour. »

Si on nous demandait le vote de cette affirmation par section, elle serait votée à mains levées, surtout jusqu'au mot chaleur.... et cela sûrement par tous ceux qui en ont goûté. Le reste serait voté avec non moins d'enthousiasme !

Mais les chiffres suivants sont un véritable tour de prestidigitation : 4 heures pour aller, 5 heures pour revenir ! oh, sans doute, alors, avec d'autres moyens que les nôtres !... Mais, à cela près ! Ne chicanons pas pour une question d'heures.

Nous quittons nos chers compagnons de voyage, à peu près dans les mêmes conditions et avec les mêmes ovations qu'à Nazareth, au départ pour Tibériade.

La différence ici, c'est que nous sommes plus nombreux, les dames surtout ont voulu se dédommager de la chevauchée de Samarie manquée. Il est vrai qu'on va en voiture !..

Nous traversons la vallée de Josaphat et laissons à notre droite le mont des Oliviers, et bientôt après Béthanie apparaît. Les conversations cessent ; chacun regarde avidement ce lieu béni, si cher à tous les cœurs chrétiens. Nous passons sans nous y arrêter.

Une heure après nous arrivons à une fontaine appelée vulgairement la Fontaine des Apôtres. Elle se trouve au fond d'une descente longue et rapide. Plusieurs fois les Apôtres et Notre-Seigneur ont dû s'y arrêter pour se désaltérer. Nous y avons fait une courte halte, mais nous n'avons pas bu ; on nous l'avait défendu, sous prétexte que l'eau était pleine de petites sangsues, de petites bêtes... que sais-je !... puis on n'avait pas soif... encore.

Un pauvre misérable âne passait là son dernier quart d'heure, il allait de vie à trépas, à travers les douloureux spasmes de l'agonie, dévoré par la fièvre, sans doute, en tout cas, rôti sûrement par un soleil de feu. Voilà les mœurs de ces pays !... on tuera un homme comme une mouche ; mais un animal domestique ! Il doit mourir de sa belle mort. Un de nous en a pitié : il essaie quelques saignées, mais il faut partir et abandonner le pauvre baudet... Le lendemain, à notre retour, il ne souffrait plus !..

Nous repartons, et fouette cocher ! les descentes sont... descendues, les montées... montées, les collines traversées, les coteaux contournés. C'est une véritable enfilade, et toujours rien!... On patiente, on chante, on rit, on prie.

Sur un sommet apparait enfin une construction. C'est le vieux Kan-el-Hatrour remis à neuf en 1902, c'est, parait-il, le milieu du chemin entre Jérusalem et Jéricho. La tradition voit là l'hôtellerie où le *Bon Samaritain* de la parabole aurait déposé son blessé.

« Un homme descendait de Jérusalem à Jéricho, dit Jésus-Christ : il tomba entre les mains des brigands qui le laissèrent à demi mort... Passent le prêtre et le Lévite, sans s'arrêter. Mais un Samaritain étant survenu fut ému de compassion en le voyant. Il s'approcha, banda ses plaies après y avoir versé de l'huile et du vin ; puis il le mit sur sa monture, le mena à l'hôtellerie et prit soin de lui. Lequel des trois fut le prochain du malheureux blessé ? Celui qui eut pitié de lui. Va et fais de même, dit Notre-Seigneur à son interlocuteur. » — Voilà le fait évangélique brièvement rappelé.

Vite on saute de voiture, et, en avalanche, on pénètre dans ce Khan. Il y avait là un peu de tout, même de la limonade fraîche !

La Direction étale ses provisions : pain, fromage, raisins, figues. etc. Chacun prend, à sa guise... ou ne prend rien !

Une salle à côté est un véritable musée : toutes les pierres du pays, tous les couteaux neufs et vieux des Bédouins, tous les bibelots de ces pays sont là, entassés, à vendre ! Et les gaillards savent vendre !. C'est vrai qu'il n'y a pas de voisin, par conséquent pas de concurrence possible. C'est donc à prendre ou à laisser. La bataille est circonscrite entre le vendeur et l'acheteur... C'est au plus malin !

La halte fut courte, juste le temps de donner un picotin aux chevaux.

Nous remontons en voiture, et la course recommence. — Au-dessus du Khan on aperçoit les restes d'un château-fort du Moyen Age. Le Templiers qui en avaient la garde l'appelaient la Tour de *Mandouin* ou le *Château Rouge*.

On descend, à partir de cet endroit, la longue côte appelée dans la Bible la montée d'*Adomin*, qui limitait les tribus de Juda et de Benjamin.

Plus loin, la route se bifurque à droite sur *Nebi-Mouça*, le prétendu tombeau de Moïse, en grande vénération parmi les musulmans.

Voici *Koziba*. Après une descente rapide, l'Ouadi El-Kelt ouvre, à gauche de la route, une crevasse gigantesque dans le flanc des montagnes. Au fond bouillonne le *Naher-el-Kelt*. Longtemps on l'a pris pour le *Carith* de la Bible, où, par l'ordre de Dieu, Elie se cacha et fut nourri par un corbeau. La retraite du prophète, indiquée « à l'est de Samarie » par la Bible, est plutôt à chercher dans les gorges d'outre-Jourdain, non loin de Thisbé, sa patrie. C'est là qu'on la montrait au VIe siècle, au témoignage de Saint Jérôme et de Sainte Sylvie. Une tradition orientale dit que Saint Joachim vint dans cette gorge sauvage du Ouadi El-Kelt cacher sa douleur, après le refus du Grand Prêtre d'accepter son offrande, à cause de la stérilité de son épouse Sainte Anne. Mais un Ange lui apparut, qui lui prédit la naissance de Marie.

Les rochers, droits sur l'abîme, sont perforés de trous béants. Au-dessus du Ouadi, accroché comme un nid d'aigle, le *couvent grec de Koziba* a remplacé la « *Laure* » de Saint Jean le Kozibite. Une douzaine de moines y vivent dans une quiétude austère. Quelques-uns ont élu domicile dans les grottes en nid d'aigle. La chapelle a des restes de mosaïques et de fresques représentant la légende de Saint Joachim. Le site est pittoresque et sévère. Mais, avec ses coupoles, ses murs blanchis à la chaux, ses petits jardins et son moulin bâti naguère au bord du torrent, le monastère jette sa note d'agrément et de vie dans cette âpre solitude.

Tous les pèlerins peuvent admirer en passant, du haut du chemin, en un lieu qui se trouve à droite de la route, les débris d'un aqueduc romain. Mais, on peut aussi le visiter. Un petit sentier qui serpente sur le flanc du rocher conduit au couvent, dans l'espace d'un quart d'heure. Les pèlerins à cheval pourraient ensuite continuer leur route vers Jéricho par l'étroit sentier qui suit le torrent. Ce sentier court sur le flanc gauche du Ouadi, surplombant l'abîme à des hauteurs parfois considérables, qui donnent facilement le vertige.

Arrivé en terrain plat, le Nahr-el-Kelt devient une nappe argentée. C'est probablement ici la *Vallée d'Achor*, où fut lapidé Achan avec sa famille pour avoir enfreint les ordres formels de Dieu, à la prise de Jéricho.

Le Seigneur dit à Josué : « Lève-toi, pourquoi restes-tu ainsi couché sur ton visage ? Lève-toi, sanctifie le peuple.....

Celui qui sera désigné par le sort comme ayant dérobé ce qui était voué à Dieu par interdit sera brûlé au feu..... » Et Achan, fils de Carmi, fils de Zabli, de la tribu de Juda, fut désigné. Achan dit : « Voici ce que j'ai fait : J'ai vu dans le butin un beau manteau de Schinear (Babylone), deux cents sicles d'argent, et un lingot d'or ; je les ai convoités et les ai pris.... » Josué et tout Israël prirent Achan, l'argent, le manteau, le lingot d'or, les fils et les filles d'Achan, ses bœufs, ses brebis, ses ânes..... et on les lapida, et on les brûla au feu. (*Jos.* VI, 10.)

Enfin, voilà Jéricho dans la plaine ; puis le Jourdain qui dessine sa course par un ruban de verdure ; enfin, à droite, la Mer Morte qui étend sa grande nappe blanche argentée.

Jéricho, là-bas, devant nous ! — C'est ça ? — Oui, c'est ça : 50 maisons disséminées dans un bouquet de verdure. C'est tout.

Quantum mutatus ab illo ! Combien elle a dû déchoir de son ancienne splendeur !..... Josué n'eût pas eu besoin d'en faire sept fois le tour pour en faire tomber les murailles, si elle n'avait eu que celles d'aujourd'hui !

Entre Jérusalem et Jéricho, il y a environ 30 kilomètres. Or, nous n'avons pas rencontré un arbre, pas un bouquet de verdure, pas une herbe tendre. C'est l'abomination de la désolation toute pure. On dit qu'au printemps, ces monts desséchés, brûlés, arides, se couvrent d'une flore merveilleuse ; soit, je n'y contredis point ; mais, pour l'instant, je n'en vois point de trace.

Et dire que des troupeaux de chèvres et de moutons parcourent ces rochers !... Ils ne paraissent pas trop maigres... c'est étonnant. On se demande, d'autre part, d'où ils sortent... on ne voit pas trace d'habitation. Il doit y avoir, par ci, par là, dissimulés dans les gorges, des campements de Bédouins ; nous ne les avons point aperçus.

Mais, revenons à notre sujet ; nos petits coursiers filent, filent ; ça descend toujours. Nous franchissons une sorte de pont sur un torrent, et nous entrons en... Ville.

Halte devant l'hôtel — Hôtel Bellevue ! — Quelle prétention !... N'importe, voir du Français sur les murs de Jéricho, ça remet un peu des émotions, des déceptions surtout, et ça réconcilie avec les choses.

On descend enfin de voiture, et avec quelle joie ! après six heures de course, et sur quelle route !...

Hôtel pas mal... Grande cour carrée, ombragée par de superbes lauriers roses. Tout autour, des chambres modestes. Mais quoi ! pour ce coin perdu du monde, c'est bien. Puis, une grande salle à manger, enfin, une sorte de salon avec chaises, canapés, divans, poufs... presque du confortable !

Le voyage à la Fontaine d'Elisée, distante de 3 kilomètres, est proposé et accepté d'emblée, preuve d'une fatigue non exagérée.

Vite on remonte en voiture, et on parcourt une plaine d'une luxuriante végétation, renversant contraste avec l'aridité de tout à l'heure. C'est le jour et la nuit.

Nous arrivons bientôt à la fontaine. Au pied des montagnes, dit notre Guide, à 2 kilomètres au nord du torrent du Kelt, se trouve l'*Aïn-es-Soultan*, qui a gardé aussi le nom de *Fontaine d'Elisée*, en souvenir d'un miracle qu'y fit le prophète.

« Les eaux sont mauvaises et le pays est stérile, » lui dirent les habitants de Jéricho. « Apportez-moi, dit-il, un plat neuf et mettez-y du sel. » Il jeta le sel dans l'eau et reprit : « Ainsi parle le Seigneur : J'assainis ces eaux, il n'en sortira plus ni mort ni stérilité. » (*IV Reg.* II, 19-22.)

L'eau, qui sort à gros bouillons et forme un ruisseau, a une température constante de 22 degrés.

Voir de l'eau en abondance en Palestine où l'on n'en voit point ; voir de l'eau qui bouillonne, c'est une véritable jouissance ! S'y plonger comme des canards, s'y baigner, c'est le comble, et, certes, nous n'y avons pas manqué. C'eût été un crime de n'en point profiter. Pendant de longues minutes, nous avons savouré les délices d'un bain... d'eau fraîche. Il nous a fait oublier poussière, soleil, soif, fatigues de la course, etc. Il était environ sept heures du soir.

Nous sommes au pied du Mont de la Quarantaine, *Djebel-Karantel*, mont haut, escarpé, sauvage. La tradition vénère au couvent de la Quarantaine le souvenir du jeûne de Notre-Seigneur, et sur la cime de la montagne, celui de la tentation.

Il y a là un monastère accroché à la paroi perpendiculaire du rocher. Les flancs de la montagne sont percés, à différentes hauteurs, de grottes qui ont servi d'habitation à des ascètes, à diverses époques. Toujours, à peu près, il y a eu des moines à la Quarantaine. Ceux qui l'habitent actuellement ont construit, en 1902, à l'endroit de la grotte dite du Jeûne, une petite église.

Du sommet, on jouit d'un coup d'œil merveilleux : Jéricho, la ligne fraîche et verdoyante du Jourdain, la surface brillante de la mer Morte, encadrée par les monts de Moab, le Nébo avec les plateaux de la Pérée, la terre de Juda, le mont des Oliviers... Vaste théâtre de grands événements depuis Abraham jusqu'à Jésus-Christ !

A sept heures et demie, nous étions à table. Souper très gai, mais très chaud ! Ce n'est pas étonnant, nous sommes à plus de 400 mètres au-dessous du niveau de la Méditerranée. Après souper, un autel est improvisé dans la cour, sous l'immense laurier qui la couvre presque en entier. Orné par des mains habiles, brillamment illuminé, il est surmonté d'une petite statue de la Très Sainte Vierge, vers qui montent nos vœux, nos chants et nos prières.

Jéricho est trop célèbre pour ne pas dire un mot de son histoire.

Prise par Josué, on sait comment, elle fut détruite et rebâtie plusieurs fois.

Antoine donna la contrée de Jéricho à Cléopâtre, qui la vendit à Hérode le Grand. Celui-ci bâtit une troisième Jéricho, qu'il reporta plus au sud et dont il fit une résidence d'hiver, avec cirque, palais, théâtres et jardins merveilleux. Il y mourut et fut inhumé à Hérodium, luxueuse forteresse voisine de Bethléem.

Celle qui vit Notre-Seigneur étalait son opulence sur les bords du Nahr-el-Kelt, à la naissance de la plaine, au centre d'une oasis de palmiers, d'où son nom de « Ville des palmes. » Elle était célèbre encore par son baume et ses sycomores.

Aux portes de cette ville populeuse et riche, Notre-Seigneur est un jour suivi d'une grande foule. C'était quelques jours avant la Passion, au cours de son dernier voyage à Jérusalem.

L'aveugle Bar-Timée, qui se tient sur le bord du chemin, se met à crier : « Oh ! bon Seigneur, faites que je voie ! » On veut le faire taire. Il crie plus fort : « Faites que je voie ! » — « Va, dit Jésus, ta foi t'a sauvé ! »

Puis c'est Zachée que le Sauveur aperçoit monté sur un sycomore sur le passage du cortège, et qu'il appelle en disant : « Descends, je vais chez toi. » Zachée se hâta de descendre et reçut Jésus avec joie. Tous murmuraient et disaient : « Il est allé chez un homme pécheur. » Mais Zachée, debout devant le Maître, dit : « Voici, Seigneur, je donne la moitié de mes biens aux pauvres, et si j'ai fait tort à quelqu'un, je lui rends au quadruple. » Jésus lui dit : « Le salut est entré aujourd'hui dans cette maison. » *Luc.* XVIII, 38-43 ; XIX, 1-9.

Au XVe siècle, on montrait le sycomore sur lequel était monté le chef des publicains. Aujourd'hui, son rejeton est d'une grosseur colossale.

C'est de Jéricho que Josué entreprit la conquête de la Terre Promise ; c'est de Jéricho que Jésus entreprit la conquête du monde. C'est de là, en effet, qu'il partit pour être sacrifié à Jérusalem, après être déjà parti du Jourdain et de la Quarantaine pour aller commencer le ministère de son Évangile.

Avec les Croisades, Carmes, Bénédictins et Basiliens y fondent des monastères ; un château et une église de la Trinité s'y élèvent.

On peut dire qu'il n'y a plus trace au monde de Jéricho. Comme souvenir de cette ville antique, il ne reste aujourd'hui que quelques misérables gourbis de

Bédouins. Cependant, il y a plusieurs hôtels et un hospice russe ; un bel aqueduc enjambe le lit du Nahr-el-Kelt pour porter sur la rive droite les eaux fécondantes de l'Aïn-es-Soultan.

Sur la route qui de Jéricho conduit au Jourdain, une simple ondulation de terrain que couronne un beau tamaris, marque le camp de *Galgala*, où Josué fit placer les douze pierres prises dans le lit du fleuve. Les enfants d'Israël y furent circoncis avec des couteaux de silex. On y célébra la première Pâque, et la manne cessa de tomber. L'Arche y demeura six ans, et Saül y fut proclamé roi, puis déposé par Samuel.

Quelques vieux pèlerins y trouvèrent conservées les *douze pierres du Jourdain*, enlevées de l'endroit où le peuple avait passé : « Quand vos enfants demanderont : Que signifient ces pierres? vous leur direz : L'Éternel mit le Jourdain à sec, et Israël passa. »

Nuit à Jéricho. — Une heure du matin ! De sommeil, point ! Ma nuit se passe à faire la navette entre ma chambre et les alentours de notre « home ». Le Bon Dieu avait voulu que je trouvasse une chaise longue. Donc ! j'en ai profité. Mais, dans l'impossibilité de « *clouer l'œil* », comme on dit quelque part, j'ai écrit mes impressions plutôt défavorables. On ne dort donc pas dans ce pays ! tous nos campements se ressemblent ; on va, on vient, on cause. J'entends le personnel de l'hôtel. Ciel ! quelle envie de se fâcher ! Puis, c'est l'inévitable musique des chiens... Dans cet Orient, ces animaux sont une véritable plaie. Quand on tombe de fatigue et de sommeil, quel charme... d'entendre ce vacarme !...

Mais, à côté de l'épine, la rose, non la rose de Jéricho, qui est sans épine, très différente des nôtres et dont nous avons vu du reste quelques spécimens desséchés. Par contre, en effet, et comme consolation, nuit spendide ; ciel étoilé merveilleusement, air embaumé par les lauriers-roses et les jasmins qui font dans notre cour un véritable dôme de verdure. C'est vraiment beau, et pareil spectacle ne saurait se voir en France !

Le sol ici est extrêmement fécond ; toutes les fleurs du Tropique y poussent à profusion. Nos petits plants d'Europe prennent là des proportions gigantesques.

Deux heures et demie du matin : réveil de la première colonne, de l'avant-garde, pourrais-je dire, qui doit aller dresser les autels sur les rives du Jourdain, car tous les prêtres doivent y célébrer la sainte messe. — Réveil de ceux qui dormaient !... ils devaient être rares, car j'ai vu, de ma vieille chaise longue, pas mal d'ombres-fantômes qui se promenaient dans la cour, et qui n'étaient sûrement point des revenants d'outre-tombe.

Trois heures : Départ. Pas de lumière, pas de route. Nos voitures vont au petit bonheur, s'arrêtent subitement parfois, puis repartent. Quelle funambulesque promenade, à cette heure matinale, dans la plaine déserte, sur les bords de ce fleuve fameux !

Ballottés, secoués, moulus, à moitié endormis dans nos berlines, nous arrivons à quatre heures et demie près du couvent russe d'Élie, splendide construction élevée dans le désert, à 7 kilomètres de Jéricho. Ce peuple ne recule devant rien de ce qui peut augmenter son influence ici. — Un quart d'heure après, nos voitures s'arrêtaient sur le bord du Jourdain, au milieu de broussailles aux phénoménales proportions.

Vite on dresse les autels et les messes commencent. Pendant ce temps, le jour vient et le Jourdain se montre enfin. Quelle déception! Je croyais voir un fleuve aux proportions respectables et aux flots bleus, et ce n'est qu'une rivière de 15 à 20 mètres de large environ, apparemment profonde, laide, bourbeuse, couleur d'eau de lessive ; non, ce n'est pas mon rêve ; il doit être plus beau, ailleurs !

Les rives sont couvertes d'épais fourrés, presque impénétrables. J'avance un peu, à la sueur de mon front, et c'est de là que, seul et tranquille, j'écris ces lignes. Tout près, j'entends le joyeux babillage des gais pèlerins, le chant des oiseaux ; l'un d'eux vient tout près de moi, et se sauve à tire d'ailes, épouvanté. Pauvre petit, pourquoi lui ai-je fait peur, et s'est-il sauvé? Je n'avais aucune cruelle intention, au contraire! J'entends le « *tintinabulement* » des clochettes appendues à notre cavalerie; le récit d'un incident de trois voitures égarées, perdues dans le désert, en détresse, quoi! se retrouvant enfin avec les premières lueurs du jour.

C'est poétique! De plus, je respire une exquise fraîcheur, pénétrante et portant la vie aux organes, en attendant que dans quelques heures ils soient anéantis par la chaleur. Oh! affreuse chaleur! quelle dépression elle opère dans tout l'être humain!

Un mot sur le voisin qui roule à côté de moi ses ondes tranquilles, car il n'est point de fleuve qui roule dans ses flots, je voudrais pouvoir dire... limpides, une histoire plus sublime. Aussi ce fleuve est-il sacré pour les juifs comme pour les Chrétiens, à cause des souvenirs bibliques et évangéliques dont il fut le témoin.

C'est d'abord le *passage des Hébreux*. Voici le récit de la Bible:

Josué s'étant levé de grand matin partit de Sittim avec tous les Enfants d'Israël. Ils arrivèrent au Jourdain et demeurèrent là trois jours...

Au bout de ce temps, Josué dit au peuple : « Sanctifiez-vous, car le Seigneur fera demain parmi vous des prodiges.»

Et le Seigneur dit à Josué : « Aujourd'hui je commencerai à t'élever aux yeux de tout Israël, afin qu'ils sachent que je serai avec toi comme j'ai été avec Moïse... »

Le peuple sortit de ses tentes pour passer le Jourdain, et les prêtres qui portaient l'Arche d'alliance marchèrent devant le peuple. Quand les prêtres qui portaient l'Arche furent entrés dans le Jourdain et que leurs pieds commençaient à être mouillés, les eaux qui descendaient s'arrêtèrent en un seul lieu, s'amoncelèrent et paraissaient de loin comme une montagne, depuis la ville qui est appelée Adom jusqu'à Sarthan, tandis que les eaux qui étaient au-dessous descendirent dans la mer du désert (mer Morte) jusqu'à ce qu'elles fussent complètement écoulées. Le peuple passa vis-à-vis de Jéricho. Les prêtres qui portaient l'Arche du Seigneur se tenaient debout sur la terre sèche au milieu du Jourdain pendant que le peuple passait à travers le lit desséché du fleuve.

Ensuite Josué commanda aux prêtres qui portaient l'Arche d'alliance, disant : « Sortez du Jourdain. » Lorsqu'ils furent hors du fleuve, les eaux du Jourdain entrèrent dans leur lit et reprirent leur cours.

Passage d'Elie et d'Elisée. — Plus tard, à l'époque d'Elie, le Jourdain suspendit deux fois son cours, pour donner passage une première fois au prophète Elie et à son disciple Elisée, une seconde fois au disciple seul. Cet épisode sublime de simplicité et admirable de pittoresque est raconté ainsi dans la Bible.

Quand le Seigneur voulut enlever Elie au ciel dans un tourbillon, Elie et Elisée venaient de Galgala.

Elie dit à Elisée : « Reste ici, car le Seigneur m'envoie jusqu'à *Béthel.* » Elisée lui répondit : « Vive le Seigneur et vive votre âme ! Je ne vous abandonnerai pas. » Ils allèrent donc à Béthel. Et les enfants des prophètes qui étaient à Béthel sortirent vers Elisée et lui dirent : « Ne sais-tu pas que l'Eternel enlève ton maître aujourd'hui ? » Elisée leur répondit: « Je le sais aussi, taisez-vous. »

Elie dit encore à Elisée : « Reste ici, car le Seigneur m'envoie à *Jéricho.* » Elisée répondit : « Vive le Seigneur et vive votre âme ! Je ne vous abandonnerai pas. » Lorsqu'ils furent arrivés à Jéricho, les enfants des prophètes qui étaient à Jéricho vinrent dire à Elisée : « Ne sais-tu pas que le Seigneur enlève aujourd'hui ton maître ? » Il leur répondit : « Je le sais aussi, taisez-vous. »

Or, Elie dit à Elisée : « Reste-ici, car le Seigneur m'envoie jusqu'au *Jourdain.* » Elisée lui répondit : « Vive le Seigneur et vive votre âme ! Je ne vous abandonnerai point. » Ils allèrent donc tous deux ensemble jusqu'au Jourdain... Alors Elie prit son manteau, le plia et frappa les eaux du Jourdain, qui se divisèrent en deux parts, et ils passèrent tous deux à pied sec.

Lorsqu'ils eurent passé, Elie dit à Elisée : « Demande-moi ce que tu veux, pour que je te l'accorde avant que je sois enlevé d'avec toi. » Elisée lui répondit : « Je vous prie que votre esprit soit doublement sur moi. » Elie lui dit : « Tu m'as demandé une chose difficile, cependant, si tu me vois quand je serai enlevé loin de toi, tu auras ce que tu as demandé ; mais si tu ne me vois pas, tu ne l'auras point. »

Comme ils continuaient leur chemin en causant, voici qu'un char de feu et des chevaux de feu les séparèrent tout d'un coup, et Elie monta au ciel dans un tourbillon.

Or, Elisée le voyait et criait : « Mon père, mon père, vous le char d'Israël et son conducteur ! » Après cela il ne le vit plus. Saisissant alors ses vêtements, il les déchira en deux parts.

Et il prit le manteau qu'Elie avait laissé tomber, et, revenant, il s'arrêta sur le bord du Jourdain. Et avec le manteau qu'Elie avait laissé tomber, il frappa les eaux et elles ne furent point divisées. Alors Elisée dit : « Où est maintenant le Dieu d'Elie ? »

Et frappant les eaux une seconde fois, elles se partagèrent d'un côté et de l'autre, et Elisée passa au travers. (*IV Reg. II.*)

Vers la même époque, le Jourdain fut l'instrument d'un prodige d'un autre genre, en faveur de *Naaman*, chef de l'armée du roi de Syrie. Ce guerrier était atteint de la lèpre. Le roi son maître, connaissant les merveilles qui s'opéraient en Israël, l'envoya vers le roi d'Israël pour se faire guérir. Celui-ci l'adressa au prophète Elisée.

Naaman vint donc avec ses chevaux et ses chars et se tint à la porte de la maison d'Elisée qui lui fit dire par un messager : « Va, et lave toi sept fois dans le Jourdain, et ta chair sera guérie et purifiée. »

Naaman, irrité, s'éloignait disant : « Je croyais qu'il sortirait vers moi, et que, se tenant debout, il invoquerait le Seigneur son Dieu, qu'il toucherait de sa main ma lèpre et me guérirait. Les fleuves de Damas, l'Albana et le Pharphar ne valent-ils pas mieux que toutes les eaux d'Israël ? Ne pourrais-je pas m'y laver et devenir pur ? » Et il partait plein de fureur.

Ses serviteurs s'approchèrent de lui et lui dirent : « Seigneur, si le prophète vous eût ordonné quelque chose de difficile, ne l'auriez-vous pas fait ? Combien plus devez-vous lui obéir quand il vous dit : Lave-toi et tu seras pur. »

Il descendit alors et se plongea sept fois dans le Jourdain, selon la parole de l'homme de Dieu, et sa chair devint comme la chair d'un petit enfant, et il fut guéri. (*IV Reg.* v.)

Plus touchantes encore sont les scènes évangéliques de *la prédication de Saint Jean-Baptiste et du Baptême de Notre-Seigneur.*

En ce temps-là, parut Jean prêchant dans le désert de Judée. Il disait : « Repentez-vous, car le royaume du Seigneur est proche...» Jean avait un vêtement de poil de chameau, une ceinture de cuir autour des reins. Il se nourrissait de sauterelles et de miel sauvage. Les habitants de Jérusalem, de toute la Judée et de tout le pays des environs du Jourdain se rendaient auprès de lui, et, confessant leurs péchés, ils se faisaient baptiser par lui dans le fleuve du Jourdain. Alors Jésus vint de la Galilée au Jourdain vers Jean pour être baptisé par lui. Mais Jean s'y opposait en disant : « C'est moi qui ai besoin d'être baptisé par vous, et vous venez à moi » ! Jésus lui répondit : « Laisse faire maintenant, car il nous faut accomplir toute justice. » Alors Jean obéit.

Jésus, aussitôt qu'il fut baptisé, sortit de l'eau, et les cieux s'ouvrirent, et il vit l'Esprit de Dieu descendant comme une colombe et venant sur lui. Et tout à coup une voix fit entendre des Cieux cette parole : « Celui-ci est mon Fils bien aimé en qui j'ai mis toutes mes complaisances. » (*Math.* III)

D'après la tradition, Notre-Seigneur a reçu le Baptême à l'endroit où se produisirent les trois arrêts miraculeux dans le cours du *Jourdain*.

C'est bien le lieu de redire ici la parole de notre Saint Bernard de Clairvaux : « Où trouver un fleuve plus illustre, consacré par une sorte de présence sensible de la Trinité ? Car sur ces bords, la voix du Père se fit entendre, le Saint-Esprit se fit apercevoir et le Fils fut baptisé. » Grande a donc été pour les prêtres la joie de pouvoir célébrer la messe sur des rives si glorieuses.

Mentionnerai-je une flotille de trois petits vapeurs qui s'enlisent et tombent de vétusté, faute de marins, disent les uns, faute d'autorisation du Sultan disent les autres ?

Tout est fini, tout est plié, tout est prêt pour le départ ; chacun enguirlande sa voiture ; je plante sur la mienne un énorme roseau de six mètres de haut, et en route pour la Mer Morte, à six kilomètres de là ! *Mer Morte :* « C'est une mer pétrifiée » a dit Lamartine, salée horriblement, poisseuse, couleur bleue cependant, pas un être vivant dans son sein, pas un arbuste sur ses rives, quelle désolation ! Ses eaux sont six fois plus denses que celles de la Méditerranée ; elles ont un goût amer et corrosif, son étendue est à peu près celle du lac de Genève, et son niveau est à 400 mètres au-dessous des autres mers. Des Bédouins y prenaient un bain ; personne de nous n'a eu la tentation d'en faire autant. Nous nous contentons de regarder avec tristesse et curiosité ce miroir immobile, véritable « mer métallique », ces eaux sans rides, environnées de montagnes calcinées, arides et nues, dont l'histoire serait intéressante.

Mais, vite, nous remontons en voiture, et commence alors une course échevelée à travers la plaine de Jéricho — plaine de sable, remplie de trous, de bosses, aride là, fertile ici, çà et là quelques arbousiers, épines sauvages, poussière intense, cris des cochers « *yalla, yalla ! Emechi, Emechi* ! » excitant leurs chevaux, luttant de vitesse, fonçant sur les obstacles et les surmontant ; point d'accident pourtant, c'est merveille.

Très gaie, très pittoresque, très enlevée, cette course!

Une heure après, nous étions à Jéricho. Après avoir expédié lettres et cartes,qui mirent un mois à parvenir en France, et après un repas-"express" nous nous trouvions une heure plus tard sur la route de Jérusalem. Nous allions, comme dit si justement l'Evangile, monter de Jéricho à Jérusalem; ça monte, en effet, pendant 30 kilomètres, Jérusalem étant à 950 mètres environ plus haut.

Ah! cette montée, intitulée dans mes notes « montée infernale », elle est longue! effroyablement longue ! et puis cette route ! quelle route !... elle en porte le nom, c'est tout. Les chevaux épuisés (car ce sont les mêmes qui nous conduisent depuis hier) tombent, se relèvent, se cabrent, refusent d'avancer, reculent, et, à côté c'est le précipice béant, sur nos têtes un soleil de plomb, 50°, autour de nous une poussière !... enfin une soif... Quelle montée !

Les Moukres tirent, poussent, fouettent, prennent, chose incroyable ! les jambes des chevaux, les portent presque, crient : yalla yalla ! peine inutile ; il nous faut descendre, pousser aux roues et faire avancer, à la force des poignets, voitures et chevaux qui n'en pouvaient plus. Puis soudain, énervés ils partent au galop, il nous faut courir pour les rattraper ! quelle montée Seigneur ! quelle suée ! quel bain de chaleur !... Ouf !!! Nous nous en souviendrons ! Un certain Belge, l'inénarrable et cher Abbé Baras, effrayé à juste titre, a refusé de reprendre place dans sa voiture ; d'autres, l'ont recueilli charitablement.

C'est à la suite d'efforts surhumains que nous arrivons au Khan du *Bon Samaritain*. On bouscule tout ; ventre affamé n'a pas d'oreilles, dit-on ; la soif produit le même effet ; chacun s'empare de ce qui lui tombe sous la main : verres, bouteilles, eau, vin, eau gazeuse, bière. Le prix importe peu, tout est emporté d'assaut ; c'est un vrai pillage... qu'on paiera !... car, on n'est pas encore devenu Bédouin.

Les chevaux eux aussi se restaurent. On repart ; encore quatre heures de route, de montée, mais il fait moins chaud, et les chevaux sentent l'écurie, ils vont assez bien.

A 8 heures du soir, par un clair de lune ravissant, nous faisons notre entrée triomphale, modestement, à Jérusalem, brisés, moulus ; enfin, nous étions chez nous ! Chaude réception par les autres pèlerins : effusion de sentiments, poignées de mains chaleureuses, vivats enthousiastes ! dîner à la hâte, trop long encore pour certains ; enfin coucher et repos, pas volé, après une semblable équipée. Nous dormîmes à l'ombre de nos lauriers !...

Ceci s'est passé les 2 et 3 Octobre ; nous avions fait à peu près 80 kilomètres en tout. Cette excursion a été écrite en dernier lieu, pour ne pas entraver la suite des récits journaliers de la Ville Sainte.

Saint Sabas. — Quelques pèlerins seulement ont fait cette excursion fort intéressante. Je relève la page du Guide pour ceux qu'elle pourrait édifier.

Le couvent de Saint Sabas est une sorte de forteresse monastique située à 15 kilomètres environ au sud-est de Jérusalem, sur les bords escarpés du Cédron, parmi les cavernes nombreuses dont les rives du torrent sont parsemées. Il est flanqué de deux tours. La plus éloignée est réservée aux femmes qui désirent avoir une idée générale du couvent, dont l'entrée leur a toujours été interdite. Une seconde tour domine les sombres bâtiments qu'entourent de hautes murailles. C'est la tour de garde. De son sommet, un Caloyer surveille les alentours, la montagne et la route, et signale l'arrivée des visiteurs. Jadis, quand on arrivait au couvent, il descendait, au moyen d'une corde, une petite corbeille, d'un mâchicoulis très élevé, pour recueillir la lettre de recommandation.

On arrive par un double escalier dans la cour intérieure où se trouve le tombeau de Saint Sabas, la chapelle souterraine de Saint Nicolas et la grande église du monastère. De vieilles peintures byzantines y représentent les principaux Saints ou Patrons du couvent.

L'Eglise de Saint-Nicolas, aménagée dans une vaste grotte, comprend deux parties : l'église proprement dite et un oratoire consacré aux nombreux moines martyrisés par les bandes de Chosroès ou d'autres barbares. On voit leurs crânes entassés les uns sur les autres. Cette église, la première bâtie par Saint Sabas, était dédiée au Théocliste (Dieu constructeur).

Devant ce premier sanctuaire, un petit *édicule* s'élève, au milieu d'une cour pavée, et recouvre le tombeau du saint Fondateur.

Sur le même côté de la montagne il y a aussi la *grotte du Lion*, taillée dans le rocher, et qui possède de très anciennes peintures.

La principale église, dite de l'*Annonciation*, fut construite par les moines arméniens et ne possède pas de souvenir particulier.

De l'église on descend au *réfectoire* par un petit escalier. C'est une salle assez longue, couverte de peintures représentant la Cène et l s grands Saints de Palestine, anachorètes et cénobites. Des tables avec des plaques de marbre sont disposées tout le long. Pour les moines, il n'y a qu'un seul repas par jour, en commun. C'est, à peu de chose près, le règlement des Trappistes ; on ajoute une légère collation, en dehors des jours de jeûne, vers 4 heures du soir. Le repas est précédé d'une lecture, du *Pater* et d'une courte prière. La lecture a lieu tous les jours durant le dîner. On lit la vie du Saint du jour ou une explication du Mystère que l'Eglise célèbre.

L'abstinence est perpétuelle. Le vin est permis, sauf le mercredi, le vendredi et les jours de jeûne.

Les moines ont tous les jours le grand Office et la messe chantée.

Suspendues dans un simple et gracieux beffroi, les cloches carillonnent aux heures des Offices. On dit que les échos du Cédron répercutent leurs sons harmonieux jusqu'aux bords de la mer Morte.

Saint Jean Damascène, disciple de Saint Sabas, Saint Georges, Saint Pierre et Saint Paul ont leurs *Oratoires* distincts, et rien n'est pittoresque comme le dédale que l'on parcourt pour aller de l'un à l'autre de ces sanctuaires.

L'église de Saint Jean Damascène est divisée en deux: la chapelle et le tombeau du grand Docteur dont le corps a été enlevé par les Russes et transporté à Moscou, puis une chapelle dédiée à Saint Jean-Baptiste.

C'est ici, dans une de ces cellules étroites, que le célèbre défenseur des Images composait ses ouvrages théologiques et versait dans ses douces poésies toute la tendresse de son cœur envers la Mère de Dieu.

La tour de garde renferme un oratoire dédié à Saint Siméon Stylite.

Au bord du torrent jaillit dans une *grotte*, une source fraîche obtenue par les prières de Saint Sabas.

Actuellement, les moines — grecs orthodoxes — ne se livrent que peu ou point à l'étude. Leur passe-temps principal, en dehors des Offices, consiste à cultiver de petits jardins établis sur les flancs rocheux qui portent le monastère. La tradition dit que Saint Sabas planta de sa main, dans une fissure du roc, le palmier qu'on voit encore ; le tronc est toujours le même, mais la tige dépérit tous les quatre cents ans pour se renouveler. Les fruits n'ont pas de noyau. Il fleurit en Avril, et les fruits mûrissent en Septembre.

Les moines passent des heures entières de la journée sur les terrasses du couvent. Ils contemplent le ciel, la nature ; c'est leur manière de faire oraison et de méditer ; ils sont même familiers avec les oiseaux. De nombreux merles apprivoisés, aux ailes couleur d'or, de gentilles colombes voltigent auprès d'eux et viennent se poser sur leurs épaules ou manger dans leurs mains.

CHAPITRE XIX.

Le dernier soir, Départ de Jérusalem, Plaine de Saron, Jaffa.

Nous voici au jeudi soir, veille de notre départ de Jérusalem. Nous y sommes arrivés le mercredi 27 Septembre, il y a huit jours, et nous nous demandons si c'est bien vrai..., si ce n'est pas un rêve.

Non! C'est bien la réalité. Et, de plus, c'est demain qu'il nous faudra reprendre le chemin de France, le chemin du retour. L'abbé Pépratz se lève et remercie en termes émus, d'abord Notre-Seigneur qui a bien voulu nous permettre de suivre pas à pas son pèlerinage terrestre; la Très Sainte Vierge dont nous avons également suivi les traces aimées; le R. Père Général de l'Assomption; le Père Marie-Léopold, notre expérimenté directeur; enfin le Père Antonin, le si dévoué et habile économe du bateau. qui a su si admirablement se faire tout à tous.

Le Père Général, répond avec l'exquise délicatesse dont il est coutumier et sa chaude éloquence; il salue les pèlerins non d'une nation, mais « mondiaux. » Jamais dit-il, l'Eglise catholique n'a été si merveilleusement représentée; il voit dans ce fait un avenir plein d'espérance pour les pèlerinages.

Les applaudissements répétés n'ont pas été ménagés aux deux orateurs, et tous deux ont compris par là qu'ils avaient su trouver le chemin des cœurs.

Qu'il me soit permis d'insérer ici deux poésies anciennes, composées pour la même circonstance, l'une par un Missionnaire de Saint François de Sales, l'autre par le Père Marie-Jules de l'Assomption.

ADIEUX A JÉRUSALEM.

Quel Chrétien n'a souvent, dans ses rêves d'enfance,
D'un voyage aux Lieux Saints caressé l'espérance,
En exprimant ce vœu : Voir Solyme et mourir ?
Eh bien ! ce grand bonheur est notre privilège,
A nous, fils d'Occident, dont le nombreux cortège
Tant de fois sur ton sol put s'étendre à loisir.

Nous avons tant joui sur le sol des miracles,
Nos yeux ont vu briller tant de sillons d'oracles,
Nos baisers sont empreints sur tant de lieux sacrés,
Nos cœurs ont exhalé tant d'encens de prières,
De si doux pleurs, partout, ont mouillé nos paupières,
De tant de saints reflets nos fronts sont empourprés,

Que ce seul mot : départ, d'un voile de tristesse
Couvre ces fronts hier encor radieux d'allégresse.
L'arrivée a ses chants, les adieux ont leurs pleurs.
Comment rester l'œil sec sur ton seuil, ô Solyme ?
Mais comment te quitter sans un hymne unanime,
O Cité trois fois sainte où nous laissons nos cœurs ?

Pourquoi faut-il sitôt te quitter, Ville Sainte,
Où vingt siècles du Christ ont vénéré l'empreinte,
Où son Cœur, dans son sang, baigna le monde entier,
Où sa divine trace à chaque pas enchaîne,
Où l'écho dit sans fin : Au Calvaire, à la Cène,
Au roc de l'Agonie, au Mont de l'Olivier.

Mais, puisqu'au sol natal le foyer nous réclame,
Au pied du Golgotha laissons parler notre âme,
Pèlerins de Solyme et frères pour toujours,
Aux accords de David, aux pleurs de Jérémie,
De nos longs chants d'adieux unissons l'harmonie;
Laissons à nos sanglots un long et large cours.

Adieu donc, Saint-Sépulcre, adieu, trône de gloire,
Qui du Christ pour toujours proclame la victoire,
Seule tombe où la vie a jailli de la mort !
N'as-tu pas palpité sous nos larmes brûlantes
Comme sous les baisers de nos lèvres tremblantes ?
De grâce, à nos adieux tressaille encor plus fort !

Sur tes sommets abruts, adieu, Mont du Calvaire,
Du sang d'un Dieu Sauveur, merveilleux reliquaire.
Toi qu'Hélène enchâssait dans l'or de Constantin,
Toi qui, de nos vieux Francs vis resplendir les armes,
Toi qui reçus déjà tant de ruisseaux de larmes
Et qui dois sur ton faîte en voir couler sans fin !

Adieu sous l'olivier, Grotte de l'Agonie,
Par les larmes d'un Dieu, roche à jamais bénie,
Toi qui de tout son corps bus la sueur du sang,
Toi qui vis le Sauveur écrasé sous nos crimes,
Toi qui ne devrais voir que de pures victimes
Toi qui, dans ton jardin, nous ouvre enfin son flanc !

Adieu, des Oliviers Mont rayonnant de gloire,
D'où le Christ s'envola sur son char de victoire,
En laissant de ses pieds l'empreinte sur ton front.
Toi qui sembles toujours, aux splendeurs de ta face,
Montrer aux vrais croyants ce trône et cette place
Qui mieux que les soleils, là-haut, resplendiront !

Adieu, Mont de Sion, adieu, Mont du Cénacle,
Dont l'Esprit Saint daigna se faire un tabernacle,
Pour lancer à jamais ses feux sur l'univers !
Adieu, cent fois adieu, Mont de la Pentecôte,
Qui donne à tous nos cœurs, avec Jésus pour hôte,
Le divin Paraclet et ses dons si divers !

Adieu donc, ô Solyme, ô Cité des prodiges,
Où, sur les pas d'un Dieu, s'impriment nos vestiges,
Où l'âme peut goûter des siècles de bonheur.
Adieu, ton souvenir dilatera nos âmes,
Tant que l'astre du jour fera briller ses flammes,
Tant qu'un souffle sacré brûlera dans nos cœurs !

De la Ville bénie et de la Terre Sainte,
Adieu, chers pèlerins ! Dans une douce étreinte,
Nos cœurs émus, ravis, se serreront bientôt.
Adieu, pour tous, la vie est un pèlerinage.
Tous en paix naviguons vers l'éternel rivage.
Adieu, mais au revoir, dans Solyme d'En-haut !

ADIEUX A JÉRUSALEM

DU P. MARIE-JULES

Il faut partir !
Tel est le cri d'alarme ;
Reçois, chère Sion, une dernière larme.
Il faut partir !
Tel est le cri d'alarme.
Sion, de tes grandeurs, je garde souvenir.

REFRAIN

Encore une prière
En quittant le saint lieu,
Plutôt que t'oublier s'éclipse la lumière,
Jérusalem, adieu ! Jérusalem, adieu.

Il faut partir !
Au jardin solitaire
Où Jésus se plaisait à faire sa prière.
Il faut partir !
Au jardin solitaire,
Reverrai-je la rose et l'olivier fleurir ?

Il faut partir !
Adieu, grotte bénie,
Témoin de la sueur de sang de l'agonie.
Il faut partir !
Adieu, grotte bénie,
Où l'on aime verser les pleurs du repentir.

Il faut partir !
O Route douloureuse,
De pleurer sur ton sol mon âme fut heureuse.
Il faut partir !
O Route douloureuse,
Puis-je espérer un jour de nouveau te gravir ?

Il faut partir !
Adieu, Mont du Calvaire,
L'empreinte des baisers restera sur ta pierre.
Il faut partir !
Adieu, Mont du Calvaire,
J'ai lu, sur tes rochers, l'amour d'un Dieu martyr.

Il faut partir !
Sépulcre plein de gloire,
L'*Alleluia* sans fin célèbre ta victoire.
Il faut partir !
Sépulcre plein de gloire,
Ta poussière vaut mieux que l'or et le saphir.

Il faut partir !
Mont de l'Eucharistie,
Sur tes cimes, Sion, Jésus devint Hostie,
Il faut partir !
Mont de l'Eucharistie,
A ton Cénacle en deuil, un meilleur avenir.

Il faut partir !
Adieu, Montagne sainte,
Où de son pied vainqueur Jésus laisse l'empreinte.
Il faut partir !
Adieu, Montagne sainte,
Sur tes sommets, joyeux, j'aurais voulu mourir.

Il faut partir,
Quand nous reverrons-nous ?
Au séjour bienheureux et même encor sur terre.
En attendant,
Chaque jour, à genoux,
Pour chacun d'entre nous faisons une prière.

Il faut partir,
Mais un prochain voyage
Nous mènera bientôt au fameux Sinaï.
L'hiver prochain,
En grand pèlerinage,
Nous reviendrons conduits par le Père Bailly.

Le vendredi matin, dernier jour, la messe du pèlerinage a été dite au Saint Sépulcre. Il était juste que ce lieu Saint par excellence, après avoir eu nos prémices, eût notre dernière visite, nos dernières prières, nos adieux. Jusqu'à la dernière minute ce fut une procession incessante entre le Saint Sépulcre et Notre-Dame de France. On rentrait pour les derniers préparatifs, et bien vite, si on espérait avoir le temps, on revenait encore une fois, qui n'était pas toujours la dernière, tant on avait soif de consacrer le plus totalement possible ses derniers instants dans la Ville Sainte, au Tombeau du divin Rédempteur.

On y entrait à genoux, on le couvrait de ses baisers tremblants d'amour, on déposait là toutes ses intentions les plus chères, et on ressortait avec le désir d'y revenir encore. La raison et la force des choses l'emportèrent à la fin sur le cœur, il fallut dire un dernier adieu, déposer un dernier baiser sur l'emplacement du dépouillement, de la Crucifixion, de la mort du Sauveur, de la descente de la Croix et de la pierre de l'Onction, sur le Tombeau lui-même... et sortir !

Avant de franchir la dernière marche de l'escalier de la cour, chacun se retournait et jetait un dernier regard enveloppant la sainte Basilique pour la graver à jamais dans son cœur, et chacun se disait, avec le prophète : « Si jamais je t'oublie, ô Jérusalem, ô Tombeau Sacré, que ma main gauche oublie la droite, et que ma langue s'attache à mon palais ! »

Le dernier dîner à l'Hôtellerie fut plutôt triste ; la séparation jetait sur tous une note endeuillée ; quelques avis, un dernier rendez-vous à la chapelle pour le chant du *Magnificat*, puis, ce fut le départ.

Les voitures étaient là ; en quelques instants elles nous transportèrent à la gare. Une demi-heure plus tard, le petit train filait aussi vite qu'il le pouvait, nous emmenant vers Jaffa. Une dernière fois nous pouvons saluer Jérusalem, le dôme du Saint Sépulcre qui domine la Ville Sainte, puis tout disparaît à un détour de la voie. C'est fini !

En cours de route nous trouvons, dissimulées sous les banquettes, différentes provisions de voyage, gracieuseté de la Direction. Explosion de joie ! — Tout voltige de mains en mains, c'est un spectacle nouveau et amusant. Pendant ce temps, un beau cerf escaladait les monts, à côté de nous, avec une prestesse élégante, et une allure autrement rapide que notre petit train !

A quatre heures environ, nous débouchons dans la grande plaine de Saron, extrêmement riche et féconde. Les petits villages que nous rencontrons ont leurs maisons construites en terre. A cette époque de l'année, les habitants sont en train de battre le blé. Suivant l'usage oriental, l'aire est commune. Aussi, en général, ces aires sont elles fort grandes.

Le battage s'effectue parfois au moyen de bestiaux qu'on fait piétiner sur les gerbes, mais, le plus ordinairement, avec un traîneau sur lequel est monté un conducteur et auquel est attelé un âne ou un cheval.

Cette plaine ne mesure pas moins de 120 kilomètres de long, sur 30 de large. Nous franchissons les beaux jardins de Jaffa, plantés de citronniers, d'orangers, de figuiers, de palmiers, de cactus, etc. Ces jardins, alimentent de fruits une partie de l'Orient. A cinq heures, notre train stoppait en gare de Jaffa.

Vue de Jaffa.

Est-ce jour de marché? Je ne sais ; mais il y a foule: Grecs, Syriens, Italiens, gens de toutes nations ; c'est très pittoresque ! Les diverses races se reconnaissent assez facilement : les Turcs, à la toque rouge (fez) ; les Arabes et les Bédouins au turban et au couffieh ; les Juifs, au petit chapeau rond, à la longue houppelande qu'ils portent sur leur tunique et à leurs cheveux retombant en tire-bouchon de chaque côté de la tête.

La fondation de Jaffa se perd dans la nuit des temps, puisque la tradition la fait exister avant le déluge.

Noé y aurait construit l'Arche en prévision du cataclysme universel ; après le déluge, Japhet, son fils, rebâtit cette ville et lui donna son nom ; dans la suite, elle fut détruite et relevée plusieurs fois.

Les bois coupés sur le Liban pour la construction du Temple de Salomon y étaient transportés sur des radeaux.

Le prophète Jonas s'y embarqua, au lieu d'aller prêcher la pénitence aux habitants de Ninive.

Judas Machabée fit périr par le fer et le feu les habitants de Jaffa, pour venger deux cents de ses frères qu'ils avaient noyés.

Saint Pierre y ressuscita Tabithe.

En 1252, Saint Louis habita pendant quelque temps cette ville et la fortifia.

Enfin, Bonaparte s'en empara en 1799, et malheureusement la livra au pillage pendant 30 heures.

L'ÉGYPTE

CHAPITRE XX.

Embarquement à Jaffa pour l'Égypte, La Traversée, Devant Port-Saïd, En route pour le Caire, Premières impressions.

Aller de la gare au port n'est pas petite affaire : les voitures s'arrêtent à mi-chemin, et on arrive, écrasé sous le faix de ses bagages. Cela n'est rien ; c'est la suite !

La mer est démontée, brrr ! c'est à donner le frisson. Mais ça, ce n'est encore rien... c'est la suite!...

On quitte la terre, la terre aimée de Palestine, que nous avons parcourue en tous sens pendant seize jours ; on s'embarque enfin. Quelle danse, Seigneur ! On s'éloigne, la danse augmente... on ne rit plus ! La barque saute, bondit, redescend, remonte, à mesure qu'elle gagne le large... On ne dit plus rien !...

Ce n'est pas la peur, mais c'est le mal... Oui, déjà ! Et cette fois, c'est ça ! On jette à la mer le peu qu'on a dans l'estomac. Ce serait bien le cas, si on le pouvait, de chanter avec Botrel : « Oh! là, là, qu'est-ce que c'est que ça ? J'ai le diable dans l'estomac ! » Mais il n'y a pas moyen!...

Notre barque rase d'énormes rochers, et les rames touchent à peine la crête des vagues ! Vont-ils être vainqueurs ou vaincus, nos rameurs? Qui triomphera, des éléments ou de l'habileté? car, de la force il n'en faut pas parler ; rien ne résiste aux flots courroucés.

On avance toujours ; nous touchons enfin notre *Étoile* qui est là, elle, immobile au milieu des vagues. Elle ne pouvait approcher plus près, à cause de son tirant d'eau.

L'embarquement est indescriptible: les Arabes, avec une force et une habileté extraordinaires, attrapent le voyayeur, l'enlèvent, le jettent sur l'échelle, en moins de temps qu'il n'en faut pour l'écrire. C'est vertigineux, et c'est nécessaire ; il faut profiter d'une vague. Le pauvre malheureux, ahuri, étourdi, malade, s'affale sur le pont, plus mort que vif. Hélas! je suis du nombre. Salut! ami, me dit un camarade déjà à bord : « Laisse-moi tranquille, je suis malade!... » fut toute ma réponse, pas gracieuse, je le confesse humblement.

Mais aussi, sait-on ce qu'on fait en pareille occurrence?

Les paquets, plus lestement encore que les voyageurs, voltigent des barques sur le bateau. Un Arabe a eu la tête aplatie entre l'échelle et la barque, mais il paraît qu'il n'en mourra pas!... Un autre se jette à la mer pour attraper un colis, et arrive trop tard ; un autre tombe à la mer, passe par-dessous la barque, réapparaît de l'autre côté ; un autre enfin se joue dans les flots pour attrapper « *bakchich* » ; il en a une... santé !

Enfin, nous y sommes. Mais, c'est égal, quelle infernale danse dans cette rade de Jaffa, qui compte à son actif tant de victimes! Nous sommes sur notre chère *Étoile* qui reste impassible au milieu de la sarabande des barques que la mer agitée tantôt soulève, tantôt semble engloutir.

Nous partons. C'est vendredi, 6 Octobre, à sept heures du soir.

La plupart gagnent leur cabine ; j'en suis encore. Ah! la bravoure, qu'elle est vite refaite, là! Quelques-uns, au pied marin, ce qui n'a rien à voir avec la vaillance, vont au réfectoire. C'est le petit nombre, et je n'en suis pas. Ce soir, vraie régalade pour les poissons. La nuit est pénible, mais enfin, on s'en tire tant bien que mal, et le jour vient, béni par le plus grand nombre.

Samedi matin, 7. — La mer continue à être de mauvaise humeur ; peu de messes dites. A neuf heures et demie, nous arrivons en face de Port-Saïd. Le remorqueur vient au-devant de nous. Quelle nouvelle apporte-t-il? Mauvaise : Un vaisseau est coulé à l'entrée du détroit; le port est encombré. Impossible, dit-on, de débarquer avant midi et demi. Or, notre train est à cette même heure.

Le Commandant parlemente, plaide notre cause, dit qu'il a à bord 200 voyageurs pour Le Caire, finalement obtient la promesse de nous faire débarquer plus tôt ; — promesse de Gascon! qui a du moins le don de nous faire *patienter... plus patiemment.*

Port-Saïd se montre bien, sous un beau jour; sa vue fait bonne impression. — Onze heures : Cris d'appel de notre sirène. Réponse : Néant. — Midi : Rien. Aïe! Ce n'est pas bon signe. — Notre parti est pris..... forcément. Nous ne partirons pas par ce train.

Une heure. — Rien! Ho!

Deux heures. — Rien! Ho!!

Trois heures. — Rien! Ho!!!

Oh! que c'est long! Chacun tue le temps comme il peut. Un des nôtres qui, sur le pont, dort du sommeil du juste, est affublé de je ne sais combien de breloques, de bouteilles, cuillers, sucre... Puis on fait tapage autour... Le réveil que nous pensions devoir être tragique, fut très placide... On rit quand même. Il fallait bien passer le temps!

A cinq heures, le pilote du port pique droit sur nous. Bonne nouvelle! Enfin, on va débarquer... Hourrah!

Vite le dîner est servi, on le prend fiévreusement, on débarque; il est six heures, et on part à six heures et demie, juste le temps, quoi! Un coup d'œil rapide sur le quai, le monument de Ferdinand de Lesseps, l'hôtel de la marine, superbe, l'entrée du canal de Suez, cela tout en se dirigeant vers la gare; le train nous attendait, tout pimpant; les voitures sont prises d'assaut. On s'arrange de son mieux; tout va bien; on part.

Nous longeons le canal d'un côté, de l'autre est le lac Menzaleh, peuplé de pélicans et de flamants roses. Le coup d'œil est superbe!

Nous n'aurons pas le spectacle du jour. Nous ne verrons pas les plaines du désert, mais nous aurons le spectacle de la nuit, et il nous dédommagera amplement, du moins tant que nous longerons le canal. Tous les 3 ou 400 mètres, en effet, un immense bateau tout illuminé est là, immobile. C'est une ville ambulante en repos : c'est un coup d'œil saisissant. A vol d'oiseau, c'est un ruban de feu dessinant le canal, l'éclairant de mille feux qu'on aurait cru placés là, sentinelles en faction, pour saluer les pèlerins et éclairer « gigantesquement » leur route.

Les gares passent, les kilomètres disparaissent; nous arrivons à Ismaïlah. La ligne quitte brusquement le canal et pique droit sur Le Caire; elle traverse d'abord le désert, puis, vient le fertile Ouadi Toumilat; c'est l'ancienne terre de Gessen. Le canal d'eau douce creusé par Sétim Ier et Ramsès II, lui a donné sa merveilleuse fécondité. Au temps de Jacob, la terre de Gessen n'était pas partagée entre différents propriétaires, c'est pourquoi le roi la donna aux enfants du patriarche.

Là mourut Jacob, bénissant chacun de ses fils, et annonçant la venue du Messie. Le sceptre ne devait pas sortir de la tribu de Juda avant la venue de Celui qui devait être envoyé.

De temps à autre, nous côtoyons un village avec ses huttes misérables. Une sakkié ou noria (roue à godets), tournée par un âne ou un bœuf, quelquefois par les deux attelés ensemble, fait monter l'eau du Nil et permet de faire d'utiles irrigations.

Près de la ville de Zagazig sont les ruines de l'ancienne Bubastis; c'est là que régnait la déesse à tête de chat. On y ensevelissait jadis tous les matous momifiés. Quand ils mouraient, les vieux Egyptiens les salaient, les mettaient dans un petit cercueil, et on les portait à Bubastis. On en fait aujourd'hui des engrais, en ayant soin d'enlever les os. Il y a un champ composé uniquement de mâchoires de minets, comme on trouve chez nous parfois des tas de vieilles pierres qui nuisent à la culture.

On a conservé des statues innombrables de chats anciens. Quelques-uns sont ornés de joyaux, de pendants d'oreilles, etc.

En cinq heures, nous dévorons les 240 kilomètres qui séparent Port-Saïd du Caire. — Notre machine stoppe enfin dans la grande gare de la capitale de l'Egypte, à onze heures vingt-cinq, exactement.

Gare immense, à l'instar de celles de Paris ; foule compacte.

Nous sortons ; les voitures sont enlevées d'assaut, et en avant pour Eden-Palace où nous arrivons à minuit moins un quart !

Eden-Palace, grand hôtel moderne, luxueusement aménagé, en plein centre du mouvement et de la vie de la grande cité.

Le désir de voir sans retard la ville l'emporte sur la fatigue. Je sors quelques instants. On se croirait en plein Paris : les places, les rues, les boulevards, les cafés, éclairés *à giorno*, regorgent de monde ; il en sera ainsi jusqu'à trois heures du matin. Il fait si bon la nuit, et si chaud le jour ! On comprend ces habitudes imposées presque par la force des choses. J'entends des chants, des concerts ; je contemple ce mouvement très intense. -- Les âniers du Caire sont là, à tous les coins de rues, vous offrant de monter à âne pour une course quelconque, comme pour les courses en fiacre, chez nous. J'assiste à une curieuse scène de pugilat, entre un ivrogne et la foule, d'un côté, et la police de l'autre ; mais force reste à l'autorité, et le délinquant est emmené au poste.

Je rentre à l'hôtel : chambre splendide ; mais le bruit assourdissant de la cité continue. Impossible de dormir... et, quand la fatigue l'emporte enfin sur le tapage qui s'apaise vers le matin, il faut se lever et partir pour MATARIEH. Il n'était pas six heures. Que c'est dur ! On se frotte les yeux... ferme. Quelle vie ! Heureusement qu'elle touche à sa fin !

CHAPITRE XXI.

Le Caire, Matarieh, Memphis, Sakkara, Les Pyramides, le Sphinx, la Citadelle, Les Mosquées, les Bazars, Les Tombeaux des Califes.

Dimanche, 8 Octobre. — Nous sommes au Caire; nous étions hier à Jérusalem. On croit à peine à la réalité du fait ; il n'y a plus de distance aujourd'hui. Oui, nous sommes au Caire, ville superbe, mi-orientale, mi-européenne, qui s'élève à la pointe du Delta. C'est le bouton de diamant, a-t-on dit, qui ferme l'éventail. Elle couvre en étendue plus de 20 kilomètres carrés, presqu'entièrement sur la rive droite du Nil qui fait sa gloire et sa fortune. C'est une ville de premier ordre. Nous allons la visiter en détail.

Ce matin, je l'ai déjà dit, notre objectif est Matarieh, à cause des souvenirs chrétiens qui s'y rattachent. Prestement nous sautons en voiture, et nos chevaux filent rapides. Nous arrivons bons premiers, après la Direction. Temps superbe, fraîcheur matinale délicieuse, végétation luxuriante au-delà de toute expression : cotonniers, citronniers, orangers, palmiers, dattiers, maïs, y poussent pêle-mêle.

Le Nil est là, faisant sentir son heureuse influence ; l'eau circule de toutes parts. Terre excellente, eau partout, soleil ardent; jugez de la fécondité dont peut être susceptible cette heureuse contrée !

Matarieh est l'ancienne Héliopolis. Son temple du Soleil était une merveille. Onze mille prêtres, lévites et serviteurs, le desservaient. De ce temple il ne reste plus que des ruines. De ses nombreux obélisques il n'en reste plus qu'un seul, les autres ont été transportés à Rome et dans les autres capitales d'Europe.

La Sainte Famille, d'après la tradition, vint habiter Héliopolis, qui n'était déjà plus qu'un village. D'après Isaïe, le Christ devait renverser les dieux de la ville du Soleil, et les légendss racontent que les statues des divinités tombèrent devant le divin Enfant.

A quelque distance, dans l'ancien *jardin du baume*, on vénère l'Arbre de la Vierge. C'est un magnifique sycomore. La Sainte Famille se serait reposée à son ombre.

L'arbre actuel évidemment a remplacé l'arbre contemporain de la Sainte Famille, mais combien ce souvenir est doux à la piété chrétienne ! L'eau manquait, une source jaillit qui coule toujours. On prétend que la Sainte Vierge y lava les langes de l'Enfant Jésus.

Cette source est une merveille en ce lieu. Seul, le Nil, par ses infiltrations, donne de l'eau à ce pays, mais une eau saumâtre, celle de la fontaine est d'une douceur remarquable.

Tous les prêtres ont pu célébrer la sainte messe dans ce lieu vénéré, ou dans la gracieuse chapelle élevée par les R.R. P.P. Jésuites.

Matarieh est célèbre aussi par la victoire de Kléber. Avec 10.000 hommes il écrasa l'armée du Grand-Vizir, forte de 70.000 hommes. C'est là qu'il prononça, avant la bataille, ces fameuses paroles : « Soldats, vous ne possédez plus que le sol que vous avez sous les pieds ; si vous reculez vous êtes perdus ! »

Nous rentrons à onze heures à l'hôtel. Séance tenante, une excursion est décidée pour Memphis et Sakkara. Cinquante environ acceptent ; vu la fatigue accumulée, c'est presque héroïque, aussi sont-ils décorés du beau titre de « braves des braves ». Mais aussi combien ils seront largement récompensés de leurs peines !

Nous prenons le train et, à trois heures et demie, nous débarquons à la petite halte de Diétreichem. Anes et mulets sont là ; en un clin d'œil ils sont enfourchés, et hue ! bidet, et je te trotte et je te galope ; hue ! bidet, hue !! toujours ! et je te trotte et je te galope de plus belle. Les maisons, les hameaux, les bois passent, et nos intrépides « *coursiers* » trottinent toujours.

Nous entrons dans un pays étonnant. Le Nil débordé couvre toute la plaine. Des chaussées de 3 mètres de haut et de 2 mètres de large circulent à travers les eaux, et nos cinquante ânes, accompagnés d'autant de moukres qui chantent, qui crient, qui piquent et galopent là-dessus à qui mieux mieux, font un tableau à part.

Nous fredonnons la « Brésilienne parodiée » :

Trottez galment, coursiers agiles,
Par monts et vaux, tenez-vous bien,
Aux cavaliers, soyez dociles,
Et vous verrez (*bis*) qu'on n'y perd rien.
Trottez galment (*bis*) coursiers agiles,
Aux cavaliers, soyez dociles,
Et vous verrez (*bis*) qu'on n'y perd rien,
Aux cavaliers, soyez dociles.

Soyez agiles,
Trottez galment,
Au bruit charmant,
De la trompette,
Troupe coquette,
Trottez galment.

Redressez fièrement la tête,
D'un noble orgueil soyez épris.
Non, jamais le dos d'une bête,
Pour de tels honneurs ne fut pris :
Vous portez la fleur cavalière,
Les fils des Croisés d'autrefois,
Et c'est la France chevalière
Qui vous monte, chers palefrois.

Soyez agiles,

Songez bien, s'il vous prend envie,
De nous montrer votre talent,
De quelle précieuse vie
Est responsable votre flanc :
Ayez votre allure altière,
Élégant votre petit trot ;
Mais toujours, de grâce, prière
De ne pas gesticuler trop.

A peine le dernier vers est-il chanté, voici qu'un âne gesticule, sous l'aiguillon du moukre, pique une tête monumentale... avec le cavalier... Rire général! Le pauvre bidet avait disparu sous son cavalier, dans une glissade fantastique, mais, par suite de la vitesse acquise, celui-ci passe par-dessus la tête et va échouer deux mètres plus loin. Ce diable de moukre, était cause de ce coup-là! c'était son premier, mais c'était un coup de maître. Il se relève prestement, rattrape sa monture, déjà relevée elle aussi, le regardant d'un air moqueur, en attendant d'être enfourchée. Ce cavalier, c'était... vous devinez qui!... *E finita la comedia.*

La course continue; on arrive au colosse de Ramsès, statue de taille prodigieuse; on en fait le tour, on grimpe dessus, on ne peut pas se lasser d'admirer cette merveille gigantesque et d'une beauté vraiment artistique et qui reste ainsi tristement abandonnée dans le sable du désert.

Nous repartons à fond de train à travers des palmeraies superbes qui balancent au sommet de leurs troncs énormes leurs palmes gracieuses. Les chutes recommencent pour « mes voisins », entre autres pour notre bon docteur.

Nous passons près de Memphis, qui n'est plus qu'un triste village, et nous enfilons une suite ininterrompue de chaussées pittoresques serpentant à travers les eaux du Nil, pour déboucher enfin dans la plaine dite de Memphis, bosselée de mamelons qui recouvrent ses ruines.

Avec la blancheur intense des rayons solaires on les prendrait pour des tentes plantées dans le désert. « On dirait un campement fantaisiste d'innombrables maisons de toile. »

Nous arrivons enfin à Sakkara, presque au coucher du soleil. Nous visitons plusieurs tombeaux : celui de *Mira*, avec son histoire gravée sur les parois de 26 chambres sépulcrales; — celui de *Thi*, dans les mêmes conditions; — enfin le Cérapœon, sorte de catacombe où les *bœufs Apis* religieusement embaumés furent ensevelis dans d'immenses tombeaux monolithes ; ils sont encore là au nombre de 24. Ces tombeaux ont été pillés ; les bœufs et les ornements précieux avec lesquels ils furent inhumés ont disparu ; mais on reste stupéfait et muet, en quelque sorte, devant ces gigantesques monuments, on se demande quelle force titanesque a pu les transporter dans ce désert qui, sans doute, autrefois a dû être peuplé.

Quelle nécropole peut lui être comparée? Les tombeaux de toutes formes et de toutes grandeurs s'étendent à perte de vue, et, à cette heure crépusculaire, ce spectacle est extraordinairement impressionnant. Que de ruines, que de siècles de gloire dorment là, dans la poussière... Ainsi passent les vanités du monde !

C'est à un Français, M. Mariette, qui a planté sa tente en plein désert, que revient, en grande partie, l'honneur de ces découvertes récentes.

Le retour s'opère au clair de lune, le plus pittoresquement du monde. Cette chevauchée à dos d'âne, à travers ces plaines inondées, au milieu du silence de la nuit, troublé par les piailleries incessantes de nos moukres, les rires, les cris d'effroi, les chutes... de nos pèlerins, ne peut se décrire.

De nouveau nous trottinons, nous galopons, et les kilomètres passent : et toujours de l'eau argentée, et toujours des chaussées, et toujours des dattiers élancés d'où pendent des grappes énormes de dattes; toujours le même entrain. L'horrible fatigue a disparu!

Nous débouchons dans une sorte de campement de je ne sais qui ! Il y avait d'immenses palissades formées de bambous, on dirait un véritable village : foule grouillante, enfants qui nous courent après, chiens qui aboient et nous poursuivent. Ah ! quelle fête ! quelle tempête de sensations s'engouffrent en nous ! Nous passons là, triomphants, en véritable ouragan, au clair de la lune !

Enfin, voici la gare ! Adieu bidets, chers bidets, bonnes bêtes, malgré vos ruades. C'est qu'on n'a pas tous les jours l'heur d'avoir un âne du Caire entre les jambes ! Adieu les moukres, mais non sans *bakchich* ; pas méchants non plus ces bons moukres !

Nous sautons dans le train et, à dix heures, fourbus mais ravis de notre inénarrable excursion, qui avait dépassé toutes nos prévisions, nous arrivions à l'Eden-Palace.

Le dîner a été court ; nous ne demandions qu'une chose... nos lits.

Lundi 9. — Lever, cinq heures et demie. C'est le cas de redire : Que c'est dur ! Mais, pensez donc, c'est la grande journée. C'est le soleil d'Austerlitz qui se lève pour nous, en Egypte ! Ce matin, c'est la grande visite aux Pyramides. Mort ou vif, il faut y aller !

Les Pyramides, gigantesques tombeaux élevés par l'orgueil pharaonien, au prix du sang et de la vie de milliers d'esclaves, pour abriter un peu de poussière humaine ! Qui voudrait venir en Egypte sans les voir ?...

De fait, personne ne manque au rendez-vous fixé à six heures et demie. On traverse les plus beaux quartiers de l'orgueilleuse cité et, à l'heure dite, tout le monde est là pour prendre le tramway qui conduit jusqu'au pied des célèbres monuments, distants, me semble-t-il, d'une quinzaine de kilomètres. C'est l'affaire de trente-cinq minutes à peine. On file à toute vapeur sur une route unie et droite.

Là encore le spectacle est fort beau. Du haut de cette grande jetée qui relie, pour ainsi dire, les Pyramides au Caire, des arbres énormes, superbes, sont en bordure de chaque côté. Puis de l'eau, encore de l'eau calme et peu profonde, à droite et à gauche. Le débordement du Nil n'est pas, comme les inondations en France, un torrent qui roule, c'est une infiltration des eaux qui émergent et s'élèvent peu à peu, élargissant ainsi le lit du fleuve. D'ici, de là, de petites voiles gracieuses, semblables à de grandes mouettes aux ailes déployées, circulent sur cette mer improvisée et éphémère ; des *norias* aux roues noires surnagent tristement, et les maisons apparaissent comme des îlots au sein des flots. Derrière nous, la grande ville aux larges et somptueux boulevards s'éloigne, tandis que devant nous, les Pyramides et un ruban de verdure se rapprochent.

Nous arrivons et descendons à 300 mètres des séculaires monuments. Anes et chameaux sont rangés en file et nous attendent. Immédiatement, c'est une tempête de cris jetés par les moukres, nous faisant leurs offres de service. Les chameaux s'agenouillent en poussant leur grognement bizarre, grognement de chameaux, quoi ! En un instant, je saute sur l'un d'eux ; l'énorme bête alors se relève en quatre mouvements bien marqués, et malheur à vous si, voulant faire le fanfaron, vous n'obéissez pas ponctuellement au moukre qui vous dit de vous tenir solidement au piquet fixé sur la selle : vous êtes sûr de ramasser... ce que l'on n'a pas laissé tomber, « un billet de parterre » ! Chameau de bête ! diriez-vous, mais ce serait trop tard... et les sourires diraient à qui pourrait s'adresser l'apostrophe !

Bref, nous voilà juchés et, au mouvement cadencé du « vaisseau du désert », nous suivons le flot des pèlerins qui, à pied, ou à dos d'âne, franchissent rapidement la petite distance entre la halte et les monuments cyclopéens qui nous attirent !

Les Pyramides sont là à nos pieds, ou mieux nous sommes à leur pied ; et ni grands, ni gros, je vous assure ! Ce sont des monuments de dimension écrasante; on est saisi d'admiration à la pensée du génie de ces peuples anciens qui les ont élevés, et de pitié pour la sotte vanité humaine !

Ce sont les tombeaux des anciens Pharaons de la quatrième ou de la cinquième dynastie. 100.000 hommes qui se relayaient tous les trois mois travaillèrent pendant trente ans à construire la pyramide de Koufou, le Chéops d'Hérodote. Ils se servaient de plans inclinés et de rouleaux pour traîner les énormes blocs.

Elle a 137 mètres de hauteur. La longueur de ses côtés est de 227 mètres 50. Lorsqu'elle était revêtue de plaques de granit, elle atteignait en hauteur 146 mètres 52 cent.; elle comportait 2.520.000 mètres de pierre. Pour faire l'ascension, il faut payer le tribut aux Bédouins qui, vous prenant par les bras, vous hissent sur les degrés hauts chacun de 1 mètre sans que vous ayez le temps de souffler. Mais, en haut, c'est un spectacle sublime : à perte de vue le désert qui commence à vos pieds, une rangée de Pyramides, celle de Laouyet-el-Arian, celle d'Abousyr, celle de Sakkara. D'un autre côté, le Delta avec ses champs de verdure traversés par le cours majestueux du Nil. Les Bédouins, naturellement, vous rappellent les quarante siècles de Bonaparte.

C'est, en effet, au pied des Pyramides, où se trouve aujourd'hui le village Embabey, que fut livrée la célèbre bataille qui couvrit d'une gloire incomparable le jeune général Bonaparte.

Monter, c'est bien; mais il faut descendre, et ce n'est pas chose facile. On y arrive quand même, et quel soupir de soulagement on pousse, lorsqu'on met le pied à terre.

On visite l'intérieur de cette pyramide. C'est un voyage pénible, car il faut se glisser à travers un long couloir glissant où parfois le voyageur descend comme un papier jeté dans une boite aux lettres. Après avoir longtemps marché dans les obscurs couloirs, on arrive enfin au sarcophage. Chose curieuse, Koufou ou Chéops n'a jamais reposé dans sa pyramide. Les rois, en montant sur le trône, étaient tout d'abord préoccupés de leurs tombeaux. Ils commençaient par construire la chambre sépulcrale sur laquelle on faisait s'accroître la pyramide, assise par assise, de sorte que pour quelques-unes on peut mesurer la durée du règne au nombre des assises de pierres.

Mais revenons aux choses banales du présent. Les photographes étaient là, bien avant nous, avec tous les appareils que comporte leur métier. Moitié pour faire plaisir à la Direction, moitié par coquetterie, ou désir d'emporter les Pyramides dans sa valise, on se rend de bonne grâce aux invitations pressantes des artistes.

Tout le monde s'installe à qui mieux mieux; l'un monte jusqu'à une hauteur respectable, il se tient bien, fait même un geste significatif pris sur le vif, et le geste reste et restera autant que la... pellicule, hélas, bien fragile !

Puis on pousse jusqu'au Sphinx. Chacun reprend sa bête... et, en avant ! Ce n'est pas loin, du reste, à peine 500 mètres. Le Sphinx est un lion colossal, à tête d'homme taillée dans le roc vif, d'une hauteur de 20 mètres. Cela en vaut la peine, vraiment.

Le spectacle, je vous l'affirme, n'est pas banal, mais le prosaïsme revient avec les inévitables photographes, ils vous suivent comme votre ombre. Il faut en passer par où ils veulent. Nous sommes croqués, nous, les chameaux, le Sphinx, les Pyramides et le désert ! Quel estomac !...

Nous revenons en hâte, mourant de soif, en tramway. On prend un bock (1 fr.25). C'était plutôt chaud, doublement ! Mais on n'est pas tous les jours au pied des Pyramides.

Le train reprend sa course à travers le féerique paysage déjà décrit. C'est une véritable chance de jouir du Nil débordé : il donne son cachet réel à l'Egypte. Nous nous arrêtons quelque temps au musée ; il y a tant à voir.

C'est là que les savants Mariette, Maspero et autres, ont entassé leurs riches découvertes. C'est là que l'on admire les sarcophages énormes des vieux rois égyptiens et que l'on peut contempler les momies des anciens Pharaons. On peut suivre les soins méticuleux des anciens Egyptiens pour leurs morts et se rendre compte de leur croyance à l'immortalité. Les longues bandelettes dont on entourait les momies sont là intactes après tant de siècles. Les papyrus nous retracent les scènes du jugement dernier, le pèsement des âmes, qui décidait de leur entrée dans l'Amenthi. On s'arrête devant Ramsès II, le Sésostris ancien dont le portrait authentique est maintenant dans toutes les histoires classiques. (*Christian.*)

Mais nous avons si peu de temps que nous ne voyons presque rien. Il faut se hâter.

A midi, nous sommes à l'hôtel, et à deux heures nous en repartons; véritable mouvement perpétuel, notre vie pourrait, je crois, se résumer en trois mots : arriver, dîner, partir. Nous partons donc pour notre dernière course au Caire. Elle sera non moins intéressante que les autres. Nous avons la Citadelle, les Mosquées, les Bazars, les Tombeaux des Califes à visiter.

La Citadelle occupe le point culminant de la grande cité. Elle a été bâtie par Saladin, sur les hauteurs de Mokattan.

On y accède au nord par la porte des Arabes; à l'est par la porte des Janissaires. Méhémet-Ali y a fait construire une mosquée revêtue d'albâtre. Ses deux minarets très élancés se voient de partout. A l'intérieur, une coupole byzantine repose sur quatre piliers carrés. Comme dans toutes les mosquées, point d'autel, mais un *mirhab*, sorte de niche, dans la direction de La Mecque, vers laquelle on se tourne pour prier; une chaire monumentale, et c'est tout. Pour y entrer, on doit, là aussi, quitter sa chaussure, mais on peut rester couvert, c'est l'étiquette orientale. A l'intérieur est le tombeau de Méhémet-Ali.

Devant la mosquée est une grande galerie au milieu de laquelle est le *hanéphiyé* ou fontaine monumentale, pour les ablutions. Derrière la mosquée se trouve le puits de Joseph; il a quatre-vingt-six mètres de profondeur et est entouré d'une rampe en spirale par laquelle descendent et remontent les bœufs qui font mouvoir une machine élévatoire.

Près de la mosquée, on a une vue superbe sur la ville. En face, vous apercevez le palais du Khédive; la cité se déroule avec ses innombrables minarets, ses dômes, ses murs grisâtres, puis une plaine de verdure dans laquelle le Nil s'étend mollement. A l'horizon, les éternelles Pyramides, puis le désert de sable sans fin.

Vue du Caire.

Incident.

Là, nous avons été témoins et failli être victimes d'un curieux incident : la grève des cochers ! Ils étaient tous rangés dans la vaste cour de la citadelle, tout près de l'armée khédivale qui manœuvrait sous les ordres d'officiers anglais. Ils reçoivent l'ordre de partir pour les Bazars et les Tombeaux des Califes. Soudain, tous les fouets se plantent dans la petite manivelle de la voiture, puis messieurs les cochers se croisent les bras et nous regardent ! Nous les regardons !... Pas banale du tout cette histoire ! Ils s'y entendent, les gaillards ! Oui ; mais, ça ne faisait guère notre affaire ! On parlemente doucement, d'abord, mais bientôt le diapason monte, monte, les gros mots volent : c'est tout juste si les manches de fouet n'accompagnent pas les paroles et les gestes.

Ah ! non, voyez-vous d'ici 300 personnes, dont bon nombre de dames, criant, gesticulant, sur tous les tons et dans toutes les langues de la création ! Quel tableau ! quel ramage ! Si encore on s'était compris ! C'était d'un tragi-comique désopilant, roulant.

En attendant, les voitures ne roulaient point du tout, les cochers voulaient encore moins les faire rouler, et c'est pourtant nous qui étions... roulés ! — Cela devenait uniquement tragique : et le temps passait... Monstres de cochers, va ! On ne *rigolait* plus... cher lecteur, passez-moi ce mot-là, il n'est pas très académique, mais nous sommes en Egypte, on n'y regarde pas de si près...

Il n'a fallu rien moins que l'interventiou du Consul de France. Dame ! rien que ça, presque une intervention diplomatique... pour les faire filer, et encore ils y ont mis une bonne grâce !... fallait voir ! — C'est donc grâce à l'énergie du Directeur que le dernier mot nous est resté. A lui l'honneur de la victoire ! Qu'il en soit ici remercié.

Nous parcourons enfin les bazars, qui ressemblent à ceux de Constantinople et autres villes orientales.

C'est là, dans des galeries étroites et le plus souvent couvertes, que sont réunies les boutiques de tout genre, mais groupées suivant les corps d'état. C'est là que se rencontrent les tapis précieux, les costumes brodés, les châles de Cachemire, les essences et les parfums, les armes damasquinées, les babouches brodées, etc., etc.

Le marchand, accroupi au milieu de sa marchandise, fume son *narguileh* ; cependant, s'il voit votre insistance à lui faire emplette, il commence par vous offrir le café et la cigarette.

Gardez-vous de refuser, il serait offensé. Les enseignes portent non point l'annonce de la marchandise, mais des vœux pieux : O Dieu ! ouvreur des portes du gain ! Allah ! sois-moi propice !

De là, tant bien que mal, à travers des rues encombrées de choses et de gens, nous gagnons les tombeaux des Califes. Nous gagnons, ai-je dit ; n'est-ce pas le terme exact ? J'en appelle aux malheureux témoins. En Palestine, nous avons vu bien des abominations, en fait de routes indescriptibles, mais je crois, ma parole, que celle-ci leur dame le pion, et je commence à comprendre la grève de tout à l'heure, la grève des cochers, et j'avoue qu'ils n'avaient pas tous les torts.

Chevaux, cochers, voitures et voyageurs, disparurent bientôt dans un ouragan de poussière, les roues pataugeaient là-dedans jusqu'à mi-rayons ; pour comble de bonheur des rails traversaient la route en biais : les roues buttent contre, et voitures comme voyageurs roulent dans la poussière, pas tous pourtant. Heureusement, il y avait de quoi amortir la chute. On n'avait pas grand mal, mais dans quel état on se relevait ! et quelle mine on faisait ! Les cochers devaient savourer délicieusement une douce vengeance !

Enfin on gagne, pour maintenir la seule expression juste, les fameux tombeaux ; mais c'est en toute vérité beaucoup plus de peine que ça ne vaut : la renommée a été trompeuse, elle annonce plus qu'il n'y a.

Figurez-vous un immense cimetière semé de mosquées délabrées à travers lesquelles se dressent de petits tombeaux musulmans. Le sable couvre toutes ces choses ; un silence profond règne dans cette morne solitude. On y accède par la porte dite Bab-en-Nasr ou porte de la Victoire. Elle se compose de deux portes, l'une intérieure, l'autre extérieure, flanquées de deux tours et reliées par une cour intérieure.

Il faut cependant remarquer la mosquée funéraire du sultan Barkouk, reconnaissable à ses deux dômes légers et hardis. La porte est surmontée d'une coupole à stalactites. Sur les bords du tombeau du sultan se trouvent des cailloux avec lesquels les dévots musulmans frottent l'intérieur d'une cavité pleine d'eau qui, pour eux, a une vertu curative. Cette mosquée est le type le plus parfait de l'architecture arabe. Non loin est la mosquée funéraire de Kaïd-Bey ; c'est le plus élégant des tombeaux des Califes. Son dôme élevé, sa porte revêtue de bronze, ses cinquante fenêtres à vitraux multicolores, son minaret élancé, la font admirer des visiteurs.

Il faudrait parler encore des mosquées de l'émir Yousouf, du sultan Mohamed-Rousmak, et de bien d'autres, mais nous devons nous borner, et du reste tout cela n'a qu'une valeur restreinte, surtout après les grandes mosquées que nous avons déjà visitées, ici et ailleurs.

En toute hâte nous reprenons le chemin de l'hôtel, en faisant une halte chez les bons Frères des Ecoles Chrétiennes, chez qui nous avons le Salut du Très Saint-Sacrement.

Qu'il fait bon retrouver le divin Maître sur cette terre courbée sous le joug du Coran. Oh ! qu'on est bien, là, dans la chapelle, demeure de notre Dieu : on respire enfin, on se sent à l'aise, on se sent chez soi ; c'est une impression qu'on ne peut goûter sur une terre catholique, parce que partout alors on est chez Dieu, son Père, tandis qu'ici nous sommes en terre d'exil ; le Tabernacle n'y a point droit de cité, il y est à peine toléré.

Il est tard quand enfin nous réintégrons Eden-Palace.

Tout le monde se lance dans une fiévreuse correspondance. On aurait rougi de ne pas avoir envoyé aux absents une signature du Caire ; il n'y avait que deux ou trois porte-plumes... Aussi fallait-il entendre les gémissements des pressés et des derniers arrivants !

En attendant mon tour, donnons vite un mot général sur l'Egypte...

Amrou écrivait au Calife Omar : « Un aride désert, une campagne magnifique entre deux remparts de montagnes, voilà l'Egypte. » C'est, en effet, la terre des contrastes. Plaine à la plus riche végétation, parsemée de bosquets d'orangers, coupée par les canaux du Nil, plantations merveilleuses de cotonniers, champs de cannes à sucres, bois de palmiers ; puis, soudain, le désert aride et les sables sans fin. On sait que le Nil, avec ses inondations, est la raison de la richesse de ce pays. Chaque année, vers les derniers jours de Juin, le fleuve, alimenté par les pluies qui tombent dans la Haute-Abyssinie, porte partout ses eaux fécondantes. Des canaux artificiels dirigent ces eaux. En Octobre, les eaux se retirent après avoir laissé sur le sol un limon fertile. On fait les semailles, et la moisson a lieu en Mars.

La population égyptienne se compose d'éléments très mêlés. Il y a les Bédouins du désert : de taille superbe, à la démarche digne, au teint bronzé ; ils vivent sous la tente, gardant pour les solitudes un attachement invincible. Leurs tribus sont gouvernées par un *cheik*. Pour eux, l'idéal c'est de franchir, sur une cavale indomptée ou sur un *mehari* rapide, les immenses espaces.

Le Copte est le représentant de la vieille population égyptienne ; il est Chrétien, mais de la secte *monophysite*. Sa langue est de celle des antiques Egyptiens. On le reconnait à son turban de couleur noire, bleue ou grise. Son teint est bronzé.

On trouve en Egypte et particulièrement au Caire des Osmanlis ou Turcs, orgueilleux et fiers ; ils se sentent maîtres et vainqueurs. Il y a aussi des Arabes, des

Juifs en grand nombre et qui habitent un quartier à part, aux rues étroites et fermées par des grilles. La dernière injure que puisse faire un musulman est celle-ci : « Tu es un Juif ! » On trouve encore des Arméniens, des Grecs, des Syriens. Les Bohémiens, cette race singulière qui porte à travers l'Europe son vagabondage, ont aussi au Caire des représentants. C'est parmi eux que l'on rencontre les psylles ou charmeurs de serpents. Ils vont dans les maisons, font des incantations, crachent sur le sol, et bientôt font apparaître les serpents qui s'y sont glissés. On les voit sur la place de l'*Esbekieh*, le cou et les bras entourés de reptiles et attirant la foule.

Ce mélange de population donne à la ville un aspect très pittoresque. Voici un Arabe à turban vert, c'est le *hadji* ou pèlerin de La Mecque. Voici un *Uléma* ou marabout des mosquées, reconnaissable à son turban blanc finement plissé. Le turban est une bande d'étoffe enroulée autour du fez ou tarbouch. Cette bande doit avoir la longueur d'un homme afin de lui servir de linceul. Voici encore un riche équipage. Dans la voiture est un pacha galonné. Devant, court rapidement un *sais*, sorte de serviteur à toque pittoresque et à tunique flottante. Il crie : *darach! darach* ! place ! place !

Les femmes pauvres et les Bédouines portent une grande robe bleue ; elles ont sur la tête un foulard, mais se chargent de bijoux : pendants d'oreilles, bracelets, même aux pieds. Les dames de condition portent le bourko, bande de mousseline qui recouvre le visage au-dessous des yeux. Ce voile est souvent retenu par une sorte de tube de cuivre qui partage le front. Leur costume est très riche, mais elles s'enveloppent, au dehors, d'un immense voile de soie noire, qui leur couvre le front et les fait ressembler à des fantômes. Elles se teignent les ongles en rouge brun avec le henné. Vous croisez à travers une foule de voitures, de chariots et d'ânes, le porteur d'eau qui a sur le dos son outre en peau de chèvre ; le marchand d'eau glacée ou de coco qui frappe l'une contre l'autre, en cadence, ses soucoupes de cuivre.

Les fellahs, ou paysans, semblent être au service des autres. Ce sont eux qui cultivent la riche campagne. Leurs villages sont des huttes de boue desséchée, dans lesquelles ils logent pêle-mêle avec leurs troupeaux. Point de fenêtre, la fumée passe par la porte. Le *fellah* est reconnaissable à sa grande robe bleue, la *fellahine* est l'esclave et travaille comme une bête de somme. On la rencontre souvent portant de lourds fardeaux sur la tête, un enfant à cheval sur ses épaules, un autre dans les bras ; les *fellahs* sont souvent condamnés à la corvée, font les travaux publics, ensemencent le jardin de leur *cheik* et sont toujours victimes d'impôts écrasants. Vous les apercevez souvent sur les bords du Nil, travaillant le sol dont le fleuve est la richesse (1).

Terminons à la hâte cette trop longue digression par un souvenir chrétien, un aperçu sur la Thébaïde.

LA THÉBAÏDE, où vécurent les plus illustres patriarches de la vie érémitique, Saint Paul et Saint Antoine, se trouve proche de la mer Rouge, en face du Sinaï, à deux cent cinquante kilomètres au sud-est du Caire. On y trouve encore des couvents habités par des moines Coptes schismatiques. Pour s'y rendre, on prend au Caire la ligne de la Haute Egypte jusqu'à la station de Bénisouef, qui est à trois heures de là. Il faut six jours pour se rendre de Bénisouef, à dos de chameau, au couvent de Saint-Antoine.

Là vécut le patriarche de la vie cénobitique.

On peut vénérer l'église dont une partie remonterait à Saint Antoine. Les murailles en sont couvertes de peintures byzantines.

Non loin est la source qui coulait dès le temps du saint anachorète. Dans la montagne est la grotte de Saint Antoine. Peu avant d'y parvenir, on trouve les restes de la cellule habitée par Paul le Simple. Lorsque

(1) *Christian.*

Saint Antoine trouvait des malades ou des possédés qu'il ne pouvait guérir, il les envoyait à son disciple, avec la pensée que Paul, plus humble, avait une puissance plus grande que la sienne. Sa cellule de pierre a deux mètres de large. Sa grotte est au fond d'une sorte de galerie de douze mètres de long. La grotte a sept mètres de long, sur deux de large. C'est là que le Saint se livrait aux plus rudes austérités.

Jadis quatre-vingt mille moines peuplaient l'Egypte. La vertu, l'étude, la contemplation y étaient florissantes.

Vers 305, Saint Antoine commença ses fondations, les unes à l'est du Nil, les autres vers Arsinoé, aujourd'hui Médinet-Habou. Les moines furent si nombreux que Saint Athanase comparait l'Egypte entière à un temple rempli par une foule de fidèles.

Antoine mourut dans la solitude, dans sa cent cinquième année, en 336.

Aujourd'hui les moines schismatiques sont au nombre de dix-neuf, et n'ont aucune vie, ni intellectuelle, ni spirituelle, comme tout ce qui a trait au schisme.

Le lendemain, nous devions reprendre le chemin de France.

CHAPITRE XXII.

Le Retour
Cinq jours en mer.

Mardi 10 Octobre, à sept heures du matin, nous reprenions le train pour le retour, non point d'Alexandrie suivant le programme, mais de Port-Saïd. La peste régnait à Alexandrie et, par suite, nous eussions été mis en quarantaine en arrivant à Naples, et nous n'y tenions pas!

Nous traversons à toute vapeur la vaste plaine du Caire, et pendant deux heures, ce sont des champs ininterrompus d'une culture des plus intenses; puis, peu à peu, la végétation diminue pour disparaître entièrement et faire place à un immense désert de sable, à une solitude sans limite: rien n'est triste comme ce contraste; la mort à côté de la vie. Nous croisons une interminable caravane de chameaux.

A dix heures, nous arrivons au Canal de Suez, que nous longerons jusqu'au bout. La vie revient, et aussi une très fiévreuse activité sur le canal. Nous passons près des débris du *Chatam* qu'on avait submergé et explosé à coups de dynamite. Les berges du canal avaient été démolies très au loin par le formidable « éclatement » de 80.000 kilog. d'explosif que portait le malheureux navire anglais.

A midi, nous débarquions à Port-Saïd, et à une heure nous étions sur l'*Étoile* qui, bientôt après, levait l'ancre et piquait droit sur Marseille!

Nous saluons à nouveau, en passant, la belle statue de Lesseps, élevée sur le môle Nord.

C'était à la fois doux et triste. Quitter cet Orient tant désiré, et qui venait de nous livrer ses secrets, nous serrait le cœur. C'était pénible! Mais après tant de courses éreintantes, après tant de fatigues supportées, il était doux de penser au pays, à la patrie, et d'entrevoir la fin de cette vie vraiment « affolée. »

La mer est extrêmement calme et aimable ; chacun, étendu sur sa chaise longue, goûte un repos bien mérité et bien impérieux ; combien nous en remercions l'Auteur de tout bien.

Le soir, nous arrivons en face de Damiette, ville hautement illustrée par Saint Louis. Nous entrevoyons seulement le phare ; c'est peu, mais c'est assez pour évoquer la grande figure du *Saint Roi*.

La prière dite, chacun se retire dans sa cabine qui devient habitable, la température ayant baissé, et chacun se souhaite une bonne nuit.

Mercredi 11. — La vie monotone de la traversée va recommencer. Le matin, la messe. A neuf heures, le chapelet, déjeuner, récréation. On cause par petits groupes. A trois heures, conférence par le Commandant « sur la Marine » ; dîner, prière, coucher. En trois mots, bien des choses !

Jeudi, 12 Octobre. — Comme hier, calme plat : messe, chapelet, dîner. Scène touchante et amusante d'une petite hirondelle et d'une petite bergeronnette venues toutes deux se réfugier sur le bateau. L'hirondelle n'en pouvant plus, se laisse prendre : c'est pour son bonheur. Chacun s'empresse de lui attraper des mouches et de les lui donner : elle reste très heureuse et très tranquille dans les mains d'une voyageuse. La bergeronnette, plus forte sans doute, vient tout près de nous, voltige, saute sur les insectes avec une légèreté et une grâce sans pareilles : mais, se laisser prendre ? ah, non ! Les plus habiles y perdent leur latin : il a fallu y renoncer, et la bergeronnette resta libre.

Soirée amusante « à gros grain » : réception d'un chevalier hollandais dans l'ordre de la Chevalerie du tir au pigeon ! Ce jour là, nous avions longé la Crète pendant de longues heures.

Si je savais que mes chers amis les Hollandais ne me le pardonnent point, je n'insérerais point le petit entrefilet suivant; mais ils sont si aimables qu'ils ne m'en voudront pas de les taquiner un peu, à charge de revanche, du reste!

« Ils étaient, m'écrit un bon pèlerin, tout sourire, toute grâce... (hollandaise)... et toute amabilité. Très ponctuels, ils suivaient très doucement les appels de la cloche, et précédaient même celle du déjeuner.

Le clergé hollandais se recommandait par son ampleur et la variété très pittoresque de ses costumes. Tout leur est bon. depuis l'habit du professeur de danse jusqu'à la soutane à soufflets, en passant par la douillette à traîne, longue, longue, longue!

Pour un rien, leur âme s'éveille. mais leur gosier s'échauffe. (bon prétexe pour le rafraîchir). et ils entonnent en chœur, sinon avec ensemble, un *lied* du pays, guttural, brumeux; et, au demeurant, de braves gens, sociables, mais un peu trop absorbés. et surtout *trop absorbants !*

C'est tout; et nous restons les meilleurs amis du monde, c'est entendu!

Vendredi 13. — Journée semblable aux deux précédentes, causeries intimes, relations du voyage, note des impressions; les dames tricotent. La procession annoncée n'a pas lieu, à cause du mauvais temps. Elle est remise au lendemain.

Le temps fraîchit beaucoup. Dîner et prière, comme d'habitude. Mais à neuf heures et demie, le pont est désert. Tout le monde est dans les cabines. Ce n'est plus comme à l'aller! Le temps a changé et, pour la première fois depuis notre départ, il pleut. On sent que nous allons vers l'Occident.

A quatre heures du matin, nous arrivons en face de la pointe sud-italienne: à six heures, le jour apparaît, et nous entrevoyons la terre à une faible distance. Ce sont, à droite, des maisons seules, des hameaux, des villages, des villes: Reggio, etc.

A gauche, se dressent les monts de Sicile avec l'Etna dans le lointain, et la série des pics qui l'accompagnent.

Nous approchons, nous entrons dans le détroit : les gorges se dessinent, les villages apparaissent, les deux terres semblent se rejoindre et nous barrer la route ; il n'en est rien, — la route liquide est libre ; nous passons, saluant, de droite et de gauche, villes et villages déjà mentionnés à l'aller.

La terre s'élargit, la haute mer nous accueille et, dans le lointain, nous montre à nouveau le Stromboli. Nous passerons encore tout près. Il nous donnera une réédition de son drame fantastique.

Un énorme tourbillon de fumée aux teintes variées, d'où s'échappent pierres et laves, couronne son sommet. Le tout retombe avec fracas et coule en pente rapide jusqu'à la mer. On suit des yeux cette volcanique fusion, avec un intérêt grandissant.

C'est moins imposant que la première fois, en pleine nuit ; mais nous ne sommes pas exigeants, et nous ne ménageons pas nos applaudissements.

Nous modifions notre route et, désormais, on pointe droit sur Naples où nous n'arriverons que fort avant dans la nuit.

A trois heures, l'équipage a dressé sur le pont un très original reposoir, fait avec les agrès du navire. D'un bout à l'autre du vaisseau, courent oriflammes et ornements divers. On sonne, tout le monde se rend à la chapelle, Monseigneur est là ; Sa Grandeur, qui doit présider la cérémonie, revêt les ornements pontificaux. Un certain nombre de prêtres revêtent, eux aussi, les ornements sacrés.

La procession s'ébranle : les Dames d'abord, les Messieurs ensuite, puis le Clergé, enfin Monseigneur portant le Saint Sacrement. Un piquet d'honneur l'accompagne. Deux fois nous faisons le tour de l'*Étoile*, au chant des hymnes sacrés, puis le Saint Sacrement est déposé sur le trône qui lui est préparé.

Le R. P. Gerbier, dans une touchante allocution, compare notre bonheur à celui de Saint Pierre portant le Divin Maître dans sa barque, sur le lac de Génézareth. Il dépose au pied de la divine Hostie nos prières, nos résolutions, et lit au nom de tous une Consécration au Sacré-Cœur.

. Après le chant du *Tantum ergo*, Monseigneur donne la Bénédiction, et la procession reprend le chemin de la chapelle où, une seconde fois, Jésus daignera nous bénir.

La procession du Très Saint Sacrement est finie! Le bon Maître avait renouvelé en notre faveur le miracle de la mer de Tibériade, la tempête s'étant calmée pendant cette pieuse et touchante cérémonie, pour reprendre après, avec une réelle violence. Cette remarque a été faite par tout le monde. Sans crier au miracle, il n'est pas défendu d'y voir une délicate attention de la Providence.

Nous continuons à toute vapeur notre course vers Naples. Le temps est sombre, le ciel est bas, si bas qu'il semble ne faire qu'un avec la mer.

En cette soirée se produisent des scènes très amusantes d'embarquement : des vagues sur le pont; fuite affolée des passagers poursuivis par les flots; bains de pieds, bains de genoux, voire même un peu plus haut... Pauvres fuyards! Le tout est purement comique, car de danger, point! Mais, jugez des cris!...

Au dîner, fort peu de monde, et le peu disparait rapidement; au dessert, c'est le vide!

Nuit horrible!... Je ne voudrais cependant pas faire trop le Marseillais. Quoiqu'il en soit, notre *Étoile* a roulé comme un tonneau. Aussi, ballottés, secoués, meurtris, nous attendions avec impatience le jour libérateur. Cette nuit a été, pour ne pas dire angoissante, la plus dure sûrement de notre traversée.

Dimanche 15. — A quatre heures du matin, la cloche retentit : *Custos quid de nocte?* — Qu'y a-t-il? Rien! Nous sommes en face de Naples, en face du Vésuve; on veut nous faire voir le monstre, le frère aîné du Stromboli, nous régaler de ce spectacle matinal autant que grandiose.

Le Vésuve est plus « rassis » que le Stromboli : il va en quelque sorte mieux en mesure, il ne s'emballe point. Méthodiquement, lentement presque, il souffle dans les airs une immense colonne d'un feu qui va du rouge vif à la teinte blanche laiteuse. Tout retombe majestueusement, un acte est joué... Pendant l'entr'acte, qui dure plus ou moins de temps, ce n'est plus qu'une abondante fumée qui sort mollement et s'écaille sur le sommet de la célèbre montagne, le cautère de Naples.

Le spectacle en vaut la peine, mais on s'habitue à tout, même au volcan. On regarde, mais pas longtemps, la longue coulée de feu dévastatrice qui roule, passe, brûle et s'efface!

Il fait froid ; on est dans une tenue assez sommaire et. vite, on regagne sa cabine, sinon sa petite couchette.

CHAPITRE XXIII.

Naples, ses Églises, ses Palais, ses Musées, Pompéï, ses Ruines, Derniers jours du Pèlerinage.

Le jour vient, et Naples, dans un manteau de brume, véritable voile de gaze, nous apparait, en tenue du matin, mystérieusement belle.

Notre *Étoile* entre majestueusement dans la magnifique rade, puis dans le port, et jette l'ancre à quelques brasses des quais. On aurait préféré accoster, mais bref, la pensée de descendre à terre, après cinq jours de navigation, domine tout.

Le soleil monte à l'horizon, dissipe la brume et inonde la mer, la ville, les montagnes, de ses flots de pure lumière, d'éblouissante clarté. Il embrase tout, donne la vie à tout ; le coup d'œil est superbe.

« Sur tout le parcours du golfe, unique au monde, vingt villes sont assises dans les sites les plus pittoresques et forment sur la côte une suite ininterrompue de blanches villas et de touffes de verdure. D'un côté, la gracieuse Sorrente, patrie du Tasse, que dominent les forêts d'orangers, surmontées des trois pics du mont San-Angelo. Puis Torre-Annunziata, Bosco-Reale, Torre-del-Greco, Resina, Portici ; au-dessus, la masse noirâtre et dentelée du Vésuve ; de l'autre côté du golfe, le Pausilippe, Bagnoli, Pouzzoles, Baia, continuent cette ligne admirable.

« Au fond, la ville de Naples repose, coquettement appuyée sur les pentes de Capodimonte, et du Vomero, dont les hauteurs portent à leur sommet le château Saint-Elme et la Chartreuse de Saint-Martin. »

(*Christian*.).

A huit heures exactement, nous débarquons. Peut-être vais-je aller à l'encontre de certains auteurs qui disent que Naples est un amas *de vici et de vicoli* : des rues étroites, sales, bordées de petites boutiques aux innombrables balcons qui surplombent : que, dans ces rues, vous ne voyez que des hommes en haillons, à la main leste, quand il s'agit de prendre le bien d'autrui : des femmes petites, brunes, fripées, aux châles à ramage : que le Napolitain est essentiellement parleur et voleur. Mais, tant pis! je note mes impressions, elles ne sont pas cela. Du reste, dans n'importe quelle ville, n'y a-t-il pas des rues étroites et sales, des hommes en haillons?...

Naples est une grande et belle ville d'aspect, et la réalité ne démentira pas mes premières impressions.

Beaucoup de grandes rues, larges, droites, bien tenues, bordées d'hôtels, de magasins de premier ordre : places nombreuses, ornées de statues du meilleur goût, palais de marbre, églises extrêmement riches.

La population, qu'on nous avait dépeinte grouillante, déguenillée, affamée, n'a rien ou du moins ne nous a rien montré de tout cela ; elle nous a paru plutôt calme et de bonne tenue... Il est vrai que c'était un dimanche.

Quoiqu'il en soit, notre impression générale a été fort bonne. Le temps splendide, le beau soleil d'automne piquant les feuilles de mille nuances délicieuses, y ont-ils contribué un peu? N'importe! et je comprends maintenant un peu l'adage italien : Voir Naples et mourir! *Vedere Napoli, e poi mori.*

Nous n'avons que quelques heures : à la hâte, nous allons visiter : églises, palais, musées, aquarium. Vite, en voiture.

Nous commençons par les églises et par *San Gennaro* (Saint-Janvier).

C'est la Cathédrale, construite à la fin du XIIIe siècle, sur l'emplacement de deux églises, la Stefania et Santa-Restituta, anciens temples d'Apollon et de Neptune. La date explique la forme militaire de l'extérieur :

murailles et créneaux et tours d'angles. Une restauration fut faite en 1500 et donna son cachet Renaissance à l'intérieur du monument.

L'intérieur de l'église a la forme d'une croix latine, les colonnes sont de granit égyptien; la voûte est ornée de peintures de Luca Giordano. On voit au-dessus de la porte principale le tombeau de Charles Ier. On admire celui du Cardinal Caracciolo, ceux du roi André, d'Innocent IV et d'Innocent XII. Parmi les nombreuses chapelles, après la crypte de Saint Janvier, dont les murailles sont incrustées de marbres à arabesques du plus gracieux effet, il faut signaler la chapelle des Minutoli, avec d'intéressantes peintures de Tommaso degli Stefani, la chapelle de Saint-Janvier, dite du Trésor. Cette chapelle, de forme ronde, est décorée de 7 autels, de 42 colonnes de brocatelle, de 19 statues de bronze. On remarque parmi les tableaux : la *Guérison d'un possédé*, de Stanzioni ; *Saint Janvier sortant de la fournaise*, par Ribera : la *Résurrection d'un jeune homme* et la *Guérison d'un malade*, par le Dominicain. Le maître autel est de porphyre avec des incrustations d'argent, une Croix de lapis-lazzuli ; le devant d'autel est d'argent massif. Il est surmonté d'une Assomption.

Saint-François de Paule, bâtie par Ferdinand Ier de Bourbon, en raison d'un vœu fait par lui quand Naples était assiégée par les Français. Elle est en forme circulaire, comme le Panthéon de Rome, mais le dôme est plus élevé. Une petite colonnade veut imiter le Bernin de Rome. La crypte est destinée à recevoir les dépouilles mortelles des Bourbons de Naples. Les statues, peintures et monuments ont un grand aspect de froideur.

Saint-Dominique était destinée à la sépulture de la Maison d'Aragon. Elle fut construite en 1285, par suite d'un vœu fait par Charles II d'Anjou pendant sa captivité.

C'est à Saint-Dominique que l'on conserve le Crucifix de Saint Thomas d'Aquin. Pendant que le Saint était en prières, le Crucifix qu'il avait sous les yeux s'anima et lui dit ces paroles : « *Bene scripsisti de me, Thoma.* Tu as bien écrit de moi. Quelle récompense désires-tu ? » — « Nulle autre récompense que vous-même, Seigneur. »

Cette église est riche en tableaux artistiques de Caravage, Lanfranc, etc.

Nous passons à côté d'une foule d'autres églises : Saint-Paul-Majeur, La Trinité, Saint-Jacques des Espagnols, Saint-Laurent, Les Apôtres. Nous n'y entrons pas, faute de temps.

Les palais sont dignes de fixer l'attention, mais, toutefois, n'ont rien des splendeurs de ceux des grandes capitales. Cela s'explique par les vicissitudes des diverses dynasties qui se succédèrent à Naples. Les princes normands et ceux de la maison de Souabe séjournèrent surtout à Palerme. La dynastie d'Anjou habita Naples, de même celle d'Aragon : mais les princes n'habitèrent que les châteaux-forts de la Cité, le Castel Capuano, le Castel Nuovo et le château de l'Œuf.

Don Pierre de Tolède fit bâtir un palais royal, mais dans le style militaire, avec des créneaux et des ponts-levis. En 1600, le palais actuel fut construit par l'architecte Fontana. La décoration de la façade consiste en trois rangs de pilastres d'ordre différent, elle est couronnée d'une corniche garnie alternativement de pyramides et de vases. Sur la place, sont les statues de Charles Ier et de Ferdinand Ier.

Non loin est le Castel Nuovo, bâti par Charles d'Anjou, sur le dessin de Nicolas de Pise. On y remarque l'arc de triomphe élevé en l'honneur d'Alphonse d'Aragon.

Le château de l'Œuf, ainsi nommé à cause de sa forme ovale, est assis dans la mer, sur un rocher détaché de la terre. On dit que Lucullus avait jadis sa villa en ce même lieu.

Le château le plus important est le château Saint-Elme, qui domine la colline à l'ouest de Naples, et, par sa masse imposante, donne un cachet très pittoresque au panorama de la Cité.

Sur les quais, les jardins de Chiaia sont splendides : jadis, ils avaient émerveillé Charles VIII, qui disait : « Au regard du pays, il n'est rien en ce monde plus plaisant et meilleur. Beau lieu de plaisance, fontaines, jardins, où il y a citrons, oranges et toutes autres choses qu'il est possible de désirer, oiseaux chantant plus plaisamment que rossignols... Vous ne pourriez croire les beaux jardins que j'ai vus dans cette ville... car, sur ma foi, il semble qu'il n'y faille qu'Adam et Ève pour en faire un paradis terrestre. »

Montons vite à la merveille de Naples : à la Chartreuse de San-Martino, point culminant de la ville.

Le monastère de San-Martino a été fondé au XIVe siècle par Charles II d'Anjou. L'édifice actuel est du XVIe siècle.

Il se dresse à côté de la masse imposante du château Saint-Elme.

L'église est d'une richesse extraordinaire. Ce qu'on y a entassé de marbres précieux, de sculptures, de peintures est inouï. Les balustres et les colonnes sont des bijoux.

Cosimo Fansaga sculpta les douze roses de basalte égyptien qui ornent les pilastres. Il exécuta les dallages du chœur, marqueterie de marbre des plus remarquables.

Les voûtes sont composées de fresques dues à Lanfranc, Ribera, Stanzioni, le chevalier d'Arpino et Guido Reni.

La corniche de la balustrade de marbre qui entoure l'autel majeur est de lapis-lazzuli. Partout c'est le vert antique, le vert de Calabre, la brocatelle, le jaspe de Sicile. Les devants d'autels sont enchâssés de pierres fines.

Les armoires de la sacristie sont des marqueteries merveilleuses représentant les scènes les plus variées.

Il faut remarquer l'*Adoration des Mages*, une des œuvres les plus délicates de Guido Reni, un *Lavement des pieds* d'Annibal Carrache, un tableau d'autel de Stangiosi ; on accuse Ribera de l'avoir détérioré par jalousie.

Il faut voir au trésor la *Descente de Croix*, de Ribera. Le corps du Christ, détaché de la Croix, est étendu sur le linceul pendant que Saint Jean le soulève légèrement par les épaules. La Vierge debout, levant les yeux au ciel, est sublime...

Le couvent est vide et transformé en musée. On y ressent une invincible tristesse en le voyant désert. Le panorama, dont on jouit du Belvédère, est splendide, c'est tout l'ensemble de la ville et du golfe de Naples vu dans la pureté du beau ciel d'Italie.

Quittons vite ces hauteurs enchanteresses, couronnées de chefs-d'œuvre humains, pour descendre au milieu d'autres richesses et d'autres merveilles, je veux parler du Musée Bourbon.

Le musée est d'un très haut intérêt. C'est là que les peintures extraites de Pompéï et d'Herculanum ont été transportées. Il faut citer le célèbre *Sacrifice d'Iphigénie*, probablement copié du célèbre tableau de Timanthe que Pline décrit comme un chef-d'œuvre. L'expression de tristesse de la jeune fille est merveilleuse. Le peintre, impuissant à exprimer la douleur paternelle, a couvert d'un voile le visage d'Agamemnon. Il faut remarquer les *Trois danseuses*, le *Châtiment d'un écolier*, *Thésée tuant le Minotaure*. Ce dernier est un dessin d'un fini remarquable. On trouve d'admirables mosaïques. On ne peut pas ne pas noter la *Bataille d'Issus*, victoire d'Alexandre contre les Perses, découverte en 1831 dans la maison du Faune.

Signalons aussi *Oreste et Pylade conduits au sacrifice*, *Hercule et le lion de Némée*, l'*Education d'Achille*.

Parmi les statues, l'*Hercule* et le *Taureau Farnèse*. Le torse de l'*Hercule* désespéra Michel-Ange, qui renonça à lui ajouter les jambes qui lui manquaient. Le *Taureau* est l'œuvre d'Appollonius et de Tauriscus, sculpteurs rhodiens. Antiope, femme de Licius, roi de Thèbes, fait attacher Dircé aux cornes d'un taureau par ses deux fils, mais, au moment où le taureau, furieux, va s'élancer, Antiope s'attendrit et pardonne.

A remarquer aussi l'*Athlète vaincu*, le *Gladiateur blessé*, *Agrippine pleurant la mort de Germanicus*, la *Vénus drapée*, le *Torse Farnèse*. Le musée contient plus de 1500 statues ou bas reliefs.

L'aquarium était à voir, il est extrêmement intéressant : depuis l'horrible pieuvre jusqu'aux plus gracieux coraux, véritables flores marines, jusqu'aux plus diaphanes et presque imperceptibles animalcules, mollusques et poissons, sont là réunis. C'est d'un intérêt dont on ne peut se faire une idée, si l'on n'en a pas quelques notions.

Pompéi. — On dîne à la hâte, et à une heure, quelques hardis pèlerins se sont embarqués pour Pompéi, distant d'environ 20 kilomètres de Naples. Nous emprunterons à Christian la plupart des descriptions données.

Le petit train parcourt un des coins de terre les plus riches du monde : ce n'est, somme toute, qu'un immense jardin planté de tout ce qui peut pousser ici-bas. Heureuse contrée, réellement gâtée du ciel ; si encore elle savait le comprendre !

O fortunatos, nimium, sua si bona nôrint !

Pompéi est une ville de 20.000 âmes, engloutie subitement par une éruption du Vésuve, en l'an 79. Les habitants furent, en quelque sorte, saisis par la mort, et toutes choses furent conservées par la lave pendant de longs siècles. C'est en 1748 que le roi de Naples, Charles III, fit commencer les fouilles de Pompéi, à la suite de découvertes d'objets d'art, qui y furent faites par des paysans. En 1813, les fouilles furent très activement poussées, elles durent encore. On n'a découvert qu'une partie de la cité. Mais cette partie découverte est déjà considérable.

A l'époque de la catastrophe, Pompéi était assise coquettement sur la mer. Si les flots se sont retirés à deux mille de la cité, c'est parce que le fond de la mer a été exhaussé par les cendres et les scories vomies par le volcan. Le port pouvait recevoir une flotte entière.

D'après l'examen des ruines, on est d'accord pour admettre que la lave embrasée n'a pas atteint la ville de Pompéï. Elle ne fut pas non plus détruite par les blocs de pierre lancés par le volcan, mais seulement couverte de la pluie de cendres et de la grêle de pierres ponces qui tombèrent sans cesser, pendant plusieurs jours. Les tremblements de terre firent crouler les étages supérieurs des maisons. Les étages inférieurs envahis par la cendre, et les *lapilli* seuls furent conservés.

La couche de pierres et de cendres s'éleva au-dessus des ruines, à deux mètres de hauteur.

L'aspect de Pompéï est, pour cette cause, celui d'une ville rasée à la hauteur du premier étage. Il faut donc, pour avoir une idée exacte de la ville, imaginer ce qui manque aux restes de cette cité, par ailleurs complète, jusqu'aux minimes détails.

On éprouve un charme incomparable en poursuivant jusque dans leurs moindres détails les traces visibles de la vie antique. On se retrouve soudain transporté 2,000 ans en arrière, en face des scènes du temps passé figées là, fixées là sur le sol, par le burin des éléments révoltés, comme l'artiste grave sur le marbre ou l'airain une scène qu'il veut faire passer à la postérité.

On se promène là, comme une sorte de revenant, à travers les rues, les places publiques, les palais, les théâtres, les maisons privées. On y revit toute la vie domestique de ces temps reculés; les peintures, les mosaïques, le mobilier le plus varié, les sièges, etc. sont encore là : on distinguait la *sedia*, simple tabouret sans dossier, le pliant, la chaise curule réservée aux consuls, prêteurs et édiles curules ; elle se pliait pour être commodément transportée. Souvent. le long des murs, des bancs en maçonnerie, lesquels, recouvert d'étoffes et de coussins, servaient de sofas comme dans les divans turcs. On distinguait encore le *bisellium*, siège sans dossier,avec un tabouret, et la *ca-*

thedra, fauteuil à dossier et à bras, réservé aux dames et aux professeurs.

On recevait même souvent ses amis, étendu. On faisait ainsi la lecture, même on écrivait en appuyant la tablette sur un genou redressé pour la circonstance.

Les lits avaient la même forme que les sofas. Les armoires ressemblaient beaucoup aux nôtres. Les buffets se composaient de deux tables superposées, l'une très basse, percée de trous pour supporter les fioles à base étroite, l'autre plus élevée et montée sur un seul pied, *trapézophore*. Les tables ressemblaient aux nôtres.

La cheminée était inconnue chez les anciens. A la cuisine, elle était remplacée par des fourneaux. Dans l'atrium était le foyer, *focus*, plate-forme élevée au-dessus du sol, où le bois brûlait, reposant sur des chenets. On se servait du vulgaire soufflet, comme aujourd'hui. Dans les autres appartements, on usait du réchaud ou brasero.

Parmi les maisons les mieux conservées, il faut citer la maison des Vettii : elle constitue une des découvertes les plus intéressantes que l'on ait faites à Pompéi. Cette découverte qui remonte seulement à 1895, a mis à jour une des maisons les plus belles et les mieux conservées. On la voit telle que l'ont laissée ceux qui s'enfuirent devant le cataclysme. Tous les objets sont à la place où ils étaient en 79.

Les tables de marbre supportent encore les statuettes qu'on y a mises ; on a pu identifier les plantes du jardin, et les peintures ont gardé leur fraîcheur. Dans la cuisine, les casseroles sont sur le fourneau avec les mets qui étaient en train de cuire. Après la découverte, la maison a été restaurée, les conduites d'eau ont été réparées. Il semble que le maître de céans n'a qu'à ressusciter ; il trouvera sa demeure en parfait état. Il y pourra montrer, comme il le faisait jadis à ses amis, les peintures qui ornent ses appartements.

Il y a encore là les fontaines publiques, les épiceries, les boulangeries, les marchands de vin : voici un comptoir avec les trous dans lesquels étaient fixées les amphores à base pointue. Le Maître Modestus a pris la précaution de faire représenter sur la muraille *Ulysse repoussant le breuvage de Circé*, breuvage qui devait le transformer lui et ses compagnons en animaux immondes. Tous les clients semblent avoir peu compris l'allégorie, car les amphores, les verres sont là sur les tablettes de marbre... La clientèle ne paye pas toujours très bien, car l'aubergiste a fait peindre sur le mur un Mercure avec une bourse, non le Mercure voleur, mais celui qui paye ses dettes. Dans d'autres tavernes, on a fait peindre des scènes d'ivresse. Ici le cabaretier a laissé ses comptes tracés à la pointe sur le stuc des murailles. Les consommateurs ont illustré eux-mêmes la muraille. Un soldat appelle le garçon : *Da frigidum poculum* : « Garçon ! du frais ! » Plus loin, un autre soldat présente un verre à un homme du peuple : *Marcus Furius Pila, Marcum Tullium*. Marcus Furius Pila invite Marcus Tullius. Sur la table on a trouvé les dernières consommations, les verres, les fioles, et des taches circulaires formées par un liquide sucré.

Nous nous arrachons à regret du milieu de ces ruines troublantes ; il faut partir. D'un trait nous arrivons au bateau, à notre chère *Etoile*, il était temps ! Elle lève l'ancre presque aussitôt, pour ne plus la jeter que dans le port de Marseille, aux pieds de Notre-Dame de la Garde, sur les rives de France, si désirées depuis huit jours.

Je me permets d'insérer ici une petite poésie, (quoique non faite par l'un des nôtres, qui eût chanté « *l'Etoile* » au lieu de la Nef), à cause de son à propos et de son originale facture.

VIVE LA NEF !

REFRAIN

Vive la nef !
Vive le chef
Des pèlerins de Pénitence !
Vive la nef,
Qui de rechef,
Vogue vers notre douce France !

Que sont les pèlerins de la Pénitence ?

Ils sont de fer,
Ils sont de fer,
Ils sont de fervents pèlerins.
Toujours pieux et plein d'entrain.
J'aime leurs vers,
J'aime leurs vers,
J'aime leurs vertus héroïques.
Vive la nef!....

J'aimais leurs vices!!!
J'aimais leurs vices!!!
J'aimais leur visite à Byzance.
Ce sont des fleurs de douce France,
Toujours exacts,
Toujours exacts,
Toujours exhalant leur arôme.
Vive la nef!....

Ils sont tous bien,
Ils sont tous là,
Ils sont tous bien laborieux,
Dédaignant comme indigne d'eux
Ce qui est frit,
Ce qui est frit,
Ce qui est frivole et futile.
Vive la nef!....

Ils sont assis,
Ils sont assis,
Assidus à tous leurs devoirs.
Qu'ils sont édifiants à voir
Toujours transis,
Toujours transis,
Toujours transigeants pour les autres !
Vive la nef!...

Quant à tous ces Messieurs les Ecclésiastiques.

Ils furent forts,
Ils furent forts,
Ils furent fortement travailleurs,
Se montrant en mer comme ailleurs
Fort entêtés,
Fort entêtés,
Forts en théologie.
Vive la nef!...

Notre marche est lente, tant mieux ! nous avons le temps d'admirer un des rares panoramas du monde. Nous saluons de nos regards émerveillés et émus une dernière fois Naples, qui disparaît dans la pénombre du soir, mais qui s'illumine peu à peu depuis le Pausilippe jusqu'à Sorrente [illegible] s'embrase de mille feux. Bientôt, ce sera un véritable ciel étoilé qui, de la pleine mer, se fondra avec le ciel des cieux.

Au loin, on devine les îles charmantes aux noms sonores de Capri, Ischia, Procida, puis de Sorrente qui, discrète et tiède, se cache au milieu de ses citronniers au vert exquis.

Le Vésuve nous fait de splendides adieux, il se montre très correct, je dirais même aimable, en lançant dans les airs des colonnes de feu de 2 à 300 mètres de hauteur (du moins cela nous paraissait ainsi et, vu la distance, nous ne devions pas être loin de la vérité), et suspendant son éternelle menace sur les villages négligemment insouciants, qui rient du bonheur de vivre, chantant quelques sensuelles « *Canzone* » sourdement rythmées par le grondement de la montagne en feu.

Un groupe important d'une trentaine de pèlerins français, belges, hollandais, américains, nous ont quittés à Naples pour visiter Rome et l'Italie. A leur tête est Mgr Tristehler. Ils auront une audience du Pape le 19. Tous emportent notre affection et nos sympathies ; ils prieront pour nous près de la Confession de Saint Pierre : nous ne les oublierons pas non plus.

Prière à huit heures. Elle est courte : tout le monde a besoin de repos. Le Directeur nous apprend trois pénibles nouvelles, trois morts : le frère du Commandant, la mère d'un de nos plus édifiants pèlerins, M. Dejean, et la sœur du R. P. Xavier, laissant cinq enfants en bas âge. Nous disons de tout cœur un *De profundis* pour ces chers défunts.

Après la prière du soir et la Bénédiction du Très Saint Sacrement, une très touchante cérémonie eut lieu, je veux dire le chant du *Super flumina Babylonis*.

C'était un magnifique spectacle de voir toutes les mains se lever en signe de serment au verset : *Si oblitus fuero tui, Jerusalem, oblivioni detur dextera mea ! Si jamais je t'oublie, ô Jérusalem, que ma droite soit livrée, elle aussi à l'oubli !* verset que tous répétaient en chœur, après chaque verset chanté en *solo* à l'harmonium.

Lundi 16. — Nuit très bonne, très calme et réconfortante. De semblables nuits ont été assez rares pour que celle-là mérite d'être signalée.

A sept heures du matin, une messe de *Requiem* est chantée pour les parents des pèlerins défunts ; l'absoute de la mer est à nouveau donnée, comme à l'aller. C'est une cérémonie toujours très impressionnante.

Nous remontons les côtes de l'Italie jusqu'en face de l'île d'Elbe, célèbre par la captivité de Napoléon Ier. Nous la côtoyons longtemps : elle est assez vaste, mais tout de même un peu petite pour un Napoléon. Elle paraît gracieuse. Plusieurs villages se montrent, à demi-cachés dans les plis de terrain, ainsi que quelques petites vallées charmantes, vues de loin.

Nous apercevons, sur le soir, la pointe nord de la Corse, et demain, à notre réveil, nous serons en vue des rivages de la Patrie.

Mardi matin, 17. — Vive la France ! La voilà, Dieu soit béni ! Si naufrage nous faisions en touchant au port, nos yeux auraient du moins revu le pays aimé, la patrie, la plus belle, a-t-on dit, après celle du Ciel, la France si aimée et aujourd'hui si malheureuse.

LA FRANCE.

Dans les siècles passés, j'ai bien aimé ma mère,
La compagne du Christ qui vint sauver la terre ;
J'ai reçu le baptême avec le grand Clovis,
Aux Lieux Saints, j'ai suivi l'illustre Saint Louis ;
De mon sol ont germé des monuments superbes,
Remplaçant les marais, les bois, les folles herbes,
Dont les peuples en foule inondaient les parvis.
Chemins de la vertu menant au Paradis.....
Pour le droit opprimé j'ai lutté bien souvent,
Versant en maints combats le plus pur de mon sang ;
Les hommes, étonnés, enviaient tous ma gloire,
D'héroïques récits fourmillait mon histoire ;
.....Tout s'est évanoui comme un soleil couchant,
Le tombeau devant moi s'est entr'ouvert béant ;

Et des fils de Satan l'infatigable haine,
Dans le puits du néant avec rage m'entraîne.....
Si j'ai trahi mon Dieu dans un coupable oubli,
Si, devant les méchants, lâchement j'ai pâli,
Le flambeau de la Foi luit toujours dans mon âme,
Dans ce siècle incrédule, imperceptible flamme.....
De mon salut final je garde encor l'espoir :
Le beau, le vrai, le bon peut encor m'émouvoir!
Qui me délivrera de mon joug lamentable
Pour me jeter aux bras du Sauveur adorable?
Quand le soleil se couche, on le voit revenir.....
Seigneur, ayez pitié! Je ne veux point mourir!

Nous avançons rapidement, malgré un fort vent du nord. C'était le mistral, qui venait nous saluer en pleine mer, nous apporter les senteurs de la France et rafraîchir nos membres rôtis par le soleil d'Orient. C'est égal, il était un peu froid! On se serait bien passé de ses mordantes caresses.

Mais, va pour le mistral! On ne s'en occupait point outre mesure. Toutes les émotions passées, présentes et futures se heurtaient en nous. C'était la séparation. La séparation après un long voyage, une longue vie de famille, où tant de liens chers et forts s'étaient formés. Cette pensée douloureuse et tenaillante mettait une puissante sourdine à la joie du retour.

A midi, nous étions en face de Marseille: la Bonne Mère, du haut de sa montagne sainte, semblait nous sourire et bénir notre arrivée. Chacun de nous, à cette heure solennelle, a dû lui exprimer sa vive reconnaissance pour l'heureux voyage accompli sous ses auspices, la supplier d'offrir à son Divin Fils sa profonde gratitude pour cette faveur si exceptionnellement grande, celle de la visite des Lieux Saints; son désir de les revoir, et ses vœux qu'un grand nombre de Chrétiens puissent, un jour ou l'autre, avoir la même faveur que nous.

A deux heures, notre chère *Étoile* jetait l'ancre au port de la Joliette, qu'elle avait quitté six semaines auparavant. Elle n'avait plus de chapelle; à peine la dernière messe de ce jour dite, elle avait été livrée aux mains des matelots. Tout avait été roulé, plié, enlevé ; bientôt il ne restait plus que la carcasse. C'était triste à faire pleurer. Le Maître nous avait quittés ; plus rien ne nous retenait sur notre beau vaisseau. On débarque, la dispersion commence.

C'est fini ! On s'est donné rendez-vous au Ciel.

8 Décembre 1905, en la Fête de l'Immaculée-Conception.

NOS DEUX CHERS DÉFUNTS.

M. l'Abbé H. Volker, vicaire à Tilbourg (Hollande), pèlerin du XXXe Pèlerinage de Pénitence. Embarqué à Marseille, déjà malade, il n'a pu suivre le pèlerinage que jusqu'à Constantinople, où l'*Étoile* fit relâche avant d'aller à Jérusalem. Il est décédé pieusement à l'hôpital français, après le départ du pèlerinage, assisté par le R. P. du Ham, son compatriote ; son corps a été transporté en Hollande où de touchantes funérailles lui ont été faites. Ce premier deuil, qui affligea vivement les pèlerins hollandais, devait être suivi d'un second.

M. Vos de Wael, de Bois-le-Duc (Hollande), atteint de la fièvre à Naples, mourut en effet au lendemain du débarquement à Marseille. Ce jeune homme avait été l'édification du pèlerinage et revenait heureux de toutes les impressions recueillies. Dieu l'a appelé à la Jérusalem du Ciel.

Requiescant in pace !

APPENDICE

Pour l'édification d'un certain nombre de lecteurs et l'utilité de tous, il m'a paru avantageux de faire suivre les pages précédentes d'un modeste appendice *sur quelques-uns* des *us* et *coutumes* anciens et modernes en Palestine (1).

On peut dire qu'il n'y a rien de changé en Orient, et l'on éprouve un plaisir inouï et inconnu à le constater.

Tout le passé s'éclaire d'un jour nouveau et merveilleux au contact des faits et usages actuels. On est tout surpris de trouver tant de naturel et de simplicité dans ce qui avait paru jusque là, mystérieux et inexplicable.

Les pages qui suivent seront glanées un peu partout, et si elles n'ont ni le mérite personnel ni celui de la cohésion, elles auront du moins l'intérêt suprême de vibrer à l'unisson et de redire *toutes*, sur des tons divers, que les *choses anciennes* s'éclairent et s'expliquent par les *choses nouvelles*.

(1) Le lecteur qui désirerait plus de détail, le trouverait dans le livre si intéressant de M. l'abbé Curtet, ayant pour titre « *La Terre Sainte autrefois par aujourd'hui* », en vente chez l'auteur, à Groissiat, par Martignat, *Ain*.

> Qu'est-ce qui a été ? — C'est ce qui sera plus tard. — Qu'est-ce qui s'est fait ? — C'est ce qui doit se faire encore. — Il n'y a rien de nouveau sous le soleil, et nul ne peut dire : Voici une chose nouvelle ; car elle a déjà existé dans les siècles qui furent avant nous. (Eccl. I, 9 et 10.)
>
> Lorsqu'on habite l'antique Terre de Chanaan, on peut aisément faire revivre les scènes qui sont racontées dans les Livres Saints. Tout se passait alors comme aujourd'hui. Presque à chaque pas, il semble qu'un épisode de la Bible revit et ressuscite sous nos yeux et c'est là une source de jouissances en même temps qu'un foyer de lumière. (Abbé Vigouroux.)
>
> Le principal intérêt des ruines de Jérusalem (et de la Terre Sainte) est d'être le commentaire matériel des récits bibliques. (M. de Vogüé)

Heureux le Chrétien, le prêtre surtout qui, une fois au moins dans sa vie, a fait le pèlerinage de Terre Sainte !

Plus heureux celui qui, ayant visité déjà les Saints Lieux, part une seconde fois pour ce pays sanctifié par la vie, la Passion et la mort du Sauveur ! Mieux que la première fois, il peut se tracer un programme bien précis, laisser de côté les choses secondaires, s'attacher aux points essentiels, les étudier avec soin, et parler de ce qui touche à la Terre Sainte en connaissance de cause.

Mais bien plus heureux encore celui qui, ayant passé des mois et des années en Palestine et l'ayant parcourue et étudiée en détail, a pu acquérir des mœurs et des habitudes des peuples qui l'habitent une connaissance suffisante, qui lui permette de comparer ces mœurs et ces habitudes avec celles des Hébreux et des Juifs contemporains des livres de la Bible ! Étude intéressante au suprême degré, car ces peuples d'Orient sont essentiellement des peuples de tradition : ce qui se fait chez eux aujourd'hui s'y est fait de tout temps, et notre civilisation moderne aura peine à les changer complètement.

Ces simples mots indiquent l'objet des documents que nous sommes heureux de communiquer à nos lecteurs : *expliquer une multitude de passages de la Bible par l'exposé des coutumes et des usages actuellement en vigueur dans ce pays.*

Voici ce qu'écrivait M. l'Abbé Vigouroux, en 1894, à la *Revue biblique* :

« Nulle part on ne peut être aussi bien placé pour comprendre la Bible qu'au lieu même où elle fut écrite. Quand on vit en Palestine, que l'on respire le même air qu'ont respiré les écrivains sacrés, qu'on a sous les yeux les mêmes spectacles, le même sol, le même ciel, la même nature, les mêmes productions, ce qui pourrait paraître obscur, parfois étrange, devient clair, facilement compréhensible ; et tout, jusqu'aux images les plus inaccoutumées pour les hommes de l'Occident, apparaît frappant de justesse et d'exactitude....

« Malgré toutes les révolutions politiques et les changements accomplis sur ce petit coin de terre, on peut dire que non seulement les lieux sont restés les mêmes, mais qu'une foule d'images et de coutumes sont demeurées comme immuables : de sorte que lorsqu'on habite l'antique Terre de Chanaan, quoiqu'elle soit devenue une province de la Turquie, on peut aisément, et presque sans effort d'imagination, remonter plusieurs siècles en arrière et faire revivre les scènes qui sont racontées dans les Livres Saints... Tout se passait alors comme aujourd'hui. Presque à chaque pas il semble qu'un épisode de la Bible revit et ressuscite sous nos yeux, et c'est là une source de jouissances qu'on ne peut goûter qu'en Terre Sainte, en même temps qu'un foyer de lumière dont on ne peut être éclairé que dans ce pays. Souvent on n'a même aucun besoin de faire appel à l'imagination. La fontaine de Siloé est toujours là, *coulant en silence*, comme aux jours d'Isaïe (VIII, 6) : les grandes pierres du Temple, que les Apôtres montraient avec admiration à Notre-Seigneur, on les voit, on les touche comme les contemporains du Sauveur. On rencontre les tours de garde dans les champs, comme au temps des Prophètes. On entend la *voix de la meule* du moulin à bras qu'une ou deux femmes font tourner pour moudre le pain quotidien, comme l'entendait Jésus et ses disciples. Quand la nuit arrive, les aboiements des chiens affamés résonnent dans les rues de Jérusalem : les descendants de ceux dont parle le Psalmiste font ce que faisaient leurs pères : *convertentur ad vesperam, et famem patientur ut canes, et circuibunt civitatem.*

« Les faits bibliques prennent ainsi sur place comme une vie nouvelle et l'exactitude du langage des écrivains sacrés remplit d'admiration...

« Mais non seulement on comprend mieux l'Écriture en Palestine, on peut aussi là, et là seulement, élucider bon nombre de points obscurs ou douteux. L'étude sur place est seule capable de donner le moyen de fixer la géographie et la topographie sacrée, encore incertaine en bien des cas. »

De son côté l'Abbé Galeran écrivait :

« Rien n'est changé en Orient, malgré les guerres, les sièges, malgré le changement de races. Vous lisez la *Genèse* ici comme vous l'auriez lue avec les Juifs. Habitudes, coutumes, usages domestiques, tout est conservé intact. Le laboureur, comme au temps de Saint Jérôme, pousse la charrue en chantant le *Te Deum* s'il est Chrétien, ou des hymnes à *Allah* s'il est mahométan. Les femmes, deux à deux, font le pain comme autrefois. La femme de Bethléem, le dimanche, est vêtue comme Judith, moins la richesse des étoffes et des ornements d'or. J'ai passé une année entière au milieu des mahométans que la prétendue civilisation moderne n'a point touchés : j'y ai retrouvé les habitudes patriarcales, les mêmes prières, la même notion de la Providence. Et les pâtres avec leurs troupeaux !.... Pas de chiens : (la Bible ne parle pas de chiens : un seul est mentionné par Job(Ch.XXX),comme chien de garde). Mais la voix de ces pâtres, leurs tons variés, la facilité avec laquelle ils séparent les chèvres des brebis!. Et les saluts des passants: *Que Allah te garde! Que la paix soit avec toi et y reste!* etc., etc... »

1. — Maison d'artisan à Nazareth.

Il serait facile de constater qu'en Palestine les traditions se perpétuent, et si nous voulions savoir ce qu'était la maison de Saint Joseph, nous n'aurions qu'à étudier la maison actuelle d'un artisan de Nazareth. Telle était la pensée de Mgr Le Camus; aussi dans son dernier voyage en Palestine, a-t-il mis tous ses soins à étudier Nazareth. Cette étude lui a révélé beaucoup de choses que ne dit pas l'Evangile. Laissons-lui la parole :

« La maison de l'ouvrier, dit-il, a été de tout temps distincte de son atelier; on le voit par des passages des Evangiles apocryphes du troisième siècle.

« Cette maison où vit la famille de l'ouvrier, et où il vient lui-même vers midi pour reprendre son repas et au coucher du soleil pour y passer la nuit est non pas à petit dôme, comme celles de Jérusalem et d'autres villes de Syrie, mais à toiture plate, formant terrasse. Elle est toujours bâtie en de modestes proportions. C'est l'habitation juive d'autrefois, avec sa pauvre architecture traditionnelle. On y entre par une petite cour avec galerie intérieure tout à fait rudimentaire, ou par un escalier qui motive toujours un sous-sol assez bas. C'est là que, faute d'autre avant-corps, on loge quelques bêtes et diverses provisions. De telles décharges extérieures sont d'autant plus utiles que la maison proprement dite n'a qu'un seul appartement, où la famille se tient réunie, où on mange, on couche, on vaque aux travaux du ménage.

« L'appendice traditionnel de cet appartement, c'est la terrasse, qu'on aborde par un escalier soit intérieur, soit extérieur. Sur ce toit plat fait de terre glaise ou de mortier, on se groupe pour respirer l'air frais du soir, pour prier et passer de longues heures en intimes causeries. Pendant le jour, les femmes y lavent et y font sécher le linge, les ustensiles de ménage et même les graines récoltées à la belle saison.

« Si la famille est nombreuse, largement apparentée, dans une aisance relative et désireuse de faire l'hospitalité, elle se construit presque toujours, comme le fit la Sunamite pour le prophète Elisée, une chambre sur cette terrasse... On y installe les hôtes pour leur laisser plus de liberté, et souvent les nouveaux ménages, lorsque à l'appartement inférieur il n'y a plus de place pour eux. Or, ce cas n'est pas rare, les familles étant habituées à ne pas se diviser pour rester, selon le mot du Ps. LXXVIII, 3, *comme les rejetons de l'olivier, autour du tronc vénérable qui les a engendrés et nourris.* On trouve fréquemment plusieurs frères avec leurs femmes et leurs enfants, vivant très cordialement sous le même toit, bien que le père, ce puissant trait d'union, ait depuis longtemps disparu. En son absence, c'est l'aîné de la famille qui hérite de l'autorité et en partie des responsabilités paternelles.

« La maison où nous allons entrer est celle d'un charpentier. Elle n'a pas d'avant-cour et on l'aborde par un escalier assez gravement compromis. La porte est l'ouverture, non pas seulement principale mais unique par où le jour pénètre dans le vaste appartement. Une petite fenêtre sert à l'opération, mais ne donne presque pas de lumière. Un moment, l'obscurité nous semble complète dans ce réduit plus long que large ; puis, peu à peu, nos yeux s'habituent à ce demi-jour qui a l'avantage de déplaire aux mouches et de donner quelque fraîcheur aux habitants. On comprend, dis-je à mon compagnon, M. Vigouroux, qu'en un lieu si mal éclairé la femme de l'Evangile *prenne son balai et allume sa lampe, pour trouver la drachme perdue* (Luc XV, 8).

« Ce qui frappe le plus, quand l'œil peut enfin se permettre une inspection générale dans ce singulier intérieur, c'est le peu qu'il faut pour suffire aux besoins de l'homme non encore en contact avec la civilisation moderne. Dans cette salle, qui est le tout de la maison, il y a un grand vide qui donne froid au cœur, et dans ce vide un très pauvre mobilier. En voici, au reste, l'inventaire. Il ne sera pas long.

« D'abord, ni lits, ni tables, ni sièges. Les lits sont remplacés par des nattes épaisses ou des couvertures matelassées qu'on roule le matin, dès le lever, pour les empiler avec les coussins, dans la vaste armoire prise dans le mur, et où s'accumulent les rares objets de lingerie dont dispose la famille.

La table est quelquefois un boisseau renversé. Ici, et le plus souvent, c'est un rond portatif reposant sur un large pied, de 20 centimètres de haut. Sur ce rond, que l'on met de côté après le repas, se place un disque de cuivre ou simplement de fer battu, portant, habilement échafaudés, le riz ou les légumes qui seront le régal de la famille. Les sièges ou escabeaux n'ont pas ici leur raison d'être, attendu que pour manger comme pour travailler ou converser, on doit s'asseoir sur la natte occupant le fond de l'appartement.

« Dans les murs, à droite et à gauche, deux grandes niches cintrées. Celle de droite, dans sa partie basse, est avantageusement occupée par une grande jarre ou réservoir d'eau, qu'accostent quelques cruches plus légères, celles-là même qu'on va, deux fois par jour, remplir à la fontaine, pour alimenter le récipient principal. Sur quelques planches de sycomore, disposées par étage dans l'embrasure de la niche, les burettes de l'huile et du vinaigre, la gargoulette que l'on passera pour boire pendant le repas, quelques écuelles de bois, dont une assez grande est destinée à servir le lait aigre, assaisonnement régulier de tout mets offert à l'assistance. Ne cherchons ni assiettes, ni cuillers, ni fourchettes : le pain en feuilles, sorte de crêpes de large dimension, et les mains des convives les suppléeront très ingénieusement.

« Le pain mince et étalé dans toute son ampleur est l'assiette réglementaire ; sur un de ses côtés on prélève adroitement une bande, qui à moitié enroulée vers le bout deviendra la cuiller. Les doigts feront tout le reste.

« Dans la niche de gauche, et, par le fond engagés partiellement dans le sol, trois grands vases de terre cuite, renfermant les provisions de blé, de riz, de pois chiches, utilisées pour l'ordinaire de chaque jour. C'est par une ouverture ronde et pratiquée au bas de ces vases qu'on en extrait le contenu. Le haut de l'embrasure, partagé en rayons réguliers, sert d'asile soit à quelques légumes, ails, oignons, fèves, recueillis dans les corbeilles de paille tressée, soit à de petits vases renfermant le sel, la menthe et le cumin pilés ou d'alléchantes confitures. A la place d'honneur, deux petites cornes, l'une remplie de fard noirâtre qui sert à teindre les cils et les sourcils, et à donner par des ombres habilement ménagées, un éclat particulier aux yeux les plus doux et même les plus modestes : l'autre renfermant la poudre de *henné*, avec laquelle on décore les ongles d'une couleur rouge-jaune : ce qui est, pour toute syrienne, le complément obligé de la plus élémentaire toilette. A coté est le *mil*, longue aiguille de bois qui, dans ces diverses opérations, joue le rôle de pinceau.

« Plus loin, une outre vide est suspendue à la muraille. Au-dessous et par terre, un bâton fixé dans une planchette ou escabeau qui lui sert de base représente le chandelier patriarcal. S'élargissant en creux au sommet, il reçoit une petite lampe d'argile à trois becs garnie d'huile et de tresses de coton. Souvent elle brûle toute la nuit.

« Au fond de la salle et en face de la porte, un miroir, orné de gaze bleue, appelle avec quelque prétention l'œil des visiteurs. Puis à droite et soigneusement fermé, se dresse un grand coffre de bois, grossièrement enjolivé de peintures criardes. C'est là qu'on serre les habits de fête, les tapis brodés, les bijoux, en un mot tous les objets précieux de la famille. A gauche, sont rangés près du mur, un plat de cuivre, une marmite en fer battu et un berceau. C'est là tout le mobilier, si nous y joignons un petit fourneau en terre cuite, deux pierres à moudre le blé et un récipient de bois qu'utilisent en ce moment quatre femmes assises sur une natte centrale.

« Deux d'entre elles ont fait de la farine fraîche, et une autre la pétrit dans la vaste jatte qui sert aussi de plat pour le riz et de cuvette pour laver le linge. Cette fois, grâce à un habile mélange de miel et d'huile avec la fleur du froment, il en sortira des gâteaux suintants et dorés, que nos aimables nazaréennes nous font admirer avec satisfaction, tandis que deux petits enfants les dévorent des yeux, en tenant un doigt dans leur bouche gourmande. Ces femmes sont la belle-mère et trois belles-filles, preuve concluante que trois ménages, comme nous le disions tout à l'heure, peuvent vivre en paix sous le toit paternel, et n'y former qu'une seule famille. Les gens du dehors sont ainsi autorisés à confondre sous le titre de frères tous les enfants qui en font partie, alors même que plusieurs ne sont que cousins germains. Il n'y a pas de meilleure explication à donner des passages de l'Evangile où il est question des frères et des sœurs de Jésus. On y vise, en effet, comme le prouvent les indications généalogiques de trois d'entre eux : Jacques, Simon et Jude, les fils non pas de Joseph, encore moins de Marie, mais d'Alphée ou de Cléophas, frère ou beau-frère de Joseph, et on les appelle frères, quoique n'étant en réalité que des fils de frère ou de sœur, soit de Joseph, soit de Marie.

« Nous avons certainement sous les yeux le type traditionnel et vingt fois séculaire de la maison de l'artisan » (1).

(1) Mgr Le Camus, *Nazareth*, p. 27, etc...

2. — Terrasses en Palestine.

Nos soirées sur la terrasse étaient les meilleurs moments du jour. On ne pratique guère ici le précepte du *Deutéronome*, qui recommande de mettre une balustrade autour de son toit pour éviter que, quelque imprudent venant à tomber, le propriétaire n'ait la responsabilité de sa mort. (Deut. XXII, 8). Comme elles manquent à peu près toutes de parapet protecteur, nous sommes admis à voir très directement pourquoi comment ces terrasses sont la moitié, sinon le tout, de la maison orientale. C'est là qu'on étend le grain, les raisins et les figues pour les sécher. Le voleur ne saurait y atteindre pour rien dérober. Un rouleau de pierre, vieux fût de colonne qui a jadis orné quelque temple y demeure en permanence, et après la pluie on le promène sur la couche de terre glaise mêlée de cendre qui remplace la chape de ciment sur ces voûtes rudimentaires. C'est là que l'herbe pousse pour mourir bientôt, *fœnum tectorum quod priusquam evellatur exaruit.* Des poulets et des moineaux s'y poursuivent. Sur le soir, un chien y pousse de lugubres gémissements (1).

3. — Aire en Palestine autrefois et aujourd'hui.

Il ne faut pas assimiler les *aires* des anciens Hébreux aux aires de nos granges. C'étaient, comme maintenant dans tout l'Orient, des places rondes, situées sur des hauteurs, en plein air, où le blé était battu par le moyen de traîneaux, ou avec des bâtons, ou sous les pieds des chevaux ou des bœufs que l'on faisait courir en rang sur les gerbes dressées les unes auprès des autres, l'épi en haut. Pour faire ces aires, on mêlait de

(1) Le Camus, *Voyage*, t. III, p. 104.

la lie d'huile avec de la terre grasse et, quand cette terre était imbibée, on la battait et on l'aplatissait : lorsqu'elle était sèche, ni les rats, ni les fourmis ne pouvaient y pénétrer. Quand le grain était battu et mêlé avec la paille brisée et broyée, on attendait le lever du vent du soir, et alors on jetait le tout en l'air avec des pelles (*ventilabra*), le bon grain retombait sur l'aire et la paille se dissipait et était emportée par le vent (V. Jahn, arch. § 60). Le mot *horreum* signifie ici non pas des granges comme les nôtres, mais des cavernes ou cavités souterraines et voûtées dans lesquelles les Orientaux ont coutume de conserver le froment, le vin et l'huile (1).

Quand le bon grain était séparé de la paille, on recueillait de cette dernière ce qui pouvait servir de fourrage pour les bestiaux ; le reste était brûlé ou sur le champ même, pour l'amender et le rendre plus fertile, ou à la maison, en place du bois qui est fort rare en Orient. (Jahn § 66).

4. — Bœufs foulant le blé.

Au bas de chaque village de Palestine et de Syrie est un grand terrain vague qu'on nomme le *baïdar*, où chaque cultivateur fait fouler son blé.

Les fermiers de la dîme sont là jour et nuit, surveillant les tas de blé, le cultivateur veille de son côté sur l'avide percepteur. Seuls, les bœufs, les chevaux, les baudets du village errent en liberté dans le *baïdar* et mangent en franchise de la paille et du grain, partout où il leur plaît et tant qu'ils veulent : percepteurs et propriétaires n'ont rien à leur dire. Pauvres bêtes ! Il est bien juste qu'elles se refassent pendant ces deux mois, après les privations de l'année, d'autant plus que, pour plusieurs, le travail de l'aire est pénible.

(1) V. Dehaut, *Evangile* t. I, p. 440.

Ce n'est pas là une loi nouvelle. C'est la loi de Moïse : *Tu ne lieras pas la bouche au bœuf qui foule ton grain sur l'aire.* (Deut. xxv, 4) Saint Paul rappelle cette loi aux Corinthiens (I Cor. ix, 9) et à son disciple Timothée (I Tim. v, 18).

Quand le vent souffle sur l'aire, il soulève d'immenses tourbillons de paille en poussière, qui nous représentent, au dire de Job, la puissance de Dieu balayant les impies : *ils seront comme la paille en face du vent.* (Job. xxi, 18) (1).

5. — Traîneau à fouler le blé.

Les Syriens, les habitants de la Palestine, du Hauran, de la Thrace, ont un singulier instrument pour battre le blé. C'est simplement un traîneau formé d'une grosse planche dont le dessous est garni de minerai de fer, de gros clous ou de pierres très dures enfoncées de force dans des trous et faisant saillie. En arabe, on le nomme le *maourège*.

Un cheval et des bœufs, conduits par un enfant debout sur la planche, le traînent en rond sur l'aire. Les javelles forment rebord autour du rond ; le blé battu se rassemble en monticule, au centre.

Le *maourège* est, sans aucun doute, le traîneau à fouler le blé, dont parle Isaïe et qu'il nomme en hébreu *môrag*. Le Seigneur dit à Israël : *Je t'ai posé comme un traîneau neuf, triturant la moisson avec des rangées de dents.* (Isaïe xli, 15).

Le prophète Amos le nomme un traîneau de fer : *Je ne pardonnerai pas à Damas... parce qu'ils ont torturé Galaad sous des traîneaux de fer.* (Amos 1, 3) (2).

(1) R. P. Jullien, *L'Égypte*, p. 258.
(2) R. P. Jullien, *Id*, p. 257.

6. — Les moulins.

Tous les voyageurs connaissent le petit moulin à main usité dans tout l'Orient, en Mésopotamie comme au Soudan. Ce sont deux petites meules, larges de 50 à 60 centimètres, épaisses de 6 à 10. Celle de dessous est légèrement convexe, pour faciliter la chute de la farine. L'autre l'emboîte exactement. Au milieu de la meule supérieure, seule mobile, est un assez large trou traversé diamétralement par une petite pièce de bois ou de fer, percée elle-même d'un trou où s'engage le pivot de fer s'élevant au centre de la pierre inférieure. Le moulin est ordinairement posé à terre sur une peau : une ou deux femmes accroupies, l'une en face de l'autre, tournent la pierre supérieure par un manche de bois planté debout sur la meule et près du bord. Si deux femmes travaillent ensemble, l'une d'elles tourne de la main gauche et se sert de la droite pour mettre le grain dans le trou central, que le petit moyeu ne ferme pas entièrement.

C'est un travail dur, toujours réservé aux femmes de basse condition, aux esclaves. *Je ferai périr tous les premiers-nés des Egyptiens*, dit le Seigneur à Moïse, *depuis le premier-né du Pharaon qui est assis sur son trône jusqu'à celui de la servante qui travaille à la meule.* (Ex. xi, 5). La suprême injure que les Philistins firent subir à Samson, après lui avoir crevé les yeux, fut de le mettre à tourner le moulin. (Juges. xvi, 21).

Le bruit du moulin est le signe d'une maison prospère ; le silence des meules marque l'indigence, la paresse, la désolation. Le Seigneur, prédisant par la bouche de Jérémie la désolation de la Captivité, ne dit-il pas : *Je leur enlèverai la voix de la joie et de l'allégresse, la joie de l'époux et de l'épouse, la voix de la meule et la lumière de la lampe ?* (Jér. xxv, 10). L'*Ecclésiaste* disait aussi des tristesses de la vieillesse et des approches de la mort dans la famille : *Les femmes seront oisives et tourneront la meule en petit nombre; elles fermeront les portes qui donnent sur la place, et on n'entendra plus que faiblement le bruit du moulin.* (Eccl. XII, 3 et 4).

Il était défendu aux Juifs de prendre en gage la meule supérieure et la meule inférieure, pour que le débiteur ne fût pas privé d'un instrument nécessaire à la vie de sa famille. (Deut. XXIV, 6). Même dans le désert, les Hébreux avaient porté de ces petits moulins et s'en servaient pour broyer la manne. (Nombres, XI, 8).

Les petites meules dont se servent les *fellahs* ne réduisent pas le blé en poudre fine, le son n'est pas séparé de la farine, rien n'est tamisé.

La pierre noire de ces meules vient des environs de la mer Morte ; elle est volcanique, très dure et grêlée.

— « Un jour, dit l'Abbé Galeran, dans un village situé entre Bethléem et Hébron, deux femmes, la mère et la fille, travaillaient au moulin. Tout à coup la mère pâlit, poussa un cri, puis, s'affaissant, elle tomba morte. Une rupture interne avait causé cette mort soudaine.

La pauvre fille nous racontait les détails de cet événement, debout près du moulin, nous faisant comprendre par ses gestes comment sa mère était tombée là, près d'elle. N'était-il pas naturel de se rappeler alors avec émotion la parole du divin Maître : *Duæ molentes in molâ : una assumetur et una relinquetur?* » (1).

7. — Le Four.

Les familles de cultivateurs font le pain dans des fours de différentes sortes. En certains pays, le four est

(1) *Echos de N.-D. de France*, t. IV, p. 54.

une demi-sphère convexe en tôle, que l'on chauffe à l'intérieur, et sur laquelle on fait reposer un instant la pâte étendue en feuilles très minces. Dès que la feuille est un peu roussie, la femme la fait glisser à terre et en met une autre sur la plaque.

En Galilée, le four est une cloche de terre cuite, large de 80 centimètres, haute de 40, dont le sommet s'ouvre en soulevant un gros tampon d'argile. Il se chauffe par le dehors; la braise et les cendres chaudes qui le recouvrent ne s'éteignent jamais. A l'intérieur est un lit de gravier. sur lequel on dépose le pain en l'introduisant dans l'ouverture, la main entourée d'un linge mouillé. Dans les villages, chaque maison a son four, sous une cahute de branchages et de boue.

Il faut qu'une famille soit bien pauvre pour partager le four d'un autre. *Si vous marchez contre moi*, dit le Seigneur à son peuple, *je vous enverrai une telle famine que dix femmes cuiront leur pain dans un même four.* (Lév. XXVI, 26.)

Les femmes entretiennent le feu du four, non seulement avec du bois, comme la veuve de Sarepta (III Rois, XVI, 12), mais aussi avec toutes sortes de débris et d'herbes sèches. *Si Dieu pare si bien l'herbe qui est aujourd'hui dans les champs et qui demain sera jetée dans le four, combien n'aura-t-il pas plus soin de vous, hommes de peu de foi*, dit le Seigneur! (Math. VI, 30) (1).

8. — Le Pain.

La fabrication du pain, chez les Orientaux, met devant les yeux plusieurs détails bibliques.

Un groupe de voyageurs vient-il demander l'hospitalité à une famille aisée qui tient à les bien recevoir, toutes les femmes de la maison se mettent aussitôt en

(1) R. P. JULLIEN, *Op. cit.* p. 261.

mouvement pour cuire le pain. C'est leur première préoccupation, et non pas la moins longue. J'avoue que plus d'une fois j'aurais désiré qu'au lieu de suivre si fidèlement l'exemple de Sara, se mettant à pétrir trois mesures de farine pour les trois Anges descendus chez Abraham, elles m'eussent donné tout de suite du vieux pain. Du reste Abraham, pour prévenir pareil désir, dans ses hôtes, dit à Sara de faire vite. (Gen. XVIII, 6.)

Le pain oriental ne ressemble guère au nôtre. Il n'a ni mie ni croûte ; ce n'est qu'une peau simple ou double, jamais plus épaisse que le petit doigt de la main. Chaud il est bon ; sec il est sans saveur et se dissout mal. Aussi, dans la famille orientale, fait-on le pain tous les jours. L'office de faire du pain est confié aux femmes, comme au temps où Jésus-Christ disait aux Juifs : « *Le royaume des Cieux est semblable au levain que la femme enfouit dans trois mesures de farine jusqu'à ce que tout soit fermenté.* (Math. X, I,33). — On a dit que, dans le *Pater*, la demande du pain quotidien se rapporte à cet usage des Juifs, conservé par les Orientaux, de faire le pain chaque jour. C'est donc un bon pain, un pain frais, que nous demandons au Seigneur.

La forme la plus commune du pain en Palestine est celle d'une galette ronde de 20 centimètres de diamètre, pesant 130 à 150 grammes. Trois de ces pains suffisent pour un repas.....

Ces pains, surtout quand ils sont encore chauds et gonflés, ressemblent aux gros galets de la grève et du torrent ; ils ont la même couleur que beaucoup de pierres jaunâtres de Jérusalem. N'y a-t-il pas une allusion à cette ressemblance dans ces paroles du Sauveur : *En est-il parmi vous qui donnerait une pierre à son enfant quand il lui demande du pain?* (Math. VII, 9).

Les premiers pains dont parlent les Saintes Écritures sont ceux que Sara prépara pour les trois Anges. Elles les fit cuire sous la cendre. Telle est encore la manière de cuire le pain chez les Bédouins. Ils font brûler des broussailles, mettent la galette de pâte sur la braise, entre deux plaques de tôle, la recouvrent de cendres chaudes et la retournent fréquemment à l'aide d'un bâton vert, pour égaliser la cuisson. Cela nous rappelle une malédiction du prophète Osée : *Ephraïm est devenu comme un pain cuit sous la cendre, qui n'a pas été retourné* (Osée. VII, 8).

Voyant les Bédouins du désert, dont le pain sans levain et peu savoureux était la seule nourriture, l'arroser de beurre ou d'huile, nous avons songé que les Hébreux devaient se régaler de la même manière : car les pains arrosés d'huile sont plusieurs fois mentionnés parmi les offrandes présentées au Seigneur. (Ex. XXIX, 23. — Lev. II, 4.) (1).

Le combustible qui sert le plus souvent à la cuisson du pain, c'est la fiente desséchée des troupeaux, et nous comprenons cette façon de parler de l'Écriture, qui scandalisait tant l'ignorance de Voltaire : *Prends de la bouse de bœuf et fais-toi du pain — dedi tibi fimum boum, et facies panem.* (Ezech. IV, 15) — Les pâtres de la Camargue, aux embouchures du Rhône, les *Gardians* aujourd'hui encore, emploient le procédé d'Ezéchiel (2).

Nous avons vu nous-même des Bédouins faire sécher la fiente de leurs chameaux au soleil pour s'en servir de combustible. Ils sont obligés d'employer ce moyen, car le bois est maintenant très rare en Palestine.

Autre remarque sur le pain. Le pain ne se coupe pas, en Orient. — *Jésus prit du pain*, dit l'Évangile, *et le rompit* (Math. XXVI, 26). Ces galettes uniformément semblables partout, assez petites pour qu'un homme en mange trois d'ordinaire à son repas, n'ont ni croûte, ni mie ; elles restent souples et se cassent, ou plutôt se déchirent facilement : *Frange esurienti panem tuum*, dit le prophète Isaïe (LVIII, 7) : *in fractione panis*, dit aussi Saint Luc, en parlant des Disciples d'Emmaüs (Luc XXIV, 35) : et ailleurs : *Les petits enfants ont*

(1) R. P. Jullien, *op. cit.* p. 261.
(2) Landrieux, *Au pays du Christ*, p. 196.

demandé du pain, et il n'y avait personne pour le leur rompre,—qui frangeret eis.(Thren. IV, 4). Aussi, toutes les fois qu'il nous est arrivé de manger du pain du pays, nous n'avons jamais eu besoin de le couper avec un couteau.

Le pain ne se conserve jamais pour le lendemain ; on mange le pain du jour. Cette coutume m'explique pourquoi ce brave homme, à qui il survient un hôte à l'improviste, se met en quête pour trouver du pain : il n'avait sous la main que la quantité nécessaire à sa famille pour ce soir-là ; et je comprends aussi qu'il aille emprunter trois pains, puisque telle est la ration habituelle d'un homme. (Luc XI, 5) (1).

9. — La vigne : haie, pressoir et tour.

Il y avait un père de famille qui planta une vigne ; il l'entoura d'une haie ; il y creusa un pressoir et bâtit une tour. (Math. XXI, 33).

C'est surtout dans les environs de Bethléem, pays très bien cultivé, que se voit l'illustration de ce passage de l'Évangile.

J'ai remarqué plusieurs fois que le sol est préparé et la vigne plantée avant la construction du mur à pierres sèches, qui doit fermer l'enceinte. En voici la raison : le terrain pierreux est défoncé, les pierres et les fragments du roc sont transportés sur les bords où ils servent pour la barrière...

L'Évangile est d'une précision admirable dans ces mots : *il y creusa un pressoir.* C'est, en effet, dans le roc que ces pressoirs sont creusés. On en trouve encore dans la vallée de Siloé ; il y en a un sur la route qui mène au village allemand, près de la gare. On en rencontre à chaque pas dans les environs de Bethléem, souvent au milieu des ruines d'une ancienne tour (2).

(1) Cf. L'Abbé LANDRIEUX, *Au pays du Christ*, p. 573.
(2) GALERAN, *Echos*, t. III, p. 51.

Notre-Seigneur se plaint par la bouche du prophète Isaïe d'être seul à fouler le pressoir au temps de sa Passion. (Isaïe LXIII, 3).

Aujourd'hui, comme au temps de Job, et plus encore, il est, en Orient, des maraudeurs pour moissonner le champ qui ne leur appartient pas, et vendanger la vigne dont ils ont battu le propriétaire. (Job. XXIV, 6). D'ailleurs, le cultivateur n'a guère d'autre protection dans ces pays que ses armes et celles des siens.

En Égypte, tout propriétaire un peu aisé, qui ne veut pas être trop souvent pillé, loue un gardien de nuit, que lui fournit le chef du village, soi-disant sous sa responsabilité personnelle. Ce gardien ou *gaffir* est choisi ordinairement parmi les meilleurs voleurs du pays, ce qui est une garantie : il coûte un franc par nuit.

Dans la Palestine, le propriétaire construit sur sa vigne une tour de pierres sèches, en forme de tronc de cône, terminée par une terrasse sur laquelle logent jour et nuit les serviteurs ou la famille du vigneron, durant tout le temps des fruits et des raisins. De là ils dominent les figuiers, les oliviers, et surveillent la vigne, abrités sous des branchages contre le soleil et contre le vent. Une échelle en bas et des pierres saillantes en haut leur servent d'escalier à l'extérieur : l'intérieur de la tour est leur magasin.

Dans les terrains accidentés, la tour est remplacée par un simple abri, élevé sur le point culminant, et semblable aux cahutes que les cultivateurs se construisent pour garder leurs champs de melons ou de concombres. Après la saison, on laisse tomber ces abris.

C'est à cet usage que fait allusion le prophète Isaïe, quand il annonce que *la Fille de Sion sera abandonnée comme l'abri dans la vigne, et la cahute dans les champs de concombres.* (Isaïe, I. 8) (1).

(1) R. P. JULLIEN, *Op. cit.* p. 259.

10. — Repas, autrefois et aujourd'hui.

Voici ce que nous lisons dans la Sainte Écriture (Ruth. II, 14) :

Et Booz dit à Ruth : A l'heure du repas, viens ici, mange du pain et trempe ton morceau dans le vinaigre. Et elle vint s'asseoir auprès des moissonneurs, et il lui fit passer du blé grillé.

« C'est dans ce champ même de Booz, dit l'Abbé Galeran, que j'ai vu une illustration vivante de ce passage de nos Livres Saints, je dois constater avant tout que le mot de la Vulgate *polenta* est plus exactement traduit dans la Bible anglaise : *parched corn* ou blé un peu grillé. Ce n'était pas le maïs, mais le blé torréfié que les Hébreux appelaient *kâli*. Cependant, comme ce blé est souvent concassé, pour être réduit en bouillie, il devient alors une vraie *polenta*. Parmi les présents d'Abigaïl à David se trouvaient cinq mesures de blé grillé. (I, Rois XXV, 18).

« ..... En descendant de la colline de Bethléem, au sud-est, dans le vallon qui était le champ de Booz, je vis, à l'ombre fort peu épaisse d'un olivier, une famille d'Arabes cultivateurs, au moment où ils allaient prendre leur repas. Il était à peu près deux heures après midi.

« Il y avait là, le père, la mère, deux filles en âge de travailler et un petit garçon.... Le repas était prêt : je fus gracieusement invité à prendre ma part. Assis par terre, en cercle, les jambes croisées, nous avions le dîner au centre. Il y avait une petite outre remplie de lait, du blé grillé sur un paillasson. La mère sortit d'un sac des pains de *taboun* encore chauds ; et au milieu de la table, c'est-à-dire par terre, fut placé un plat de bois, large et profond, contenant un brouet, ni trop épais, ni trop liquide, de couleur verdâtre. Cela ressemblait à des herbes hachées jetées dans du lait à demi caillé. Il y avait de la sauge champêtre, car l'odeur, agréable du reste, en était très forte.

« Les doigts devaient servir de couteau, de cuiller et de fourchette. Il était clair que chacun aurait à boire à l'outre du lait ; car il n'y avait point d'eau.

« Après la prière, le chef me tendit un *taboun ;* c'est une espèce de galette, du pain azyme, fait avec une farine dans laquelle on laisse tout. sans séparer le son, et que l'on fait cuire sous la cendre. Quand il est froid, il est excellent ; mais il vaut mieux ne pas l'avoir vu pétrir.

« Voici la manière de manger: on déchire une bouchée de pain, on la trempe dans le plat central et on la mange en revenant au pain et au plat, à discrétion..... Ce fameux brouet était très acide ; c'était un mélange de lait aigri, de blé réduit en poudre. d'herbes d'une amertume assez supportable, et de quelques plantes odoriférantes parmi lesquelles la sauge dominait.

« C'était bien là : *mange du pain et trempe ton morceau dans le vinaigre.* Le vinaigre pur m'eût paru une vraie douceur, je l'avoue.

« Quant au blé grillé, chacun en prenait une pincée qu'il mangeait comme hors-d'œuvre, après quelques bouchées de brouet.

« Ce blé est torréfié sur une plaque de tôle placée sur un feu de charbons: on se sert quelquefois d'un plat de terre. C'est du reste ainsi que les *fellahs* rôtissent leur café. Du blé ainsi préparé se trouve dans tous les bazars de Jérusalem.

« *Et elle vint s'asseoir auprès des moissonneurs, et il lui fit passer du blé grillé...*On ne me le fit point passer, mais on m'invita souvent à en prendre, il était à portée.

« La scène que je viens de décrire peut s'observer partout dans les campagnes, à l'heure où les *fellahs* prennent leur repas que la femme leur apporte du village voisin. Elle arrive suivie des enfants... (1).

(1) GALERAN, *Echos*, t. III. p. 53.

11. — Usages divers pour les repas.

Le principal repas des Orientaux est celui du soir. Ont-ils à table un étranger, ils lui servent invariablement, sur un vaste plat rond, en métal, une montagne de riz ou de blé concassé, surmonté de volailles rôties, d'un agneau, de quartiers de viande non découpés: ce plat est le fond et le sommet culminant du repas : tout le reste n'est qu'un accessoire, une garniture de table.

D'assiettes, de couteaux, de fourchettes, on sait qu'il n'y en a pas : chacun se sert avec les doigts et prend directement dans le plat commun le morceau, qu'il porte à la bouche. Pourtant, tout se fait avec une certaine convenance. On ne prend que devant soi, sans attaquer la région du plat qui fait face au voisin. La viande, ils la dépècent aisément avec trois doigts, tirant avec le pouce et le médium ce qu'ils veulent prendre, pendant que l'index repousse le reste. Le riz, le jus, l'assaisonnement qui se trouve souvent sur un autre plat, ils le prennent dans un morceau de galette de pain recourbé en gouttière entre les doigts, ou même, si l'assaisonnement est liquide, ils se contentent d'y tremper le pain.

C'est ainsi que les choses ont dû se passer à la dernière Cène. Quand Jésus dit à ses Disciples : *Celui-là me trahira qui met la main avec moi dans le plat*, (Math. xxvi, 23), les Apôtres ne comprenaient pas qu'il parlait de Judas. En effet, le Sauveur, par ces paroles, ne faisait que répéter d'une manière plus saisissante ce qu'il leur avait déjà dit : *L'un de vous qui mange avec moi me trahira* (Marc xiv, 18), et ne désignait personne en particulier, puisque tous prenaient de la main avec lui dans le même plat. Sur un signe de Saint Pierre, le Disciple bien-aimé, qui était penché sur le cœur du Maître, demande : *Seigneur qui est-ce ? — C'est celui auquel je vais présenter un morceau de pain trempé : et trempant du pain dans l'assaisonnement, Jésus l'offrit à Judas.*

(Jean XIII. 24, etc). Il est vrai qu'auparavant le traître avait demandé : *Est-ce moi?* Et Jésus lui avait répondu: *Tu l'as dit.* (Math, XXVI, 25). Mais ces paroles, à ce qu'il paraît, le Sauveur les prononça si bas que les autres Apôtres ne les entendirent point ; il voulait toucher le traître et non l'humilier.

L'Oriental mange peu avant le milieu du jour : les nomades, les travailleurs, ne prennent le matin qu'un morceau de galette, et s'en passent pour un rien. Dans les villes et ailleurs, l'usage est de ne prendre avant midi qu'une petite tasse de café noir sans pain, tasse si petite, qu'elle peut servir de coquetier : elle ne tient que 25 à 30 grammes. Même au collége, les enfants sont assez indifférents au déjeuner du matin.

Il semble qu'autrefois les Juifs étaient encore plus sobres avant midi. Ne lisons-nous pas dans l'Ecclésiaste : *Malheur au pays dont les princes mangent le matin !* (X, 16). Du reste, chez les Juifs, ne rien prendre avant midi n'était pas jeûner. Le jeûne s'étendait jusqu'au coucher du soleil.

Le jour même de la Pentecôte, quand les esprits forts du temps raillaient la prédication des Apôtres, disant: *Ils sont plein de vin*, St Pierre, élevant la voix, leur répondit : *Ce n'est point ce que vous dites : ils ne sont pas ivres, car ce n'est encore que la 3e heure* (Act, II, 13 et 15) ; c'est-à-dire : certainement ils n'ont encore rien pris, puisqu'il n'est que neuf heures du matin.

Cependant, cette abstinence de nourriture avant midi n'était pas une loi. Jésus, venant de Béthanie à Jérusalem, le matin, eut faim, et voyant un figuier près du chemin, il s'en approcha pour y chercher des fruits. (Math. XXI, 18 et 19).

A ce propos, notons que chez les peuples de l'Orient, cueillir un fruit le long du chemin, manger quelques raisins en traversant une vigne, égrener une poignée d'épis dans un champ, est chose tout à fait licite, et personne ne s'en fait faute. Le propriétaire qui y trouverait à redire serait tenu pour un mal élevé. Aussi, les Pharisiens ne blâment pas Jésus d'avoir laissé ses Disciples prendre des épis dans un champ quand ils avaien faim, mais seulement ils trouvent mauvais que la chose se soit faite un jour de Sabbat, et lui en font un reproche, comme s'ils avaient violé la loi du repos. (Math. XII, 1, etc.)

Du reste, eussent-ils blâmé le mince larcin des Apôtres, Jésus leur aurait répondu par le texte formel de la loi : *Si tu entres dans la vigne de ton prochain, mange des raisins tant qu'il te plaira, mais n'en emporte pas avec toi. Si tu passes dans le champ de ton ami, casse des épis, frotte-les dans ta main, mais ne moissonne pas avec la faux.* (Deut. XXIII, 24 et 25) (1).

12. — Etrangers pendant les repas.

Voici ce que raconte Mgr Le Camus dans son *Voyage aux pays bibliques*: « Le festin a été somptueux chez l'excellent curé Maronite de Nazareth. Nous avons eu un agneau rôti. Peu importe le reste. Des visiteurs continuent à affluer dans la salle voisine durant notre repas. Si on ne leur expliquait l'ennui qu'éprouvent les Français à voir leur table entourée de spectateurs, il est évident que l'appartement même où nous sommes se remplirait vite de curieux. C'est en rappelant ces singuliers usages orientaux que j'ai expliqué, dans ma *Vie de Jésus-Christ*, la présence ou la venue de Marie-Madeleine chez Simon le Pharisien, pendant le banquet offert à Jésus. » (2).

13. — Les Sauterelles de Saint Jean-Baptiste.

La nourriture de Saint Jean se composait particulièrement de sauterelles, nourriture des Orientaux en

(1) R. P. JULLIEN, *Op. cit* p. 270.
(2) Mgr LE CAMUS, t. II, p. 211.

certains cas. Le savant Niebhur, rétorquant certains contradicteurs de ce fait bien anormal pour nos mœurs européennes, répond : « Les Arabes, qui n'ont pas eu de commerce avec les Chrétiens, ne veulent pas croire à leur tour que ces derniers se fassent une délicatesse des huîtres, des crabes, des crevettes, des écrevisses. Cependant, ces deux faits sont également certains. Dans toutes les villes d'Arabie, on enfile les sauterelles pour les porter au marché. Je vis un Arabe sur le mont *Sumara* qui en avait rempli un sac. On les accommode de diverses façons. Quand les Arabes en ont une grande quantité, ils les font ou griller ou bouillir, ou sécher au four, et les mangent au sel.

Cette sorte de nourriture est commune chez plusieurs peuplades de l'Orient, au point qu'on trouve des provinces entières dont les habitants sont appelés *acridophages*, ou mangeurs de sauterelles. S'il faut en croire quelques voyageurs, fraîches elles ont le goût de l'écrevisse ; desséchées, celui du hareng saur (1).

Les peuples de l'Arabie, dit M. Labreilles, en prennent beaucoup pour les faire sécher, les moudre et en faire une sorte de pain, lorsque les récoltes leur manquent; on en apporte au marché de Bagdad : un homme peut en manger 200. Les mœurs patriarcales n'ont pas changé dans les vieilles familles de cet Orient immuable. Dès qu'on y touche, à la tente, au nomade ou au scheick des montagnes, on est sûr d'y retrouver en plein l'aimable et traditionnelle simplicité.

14. — Lavement des pieds avant les repas.

L'usage de laver les pieds des hôtes avant dîner était inviolable, particulièrement lorsqu'il s'agissait des grands dîners. Au fur et à mesure que les convives venaient, le maître, après les avoir embrassés et leur

(1) L'Abbé Létard, *Les Lieux Saints*, t. I., p. 219.

avoir donné un baiser en signe de bienveillance, les accompagnait au lavoir, où les domestiques destinés à cela, des femmes ordinairement, leur lavaient les pieds.

Les Orientaux, alors comme aujourd'hui, marchaient généralement les pieds nus, qui se couvraient de poussière, ce qui rendaient nécessaires de fréquentes lotions.

Le lavement fini, d'autres domestiques, d'un ordre plus élevé, apportaient aux convives des parfums ou huiles odoriférantes, et ils les répandaient sur leur tête et leurs mains : c'étaient des essences d'herbes aromatiques, en particulier du nard, mêlées à la myrrhe. Les Orientaux aimaient beaucoup à se parfumer, à se rafraichir et à se récréer le corps par des odeurs ; ils croyaient aussi par là, dit Cornélius à Lapide, se préserver de l'ivresse (1).

15. — Lavement des mains avant les repas.

En un jour de fête, un missionnaire était à dîner avec l'Évêque de Bikfia, dans le Liban. On apporte pour les nombreux convives un énorme plat de viande et de riz. Il n'y avait qu'une fourchette sur la table. L'Évêque l'offre au missionnaire parce qu'il est Français ; le Père l'offre à l'Évêque parce qu'il est Évêque. Enfin, comme on ne peut s'entendre, la fourchette est plantée debout au sommet du plat, et l'Évêque, le missionnaire, tous mangent la viande dans leurs doigts. C'est du reste l'usage universel de toutes les familles vraiment orientales.

Tel était ainsi l'usage des Juifs au temps de Notre-Seigneur ; et c'est pourquoi les Pharisiens et les Scribes, voyant quelques-uns des disciples de Jésus manger le pain sans se laver les mains, en firent un reproche au divin Maître. (Marc VII, 2). *Et tous les Juifs*, ajoute l'Évangéliste, *ne mangent pas sans se laver souvent les mains, suivant la coutume des ancêtres.*

(1) DEHAUT, *Évangile*, t. II. p. 352.

Rien de plus juste que cet usage, puisque, dans leurs repas, ils mangeaient tous avec les mains dans un même plat ; mais, à la vérité, on pouvait bien en dispenser les Disciples qui ne mangeaient que du pain. Jésus les excusa (1).

16. — Ornements des filles de Jérusalem.

Isaïe au ch. III, 18, dit ces paroles : *In die illâ auferet Dominus ornamentum calceamentorum.* Cet ornement consistait en de petites chaînes en or ou en argent suspendues à la chaussure ou attachées aux jambes, et que l'on faisait retentir avec ostentation en marchant. Les dames, en Orient, font encore usage de ces chaînettes : il en est souvent parlé dans les poètes arabes (2).

17. — Mitre des femmes juives.

Judith... mit la mitre sur sa tête, elle se revêtit des vêtements des jours de joie, elle chaussa ses pieds de sandales..., elle se para de tous ses ornements. Dieu y ajouta la splendeur.... Ceux qui la virent, émerveillés, admirèrent sa beauté. (Judith X, 3, 4, 7).

Quand, aux jours de fête, on voit passer les femmes de Bethléem, si dignes dans leur maintien, si gracieuses dans leur démarche à la fois souple et grave, on ne peut s'empêcher de penser à Judith. Chez elles comme dans l'illustre héroïne, leur beauté vient de leur vertu.

Les femmes mariées portent sur la tête une mitre ou couronne d'à peu près dix centimètres de haut, faite d'étoffes précieuses, et s'ouvrant par derrière, où

(1) R. P. Jullien, *Egypte*, p. 255.
(2) Rault, *Cours d'Ecriture Sainte*, t. II, p. 183.

elle est attachée par deux rubans dont les longs bouts pendent sur les épaules comme les fanons de la mitre ancienne des Évêques.

La robe traînante, soutenue par une ceinture, est de couleur bleue, assez souvent bariolée, vers les pieds, de bandes horizontales rouges et jaunes. Le corsage à fond rouge est couvert de riches broderies de soie, où se mêlent quelquefois des fils d'or et d'argent. Vient ensuite la dalmatique rouge sombre, à lignes verticales noires, qui descend au-dessus du genou. Elle n'a pas de manches ; elle est ouverte par devant dans toute sa longueur, de manière à laisser paraître le beau travail du corsage.

Ces femmes, dont l'extérieur est si noble et la vertu si solide, marchent droites et avec une certaine fierté qui commande le respect... La modestie des Bethléemitaines est leur plus bel ornement ; elle est proverbiale en Orient ; elle est vraie (1).

18. — Femme voilée portant un enfant.

Nous avons été particulièrement émus dans ce gros village qu'on traverse près de Nazareth, et où nous fîmes une halte d'une heure, en voyant une jeune femme portant un petit enfant sur les bras. Un voile les recouvrait tous les deux. La modestie de la jeune mère, l'air joyeux et content du bambin aux cheveux blonds et bouclés, nous firent naturellement souvenir de Marie portant l'enfant Jésus, telle qu'elle est représentée dans la collection des Vierges de Raphaël. On est souvent témoin, en Terre Sainte, de semblables spectacles (2).

(1) GALERAN, *Echos*, t. III, p. 86.

(2) *Pèlerinage en Terre Sainte*, pp. 29 et 30.

19. — Costume des Nazaréens : femmes, jeunes filles, adolescents.

Ce costume demeure à peu près aujourd'hui ce qu'il fut autrefois. Ceux qui travaillent dans la campagne ne portent ordinairement que la chemise de coton serrée autour des reins par une corde. Les autres, surtout les jeunes gens, ont sur cette chemise la *tunique*, sorte de robe de chambre plus ou moins précieuse, soigneusement fermée par une ceinture de couleur vive et variée. Les hommes de l'âge mûr préfèrent le dédoublement de cette tunique dans des conditions que l'antiquité avait déjà trouvées très avantageuses. Coupée à la taille, la tunique constitue par le haut un veston court, ordinairement agrémenté d'ornements divers, et, par le bas, elle devient un sac flottant aux larges plis autour des jambes, jusqu'aux chevilles du pied où le fixent des nœuds coulants, tandis qu'une large et solide ceinture l'attache autour des reins. Si le travail auquel il faut se livrer l'exige, on relève jusqu'aux genoux ces larges chausses, comme on ferait d'une robe à plis et c'est dans la ceinture qu'on emprisonne la partie inutile de ce vêtement. Jésus fait allusion à ce procédé, quand il recommande au bon serviteur *de serrer ses vêtements autour des reins, afin d'être prêt à marcher au premier signe du Maître.* (Luc XII, 35, 37 — XVII, 8).

20. — Toilette des femmes à Nazareth.

Les femmes sont remarquables par la richesse de leurs costumes. Les couleurs voyantes leur plaisent entre toutes, et du blanc au rouge écarlate, du jaune au bleu saphir, elles épuisent les diverses variétés de ton, et obtiennent des effets d'une grâce infinie. Elles portent un premier bracelet d'or ou d'ivoire au poignet et un second au coude, le *chmid* et *l'éçadh* des anciens. De petits sacs richement brodés (*charitim*) pendent à leur ceinture. Comme au temps de Jérémie, on peut dire qu'elles se déchirent encore et se fendent les yeux avec le *pouch*, extrait de plomb qui sert à colorer les alentours des paupières, pour rendre le regard plus doux et plus brillant... Les hommes portent de longues mèches de cheveux, ce que nous appelons des *anglaises*, tombant jusque sur leur poitrine... Peut-être prétendent-ils accentuer ainsi l'observance du Lévitique : *Vous ne couperez pas en rond les coins de votre chevelure* (1).

21. — Un commentaire vivant de l'Exode. Etudes de mœurs.

Le nom de *Midbar* par lequel les Hébreux désignaient un désert, et spécialement celui du Sinaï, signifie pâturage. Quelque nue que soit la surface du désert, le maigre vêtement de végétation qui le couvre lui fait néanmoins rarement défaut ; les arbustes aromatiques, qui poussent sur les versants des collines, fournissent en particulier une nourriture suffisante aux troupeaux des 6000 Bédouins, qui forment la population actuelle de la péninsule ; sur les vertes pentes des montagnes, les brebis dispersées broûtent çà et là, à leur plein gré, les herbages parfumés du désert.

C'est ainsi qu'on les voyait autrefois, sous la conduite des filles ou des esclaves de Jéthro. C'est ainsi qu'on peut les voir encore, gravissant les rochers ou assemblés autour des mares et des sources des vallées, sous la conduite des Bédouines voilées de noir aujourd'hui. Et dans les tribus, des *Tiyâha*, des *Towara* ou des *Alouin*, avec leurs chefs et leurs suivants, dans leurs costumes, leurs mœurs, leurs habitations, nous

(1) Mgr Le Camus, *Voyage aux pays bibliques*, t. II, p. 264.

voyons probablement l'image des Madianites, des Amalécites et des Israëlistes eux-mêmes, dans la 1re période de leur existence.

Ces longues lignes droites de tentes noires, qui se groupent autour des sources du désert, nous représentent, sous une petite échelle, le tableau du vaste campement formé autour du Tabernacle sacré, qui, couvert de peaux teintes, s'élevait au milieu avec majesté, et, longtemps après, rappelait encore aux Hébreux établis dans la Palestine, la période de leur vie nomade (1).

Notre entrée dans le désert du Sinaï, dit M. Palmer, fut marquée par un incident très caractéristique ; nous vîmes revivre sous nos yeux une scène de la vie de chaque jour, telle qu'elle se produisait au temps des patriarches. Nous étions arrivés dans le voisinage du campement de notre chef *Eid*, et sa femme et ses deux enfants, accompagnés par un vieux parent, vinrent à sa rencontre. *Eid* salua le vieillard, l'embrassa, le baisa sur les deux joues, et puis tous les deux, en se serrant la main droite, se répétèrent à plusieurs reprises le mot *Taiyibin : Vous portez-vous bien ?* en répondant *Dieu soit béni ! bien.* — Pendant que je contemplais cette scène, je ne pus m'empêcher de me rappeler les paroles l'Exode : *Jéthro, beau-père de Moïse, vient à sa rencontre dans le désert, avec sa femme et ses enfants... et il envoya à Moïse, lui disant : Moi, Jéthro, ton beau-père, je viens te voir avec ta femme et tes deux enfants. Et Moïse alla au-devant de son beau-père et il s'inclina et l'embrassa, et ils se demandèrent mutuellement : Es-tu bien ?* (Exode XVIII, 5 à 7).

22. — Les Bédouins, descendants d'Ismaël.

Le Bédouin descend d'Ismaël : il vit de chasse et de rapines comme son père...

(1) A. STANLEY.

Fils du désert, il exploite son royaume ; et comme le désert ne produit rien, il moissonne ce qui passe par le désert. Si le voyageur qui vient sur ses terres ne lui paye pas un tribut pour acheter sa protection, il se charge de prélever lui-même ses impôts. Son travail, c'est la guerre et le pillage. L'appeler *fellah*, cultivateur, c'est lui faire injure.

Le Bédouin, peu soucieux de l'avenir,

...... a pour tout bien l'air du ciel, l'eau des puits,
Un bon fusil bronzé par la fumée, et puis
La liberté sur la montagne.

Il n'a cure du lendemain. Il dévaste. Ses troupeaux ravagent les forêts et les récoltes. Qu'importe s'il ne reste plus rien, puisqu'il passe et ne reviendra plus ! C'est l'homme des hasards, sans préjugés ni besoins factices, qui ne reconnait d'autre empire que la force ou le prestige moral.

Il paye son indépendance d'une vie rude et austère. Toujours en face de la nature, il est rêveur, et ses rêves sont vastes comme le désert, et il aime à leur donner des horizons nouveaux. Il lit dans le ciel et connait les astres, aussi bien que les vieux pâtres de la Chaldée.

Impassible de visage, avare de paroles, il s'exprime par signes, et traduit d'un geste sobre et solennel ses sentiments et sa pensée.

L'autorité, chez ces primitifs, est patriarcale ; le *scheik* est le souverain maitre dans la tribu.

S'ils sont pillards, ils mettent une certaine loyauté dans le brigandage. Il est rare qu'ils versent le sang, et leur parole est sacrée.

Les mœurs sont plus pures sous la tente des Bédouins que dans les *harems* musulmans. Ils n'ont qu'une femme et ils la respectent. Leur islamisme est simple. Ils ne connaissent point les subtilités du Coran, et les voluptés que Mahomet abrite sous le croissant s'accommodent mal avec la vie rude de l'homme du désert....

Les hommes sont superbes, drapés dans leurs burnous, la grande lance à la main, ou appuyés sur le canon du long fusil arabe. Ils se coiffent d'un *kouffieh* de couleur sombre, serré autour du crâne par une grosse corde de crin. Fiers, bien cambrés, ils ressemblent à de maigres statues de bronze, car leur visage bruni par le soleil est animé seulement par l'ivoire des dents et le feu du regard.

Les dentistes, si américains qu'ils puissent être, tireraient le diable par la queue dans ce pays, car les mâchoires sont solidement plantées : *les dents sont blanches comme des brebis nouvellement tondues qui sortent du lavoir ; chacune a sa sœur auprès d'elle, nulle d'entre elles n'en est séparée.* (Cant VI, 2) (1).

23. — Ismaël et les Bédouins.

Quand Agar l'Egyptienne fuyait au désert pour se soustraire aux mécontentements de sa maîtresse Sara, l'Ange du Seigneur lui apparut près d'une fontaine et lui dit : *Tu mettras, au monde un fils, et tu l'appelleras Ismaël. Il sera un homme sauvage, il lèvera la main contre tous, et tous lèveront la main contre lui. Il plantera sa tente contre tous ses frères,* (Gen. XVI, 7, etc.).

C'est encore aujourd'hui le caractère du Bédouin descendant d'Ismaël : les siècles n'ont rien changé au tableau prophétique tracé par l'Ange du Seigneur. Du reste, la race d'Ismaël ne s'est point mélangée à d'autres : jamais un étranger ne s'est fait Bédouin.

Le Bédouin de nos jours se promène dans le désert, cherchant quelque rapine ; s'il s'approche des lieux habités, ce n'est que pressé par le besoin, pour y trouver sa vie. Jamais il ne se sépare de sa lance ou de son fusil. Aussi, tout voyageur le regarde-t-il comme son ennemi.

(1) LANDRIEUX, *Au pays du Christ*, p. 487, etc.

Cependant, celui qui a eu de longues relations avec les tribus de Bédouins, qui a parlé leur langue et vécu près d'eux, vante leur loyauté, leur générosité chevaleresque; il les dépeint comme d'honnêtes et nobles brigands. Ce chevalier errant du désert a ses principes, ses théories de brigandage ; je dirai même qu'il croit avoir ses titres.

Le désert est sa propriété; il n'en a pas d'autre. Si vous voulez traverser sa terre en paix, achetez la fraternité, l'*ackoué* d'un membre quelconque de la tribu ; rien de fâcheux ne vous arrivera sur le territoire qu'elle occupe ; sinon, le Bédouin se payera lui-même en vous dépouillant. Comment voulez-vous qu'il fasse ? Il n'y a ni douaniers, ni percepteurs d'impôts !

— Un honnête Bédouin, voyageant avec nous dans les déserts, à l'Orient de la Syrie, nous exposa, chemin faisant, sa théorie sur les rapines de sa nation : « Vous, dit-il, vous possédez des champs qui vous donnent du blé pour votre nourriture et de l'orge pour vos chevaux: cela doit vous suffire. A nous, Dieu a donné le désert qui ne produit rien. Il veut donc que nous vivions de ce que d'autres y apportent. Notre affaire est de prendre, comme la vôtre est de moissonner vos champs. »

La parole du Bédouin est sacrée ; jamais il ne trompe celui qui lui donne sa confiance.— Un Bédouin vient à Damas vendre une superbe jument, seule fortune d'une pauvre veuve dont le mari est mort dans une *razzia*. Le consul de France achète la jument et solde le prix au Bédouin. Celui-ci, avant de se retirer, fait ses adieux à sa belle monture ; il l'interpelle, la caresse, lui baise les naseaux ; tandis que tous le regardent, d'un bond il saute sur la jument, et disparait au galop. Une semaine s'était écoulée sans nouvelles, quand on annonce au consul que le Bédouin est là, ramenant sa jument. « Si j'étais parti l'autre jour pour ma tribu sur un autre cheval, dit-il au consul, les rôdeurs des tribus ennemies auraient compris que j'avais vendu la belle jument connue de tous, et que j'en rapportais le prix : ils m'auraient dépouillé ; je viens de porter l'argent à la pauvre veuve, sans crainte d'être arrêté. Maintenant, je te ramène la jument, elle est à toi. Quand j'ai fui, sans te demander de partir avec elle, c'est que tu ne me l'aurais pas accordé, car tu ne nous connais pas » (1).

24. — Femmes et jeunes filles à la fontaine.

On lit dans la Genèse (XXIV, 11) qu'Eliézer, serviteur d'Abraham, se rendit en Mésopotamie, et arriva un soir — *vespere* — près de la fontaine, où les femmes avaient l'habitude de se rendre à ce moment : *vespere, tempore quo solent mulieres egredi ad hauriendam aquam*. Plus tard, c'est Jacob qui rencontre à la fontaine la jeune Rachel. — C'est à la fontaine que se rendent aussi chaque jour, à certaines heures, les femmes ou les filles, pour puiser l'eau ; (cela se voit en particulier à Nazareth.) — Elles portent leur cruche sur la tête, très élégamment ; jamais on n'y voit d'hommes ou de jeunes gens. Ce sont toujours les jeunes filles ou les femmes.

La fontaine est toujours là, dit M. Landrieux, centre animé de la vie populaire, encombrée comme aux temps bibliques (2).

La fontaine est tout dans le village ; c'est là que l'on accueille les étrangers, que se racontent et se fabriquent les nouvelles, que se font les mariages. Eliézer savait ce qu'il faisait en se portant à la fontaine de Nachor, pour rencontrer Rébecca. — C'est le rendez-vous des flâneurs, le rendez-vous des ménagères ; à les voir si nombreuses, si ardentes, si bruyantes, les pieds dans l'eau, la jupe relevée, s'escrimant, le poing léger, le

(1) R. P. JULLIEN, *L'Egypte*, p. 269.
(2) LANDRIEUX, *Op. cit.*, p. 200.

verbe haut, pour aborder, à travers la poterie et la marmaille, jusqu'à la source, on se fait une idée des potins et des commérages qui se barbotent là, dans une seule journée.

25. — Terre arrosée. — Terre desséchée.

Il n'est personne qui ne comprenne le sens de ces versets des Psaumes :

Ps. I, 3-4 : *L'homme juste sera comme un arbre planté sur le bord des eaux et qui donne son fruit en son temps : son feuillage ne tombera pas, et tout ce qu'il fera réussira. Il n'en est pas ainsi des impies ; mais ils seront comme la poussière que le vent disperse de dessus la surface du sol.*

Ps. LXII, 2 : *O mon Dieu, mon âme a soif de vous ; et combien ma chair est altérée de vous dans cette terre déserte, sans chemin et sans eau ! Et c'est ainsi que je me suis présenté devant vous dans le sanctuaire.*

Ps. CXLII, 6 : *Mon âme est devant vous comme une terre sans eau.*

Mais, en Palestine et surtout dans la Judée, comme ces expressions s'éclairent d'une lumière particulière ! Du haut du Thabor, par exemple, on aperçoit le cours du Jourdain à travers la plaine, sans en voir les eaux. A quelle marque peut-on donc le reconnaître ? — C'est à cette ligne verte, formée par les arbustes qui croissent sur ses bords, d'un bout à l'autre. Au delà comme en deçà, c'est l'aridité, la sécheresse, la désolation, le désert et la poussière qu'emporte le vent : triste figure d'une âme où n'habite point la grâce divine !

26. — Le Tambourin.

Rien ne change dans cette Terre de Chanaan. Marie, sœur de Moïse, chantait les louanges de Dieu, après le passage de la mer Rouge, en s'accompagnant du tambourin (Exode xv, 20). — Cet instrument se fait entendre encore maintenant dans les fêtes populaires.

27. — Capilli ejus sicut greges caprarum.

Il est dit (Cant. iv. 1) que *les cheveux de l'épouse du Roi sont semblables à des troupeaux de chèvres qui se sont montées sur la montagne de Galaad.* C'est une figure qu'on n'a pas de peine à justifier en Terre Sainte, où l'on aperçoit souvent, dans la plaine ou dans le désert, de nombreux troupeaux de chèvres noires, sans cornes, aux oreilles pendantes, au poil fin. De loin, elles pouvaient parfaitement rappeler à Salomon les cheveux noirs de sa bien-aimée, tombant sur ses épaules en longues boucles soyeuses et ondoyantes.

28. — Importunité des mendiants.

Bien souvent, pendant notre séjour à Jérusalem, nous étions accostés dans les rues par un mendiant soi-disant boiteux, mais plus agile que beaucoup d'autres. Les rebuts ne le décourageaient point ; il s'attachait à nos pas avec une opiniâtreté digne de la verge ; et, en effet, nous avons reconnu par expérience que le vrai moyen de nous en défaire était de lever notre bâton contre lui : c'est alors, mais alors seulement, qu'il cessait de nous suivre et de nous importuner.

— Quelle glu que ces mendiants ! dit M. Landrieux, il faut en avoir été obsédé pendant des journées entières pour s'en faire l'idée.

Fatemi la carità, signor, Madame, bakchich. Ils n'ont pas le sens de cette expression, et *Madame*, dans leur vocabulaire, c'est le dernier cri de la supplication et du respect.

Ils le disent à tout le monde, avec des larmes dans les yeux, des larmes dans la voix, des larmes jusque dans leurs mains démesurément tendues.

Ce fut pour nous une révélation. Le secret de la prière, il est dans ce désir intense, si fortement et si obstinément exprimé.

Voilà bien ces aveugles de Jéricho, à qui on ne peut fermer la bouche : plus on les menace, plus ils crient : *at illi magis clamabant.* (Math. xx, 31).

Voilà bien aussi la Chananéenne : *clamavit dicens.* Et si, comme ces malheureux qui s'accrochent à nos habits pour un simple *bakchich*, elle se jetait dans les jambes des Apôtres, les assourdissant de ses lamentations, je comprends qu'à la fin, ils aient dit à Jésus : Guérissez sa fille, elle nous casse la tête : *dimitte eam, quia clamat post nos.* (Math. xv, 23.)

Saint Marc, qui relate le même miracle, le fait froidement, (Marc vii, 25), il n'y était point. — Saint Mathieu, l'un des douze, insiste, lui, sur l'importunité de cette femme, dont il a encore les cris dans les oreilles : ses nerfs ne sont pas complètement calmés (1).

29. — Bonne mesure.

Nous lisons en Saint Luc (vi, 38) : *Donnez, et il vous sera donné ; une bonne mesure, bien pressée, bien secouée, coulant par-dessus les bords, vous sera donnée dans le sein...*

Voici ce que j'ai observé en Orient, dit l'Abbé Galeran, surtout sur le marché de Bethléem, pour la vente du blé. L'acheteur et le vendeur sont assis par terre, près du tas de blé. Celui-ci prend la mesure qui, en forme, est semblable à notre décalitre ; l'autre tient

(1) Landrieux, *Op. cit.*, p. 265.

ouvert, *contre son sein*, la bouche du sac à remplir. La mesure est remplie avec les deux mains et *secouée* après chaque poignée versée. Quand elle est pleine jusqu'au bord, le *grain est pressé* en bas avec le plat des mains. Puis, du grain est versé sur la surface ainsi pressée, de manière à former une pyramide ayant pour base les bords de la mesure. Comme la pyramide monte, les mains en pressent les contours; et quand la pointe est formée, le vendeur prend, à diverses reprises, d'une seule main, des poignées de grains qu'il fait couler doucement sur la pointe de la pyramide..... Ainsi, *le blé coule, ruisselle par-dessus le bord*. Alors, avec précaution, le tout est versé dans le sac que l'acheteur tient littéralement ouvert sur son sein. S'il ne s'agit que d'une ou deux mesures, j'ai observé qu'elles étaient ordinairement reçues dans un pan de *l'abaye* ou manteau.

Avec quelle précision de détails l'Évangile parle donc dans ce texte : *mensuram bonam, et confertam, et coagitatam et superefluentem dabunt in sinum vestrum !* (1).

— Les robes de cotonnade bleue des Bédouines, dit le R. P. Jullien, sont beaucoup plus longues que la hauteur du corps : l'excès de longueur retombe au-dessus de la ceinture, et forme sur la poitrine une grande poche, où les Bédouines mettent de tout, même la mesure de grain qu'elles ont reçue pour le salaire de la journée. En les voyant ainsi chargées, nous avons pensé aux paroles du Sauveur : *Donnez, et vous recevrez ; c'est une mesure bonne, serrée, tassée et comble qu'on mettra dans votre sein* (2).

30. Lance et cruche.

L'Oriental, riche ou pauvre, ne se couche pas sans un vase d'eau à la portée de sa main. Il faut qu'il puisse

(1) Galeran, *Echos*, t. III, p. 51.
(2) R. P. Jullien, *Egypte*, p. 249.

prendre une gorgée chaque fois qu'il se réveille. Quand nous avons dormi sur la natte dans une maison d'indigène, on n'a jamais manqué de mettre à côté de la natte une gargoulette d'eau, meuble qu'ils estiment plus que le matelas.

Le Bédouin d'Asie dort au désert, à côté de sa cruche d'eau et de sa grande lance plantée en terre; s'il couche dans la tente, la lance est debout devant la porte (1). Telle était aussi la coutume de Saül. Quand David, poursuivi par Saül, pénétra avec son fidèle Abisaï dans le camp du roi, jusqu'à la tente où il dormait : *Je vais le clouer à terre d'un coup de lance*, dit Abisaï. — *Non*, repartit David, *prends seulement la lance plantée à côté de sa tête, et le vase d'eau, et allons-nous-en*. (Rois XXVI, 11).

31. — Enlevez votre chaussure.

On lit dans l'*Exode* ces paroles de Dieu à Moïse : *Solve calceamentum... locus enim in quo stas terra sancta est* : enlevez votre chaussure, car le lieu où vous êtes est une terre sainte. (Exode III, 5). Est-ce pour cette raison qu'on ne peut pénétrer dans l'enceinte d'une mosquée sans enlever sa chaussure? Probablement. — Il est permis d'y rester la tête couverte, d'y parler et d'y rire; mais il faut quitter sa chaussure (2).

32. — Le fumier de Job.

Les pèlerins qui ont visité la Galilée ont pu remarquer, auprès de chaque village, un tas de fumier énorme, ou plutôt des débris de toute sorte, s'élevant au-dessus des maisons.

(1) R. P. JULLIEN, *Egypte*, p. 254.
(2) R. P. JULLIEN, id. p. 256.

C'est là que tous les habitants portent le fumier de leurs étables, les débris de construction, les pots cassés, toutes les immondices.

Le sommet du monticule, sec et poudreux, est le rendez-vous des enfants du village, des oisifs, des malades qui viennent y respirer un air libre et jouir de la vue de la campagne. Tel est l'usage régnant de la Méditerranée aux extrémités du Hauran, la terre de Job.

Aussi, rien de plus naturel, pour les habitants du pays, que le tableau où la Sainte Écriture nous représente le pauvre Job, assis sur un tas de fumier de son village, occupé à nettoyer ses plaies avec un têt de pot cassé. (Job II, 8).

Le fumier n'étant jamais porté dans les champs, le monticule s'élève de plus en plus avec le temps, bien que les femmes viennent prendre journellement du fumier qu'elles brûlent pour cuire le pain. (V. Ezéchiel IV, 12). Quand il domine par trop les maisons, on se décide à y mettre le feu.

Ce n'est pas sans peine qu'au temps du dernier choléra, le R. P. Gardien de Nazareth obtint qu'on mît le feu à la montagne de fumier voisin du couvent. Le *moudir* craignait de nuire à la santé publique en le faisant disparaître (1).

33. — Miettes sous la table.

C'est avec le pain que les convives s'essuient les doigts ; et voilà les miettes, les petits morceaux jetés aux chiens, auxquels la Chananéenne faisait allusion ; les miettes qu'enviait, pour apaiser sa faim, le mendiant Lazare ; car il faut avouer que si l'expression de l'Evangile : *de micis quæ cadebant*, désignait seulement ce que nous appelons *miettes du pain*, les deux mots qui pré-

(1) R. P. JULLIEN, id. p. 256.

cèdent, *cupiens saturari*, seraient cruellement ironiques (1).

— A noter, dans l'épisode de la Chananéenne, rapporté par St Marc (VII, 20,) ce détail qu'omettent les autres Évangélistes : *les miettes que laissent tomber les enfants* : car les enfants surtout laissent tomber leur pain sous la table.

34. — Chiens errants dans la ville.

Dans toutes les villes d'Orient, la propreté des rues, l'hygiène publique, est abandonnée à des troupeaux de chiens qui n'appartiennent à personne, se partagent les quartiers de la cité et font disparaître la nuit les détritus amoncelés de toutes parts pendant la journée.

La Bible nous les montre affamés, rôdant par les rues des villes : *famem patientur ut canes et circuibunt civitatem.* (Ps, LVIII, 7). Il sont là pour lécher sur le sol le sang de Naboth ;(III Rois XXI. 19) pour dévorer le cadavre de Jézabel.(III Rois XXII, 38).— Le Psalmiste, dans son affliction, se voit assailli par eux : *Circumdederunt me canes multi* (Ps. XXI, 17). *Ceux de Jeroboam qui mourront dans la ville,* dit le prophète Ahias à la reine de Juda, *seront dévorés par les chiens, et ceux qui mourront dans les champs seront la pâture des oiseaux de proie.* (III Rois XIV, II). Nous les retrouvons encore dans l'Évangile, fraternisant à la porte du mauvais riche avec le pauvre Lazare (Luc XXII, 21).

Partout, au Caire, à Damas comme à Jérusalem et à Constantinople, ces chiens municipaux sont très respectés. Ils ont pour eux leurs crocs, leurs usages et les lois. La race est de taille moyenne, mâtinée d'hyène et de chacal (2).

(1) LANDRIEUX, *Op. cit.* p. 563.
(2) LANDRIEUX, *Op. cit.* p. 511.

35. — Porte-clefs. — Lier et délier.

A propos du texte connu : *Tu es Petrus..., portæ inferi non prævalebunt... Tibi dabo claves..., Quiquid solveris...*, voici certaines remarques importantes.

En Orient, cette expression de *porte* se prend pour palais, royaume, puissance, et cela, parce que c'était aux portes des villes que les puissances de la terre, les souverains et les juges tenaient leur cour, leur tribunal; on s'y assemblait pour discuter, juger et prononcer les sentences...

Au temps des Patriarches, remarque le Docteur Sepp, les jugements étaient prononcés sous les portes de la ville, afin que la justice fût rendue publiquement... Ce mot *porte*, chez les anciens, est donc l'expression symbolique de l'idée de *jugement*, de *souveraineté*, de *puissance*.

Les portes de l'enfer doivent donc, dans un sens anagogique, s'entendre des embûches, des séductions du démon, ainsi que de leurs suppôts, les auteurs des schismes et des hérésies.

Les clefs, autre symbole biblique, signifient le pouvoir de gouverner un palais, un royaume,..

36. — Le brasero de Saint Pierre.

Dans un pays biblique qui a conservé les usages antiques, on est souvent témoin de scènes qui remettent sous les yeux quelques faits racontés dans les Saints Livres.

Il y a quelques jours, de très grand matin, quand l'obscurité régnait encore, j'eus à passer devant le grand couvent arménien de Saint Jacques. Ce couvent s'élève, on le sait, sur l'emplacement du palais du Grand Prêtre Anne.

Apercevant une grande lumière à travers la petite porte ouverte, j'entrai dans la cour. Là, au centre, se trouvait une grande *brasière* élevée sur un pied de bronze, remplie de charbons allumés. Autour, se tenaient debout et causant, un *cawas* ou janissaire, un arabe vêtu de son *abaye*, deux moines frères convers et un femme arménienne qui paraissait être une pèlerine. Je m'avançai en saluant ; on s'écarta pour me faire place, sans cesser la conversation.

Il ne fallait pas un grand effort d'imagination pour refaire une scène de la Passion. Si un coq de Siloé ou de *Néby-Daoud* avait chanté, dans la tranquillité de l'air, le tableau eût été saisissant de vérité.

37. — Hospitalité, autrefois et aujourd'hui.

Les Orientaux ont toujours considéré l'hospitalité comme un devoir strict, et ils se sont fait un devoir de l'exercer envers les étrangers. Les mœurs du désert n'ont pas varié sur ce point ; celles des anciens temps sont encore en vigueur chez les Arabes.

Le chap. XVIII, 2 à 9, de la *Genèse* montre en action la manière dont s'exerçait l'hospitalité, au temps d'Abraham.

Il en est de même aujourd'hui chez les Arabes.

Le long des routes et auprès de quelques villes, se trouvait un abri ou caravansérail, où le voyageur de passage recevait l'hospitalité pour la nuit (1).

En Palestine, on voit, dans certains endroits isolés, des *khans* où les voyageurs s'arrêtent ; tels que le *khan* du bon Samaritain sur la route de Jéricho ; le *khan* de *Bad-el-Oued* entre Jaffa et Jérusalem où nous nous arrêtâmes pour prendre une tasse de café, dont nous garderons souvenance ; et le *khan* qui se trouve à moitié chemin entre Jérusalem et Hébron.

(1) Abbé Lesêtre.

38. — Job dans la prospérité.

Le saint homme Job décrit en ces termes les années de sa richesse : *Quand je lavais mes pieds dans le beurre et que la pierre me versait des ruisseaux d'huile ; quand je m'avançais vers la porte de la ville et qu'ils me préparaient un siège sur la place, dès qu'ils m'apercevaient, les jeunes gens se retiraient, tandis que les vieillards se tenaient debout.* (Job, XXX, 6, 7, 8).

Tout cela est actuel en Orient. Dans la terre de Job, aujourd'hui le *Hauran*, au midi de Damas, et dans beaucoup d'autres pays de l'Orient, la richesse s'estime par le nombre des troupeaux ; le beurre y est liquide, et les souliers y sont à peu près aussi rares qu'au temps des patriarches. Rien donc d'étonnant qu'au retour d'un voyage, le riche propriétaire se lave les pieds dans un baquet de beurre pour adoucir et fortifier la peau,ou du moins, qu'il emploie cette figure pour donner une idée de sa richessse.

39. — Le Trou de l'Aiguille.

Bien des fois,dit l'Abbé Vengeon, vous avez entendu les prédicateurs commenter cette parole de Jésus dans l'Evangile : *Il est plus difficile à un riche d'entrer dans le Ciel qu'à un chameau de passer par le trou de l'aiguille.* (Math. XIX, 24). Ici, nous avons sous les yeux l'explication la plus naturelle de cette parole du Christ. *Le Trou de l'Aiguille* était et est encore une porte très basse, ouverte dans les fortifications de Jérusalem pour laisser passer seulement les gens à pied, qui veulent éviter un détour. Je l'ai visitée : elle a 70 centimètres de largeur et 73 environ de hauteur. Elle continue à s'appeler le *Trou de l'Aiguille*. Jamais chameau n'y passa,ni ne pourra y passer jamais. Dès lors, la comparaison du Sauveur s'explique aisément, et la modeste porte de l'*Aiguille* devient une preuve, entre mille autres, de la véracité de l'Evangile (1).

Nota. — A Jérusalem et à Bethléem, nous avons vu des portes très basses, par lesquelles on ne peut passer qu'en se courbant profondément. Par exemple, la porte extérieure conduisant à la chapelle de la Flagellation — la porte du jardin de Gethsémani ; — à Bethléem, la porte donnant entrée dans la basilique de la Nativité ; cette dernière n'a certainement pas plus de 80 centimètres de hauteur. La raison de ces portes si basses, c'est précisément que les chameaux ne puissent pas en franchir le seuil.

40. — Coucher sur le toit.

Quand vous verrez l'abomination de la désolation, dit Jésus, *que celui qui est sur le toit ne descende pas dans sa maison pour en emporter quoi que ce soit.* (Math. XXIV, 17.)

Il paraît donc, qu'au temps de N. S. on prenait son repos sur le toit, c'est-à-dire sur la terrasse de la maison. — Les choses ont peu changé. Je devais partir de Tibériade avant le jour ; le frère du couvent me pria de le réveiller, et, pour m'indiquer sa chambre, il me conduisit sur la terrasse, au-dessus du couvent. Vous me trouverez caché dans ce coin, me dit-il ; n'allez pas de l'autre côté, vous réveilleriez le Père. C'était toute la communauté. Il eût même la bonté de m'offrir une place.

Chaque famille de la ville a sur la terrasse une petite enceinte de roseaux en claire-voie, couverte de branchages, où elle dort l'été, à l'abri des regards et de la rosée (2).

(1) Abbé VENGEON, *Récit*, p. 307.
(2) R. P. JULLIEN, p. 53.

41. — Pilate se lave les mains.

Les habitants de la Palestine et de la Syrie ont un geste qui revient souvent dans leur conversation et signifie : *cela ne me concerne pas, ce n'est pas mon affaire, je ne suis pour rien dans ce que vous me dites.* Ce geste consiste à frotter deux ou trois fois l'intérieur des deux mains l'une contre l'autre.

Il nous rappelle que Pilate se lava les mains devant le peuple en disant : *Je suis innocent du sang de ce Juste : c'est votre affaire.* (Math. XXVII, 24).

Il nous rappelle aussi une loi des Juifs, à laquelle Pilate voulut sans doute faire allusion : *Lorsqu'on aura trouvé le cadavre d'un homme tué, sans que l'on connaisse le meurtrier, les anciens de la ville la plus proche immoleront une génisse, puis ils viendront près du mort et se laveront les mains sur la tête de la victime en disant : Nos mains n'ont pas répandu ce sang, nos yeux ne l'ont point vu répandre.* (Deut. XXI, 1, etc.) (1).

42. — Le pacte du sel.

Singulière expression que nous trouvons deux fois dans la Sainte Ecriture : *Le pacte du sel est indissoluble devant Dieu,* (Nombres, XVIII, 19), dit le Seigneur à Aaron. — *Ignorez-vous que le Seigneur a donné le trône d'Israël à David et à ses descendants pour toujours, par un pacte de sel?* (Paral. XIII, 5) cria Abia à Jéroboam, avant de lui livrer bataille.

Le livre d'Esdras nous explique le sens de cette parole ; nous y lisons (Esdras, IV, 14) que les Samaritains, pour protester de leur fidélité aux intérêts d'Artaxercès, écrivirent à ce prince : *Nous n'avons point oublié le sel que nous avons mangé dans votre palais.* — Les

(1) R. P. JULLIEN, p. 254.

coutumes arabes d'aujourd'hui nous l'expliquent mieux encore.

Deux arabes qui veulent prendre un engagement réciproque, conclure un traité, cimenter leur amitié, trempent deux bouchées de pain dans le sel, et les mangent ensemble. L'alliance ainsi conclue est indissoluble. A celui qui tenterait de la rompre ils répondraient infailliblement : c'est impossible, il y a entre nous le pain et le sel.

43. — Portrait du mauvais payeur, autrefois et aujourd'hui.

On trouve souvent dans la Bible des choses délicieuses. Témoin le portrait du mauvais payeur, peint d'après nature. Peut-on, je vous le demande, dévoiler d'une manière plus saisissante les petites ruses qu'il emploie pour retarder le paiement de sa dette ? Ecoutez :

Plusieurs ont regardé ce qu'ils empruntaient comme s'ils l'avaient trouvé, et ils ont fait de la peine à ceux qui les avaient secourus ; ils baisent la main de celui qui leur prête son argent, jusqu'à ce qu'ils l'aient reçu, et ils lui font des promesses avec des paroles humbles et soumises ; mais quand il faut rendre, ils demandent du temps ; ils font des discours pleins de chagrin et de murmures, et ils prétextent que le temps est mauvais. S'ils peuvent payer ce qu'ils doivent, ils s'en défendent d'abord ; et après cela, ils en rendent à peine la moitié, et veulent qu'on considère ce peu comme un gain qu'on leur fait. S'ils n'ont pas de quoi rendre, ils font perdre l'argent à leur créancier, et se font de lui un ennemi gratuitement. Ils le paient en injures et en outrages ; ils lui rendent le mal pour le bien qu'il leur a fait. (Eccli. XXIX, 4 — 9).

44. — Respect des Arabes pour le Prêtre.

Les Arabes ont la plus grande vénération pour toute personne qui prie, et, avant tout, pour l'homme de la prière, pour le Prêtre, à quelque religion qu'il appartienne. Cette vénération ne date pas de quelques années, de quelques siècles seulement ; elle a toujours existé, on peut le dire. Pour en trouver l'origine, il faudrait, sans doute, remonter jusqu'à Abraham se prosternant devant le Prêtre Melchisédech, quoique celui-ci n'appartînt pas au peuple de Dieu.

« Vous ne sauriez croire, nous écrivait M. l'Abbé Galeran, le respect qu'ont les musulmans pour le Prêtre : le *Cassis* ou Curé, le *Kouri* ou Prêtre, et la confiance qu'ils ont en lui ! Les petits enfants aiment le Prêtre, ils courent au-devant de lui, l'appellent quand il passe, de la cime des rochers, du milieu de leur troupeau ; ils lui offrent de traire une chèvre pour lui donner du lait... »

45 — Rachat d'un nouveau-né.

Cette coutume très ancienne et très répandue chez les Bédouins chrétiens, catholiques ou hétérodoxes est la suivante : quand un enfant mâle naît un vendredi, les parents se croient absolument obligés de le racheter. Voici ce qui se pratique alors. Au lieu même où l'enfant vient de naître, on immole un coq, ou, chez les plus riches, un chevreau ; et, au même endroit exactement, on ensevelit le sang, les entrailles, les pieds et les plumes de la victime. Quand à la chair, seule la mère du nouveau-né peut en manger, c'est chose sacrée, nul autre n'a le droit d'y toucher.

On sait comment, chez les Hébreux, il était défendu de manger le sang ; la coutume subsiste intacte chez les Arabes de nos jours (1).

(1) Revue : *Jérusalem*, Octobre 1904, p. 58.

46. — Vignes et figuier.

La Bible parle souvent des temps de paix, où chacun vivait calme et tranquille *à l'ombre de sa vigne et de son figuier.* — Est-ce que cette figure, bien des fois répétée, ne viendrait pas de ce qu'en certaines localités, comme à Bethléem, les champs renferment des ceps de vigne et des figuiers mélangés ?

47. — Secouer la poussière de ses pieds.

Jésus dit un jour à ses Apôtres : *Pour ceux qui ne vous recevront pas, ou qui ne voudront pas vous écouter, sortez de leur maison ou de la ville, et secouez la poussière de vos pieds.* (Math. x, 14). Il n'est pas rare de voir un Egyptien, un Syrien, à la suite d'une discussion, ou au sortir d'une maison où il a été mal reçu, quitter ses babouches et les battre deux ou trois fois, semelle contre semelle, en face de son adversaire. Cela veut dire : *Je ne veux plus avoir affaire avec toi.*

Est-ce là une ancienne coutume locale, à laquelle N. S. aurait fait allusion, ou un simple souvenir évangélique ? Je ne sais (1).

48. - Pierres circulaires fermant les tombeaux.

Si on visite les *Tombeaux des rois* à Jérusalem, on se rend compte de la façon dont les Juifs construisent leurs tombeaux. L'agencement de cette pierre roulante qui ferme l'entrée et dont l'Evangile fait mention à la résurrection de N. S, — *Quis revolvet nobis lapidem ?* disaient les Saintes Femmes (Marc, xvi, 3) — est ici palpable. Ce n'est pas une pierre quelconque appliquée

(1) R. P. Jullien, *Egypte*, p. 254.

au hasard sur l'ouverture, c'est un mode de clôture déterminé ; et le mot *revolvere* que l'Evangile répète est le seul qui convienne. La pierre taillée à dessein, pour s'adapter à l'ouverture des chambres ou des cavernes sépulcrales, est pesante, arrondie à sa base. Elle est maintenue debout, dans une sorte de gorge à demi-creusée dans le sol, dont le rebord extérieur très saillant, en maçonnerie, la protège et la presse contre la porte du caveau. A côté de la porte, on a ménagé, dans la construction, un petit réduit qui permet à un homme de se glisser près de la pierre et de la pousser, en la faisant rouler sur sa base jusqu'à l'ouverture. Il était facile en cimentant légèrement, d'obtenir une fermeture complète, et de laisser ainsi, selon les règles de la plus stricte hygiène, la décomposition neutralisée par l'embaumement, faire son œuvre, sans empester l'atmosphère. — On pouvait, au bout de quelques semaines, desceller impunément cette porte, et lui rendre libre jeu, car elle donnait accès, non dans le sépulcre proprement dit, mais dans une première chambre qui servait de vestibule, et dans laquelle les parents s'installaient pour pleurer leurs morts (1).

49. — Synagogue des Juifs. Le passé par le présent.

.... C'est aujourd'hui le jour du *Sabbat*. Il y a pour nous un vif intérêt à rechercher le passé biblique dans ce présent d'un peuple qui, malgré toutes les violences, l'exil, l'oppression, les massacres, les prédictions persuasives, l'évidence de l'Évangile, les arguments de la civilisation moderne, demeure aussi obstinément attaché à l'ancienne alliance, que si rien dans l'histoire n'indiquait sa fin irrémédiable et officielle.

(1) LANDRIEUX, *Op.*

La première synagogue où nous pénétrons est aux *Askénazim*. On y dispose toutes choses pour la grande assemblée du soir. Quelques anciens font, chacun à son pupitre, une sorte de cours ou de prédication libre. Les auditeurs sont nombreux. Leur attention soutenue, leur joie grave, l'épanouissent de leur physionomie, prouvent que ces maîtres indépendants, en dehors de la hiérarchie, sont parfaitement goûtés....

Dans l'auditoire d'un des vénérables rabbins, un enfant nous intéresse vivement. Il porte une robe blanche, gracieusement serrée autour des reins par une ceinture de diverses couleurs ; sous ses blonds cheveux qui, de son *tarbouch*, descendent bouclés sur ses épaules, l'ovale de sa physionomie fine, correcte, animée, se dessine agréablement, son œil est doux et profond. Il tient un livre ouvert, écoute et répond quand on l'interroge. Chacun le considère avec étonnement ; et le vieux maître, fier de son élève, lui marque coup sur coup sa parfaite satisfaction. Ainsi devait être Jésus, quand sa famille le retrouva parmi les Docteurs.

50. — Citernes.

On parle souvent des citernes dans l'Histoire Sainte. C'est qu'en effet une citerne est le grand trésor des maisons. Les sources étant très rares, il était nécessaire de faire sa provision d'eau pour l'année, et par conséquent d'avoir une bonne citerne. Il en est de même aujourd'hui. Quand on achète une maison, nous disait un des Pères Blancs de l'Eglise Sainte Anne, on s'inquiète avant tout de la citerne. Nous avons été assez heureux, ajoutait-il, pour retrouver l'ancienne piscine de *Bethsaïda* : c'est une citerne bien précieuse, où l'eau se renouvelle incessamment.

Les citernes dans l'Ancien Testament, dit M. Lesêtre, étaient naturellement destinées à conserver l'eau. (Isaïe xxx, 14). Chaque famille tâchait d'avoir la sienne, *et boire en paix l'eau de sa citerne* (IV Rois XVIII, 31 — Isaïe XXXVI. 16) constituait un des agréments de la vie. Bien que les eaux débordées soient plus agréables, chacun doit boire l'eau de sa propre citerne. (Prov. IX. 17 — V, 15).

Les citernes abandonnées servaient de refuge.

51. — Citerne de Jacob.

Pendant une expédition contre les Philistins, David, mourant de soif, s'écria : *Ah si quelqu'un me donnait à boire de l'eau de la citerne qui est à Bethléem auprès de la porte !* — On accéda à son désir. On lui apporta de cette eau ; mais il n'en voulut pas boire : *Dieu me garde de faire cela !* dit-il ; *boirais-je le sang de ces hommes, et ce qu'ils sont allés chercher au péril de leur vie ?* (XXIII. 13, etc.).

D'après la tradition locale, ce puits est situé au nord et à 500 mètres de Bethléem. L'eau en est agréablement fraîche.

52 — Eaux dévastatrices.

En voyant cette désolation, cette aridité des montagnes et des collines de Palestine, autrefois si vertes et si boisées jusqu'au sommet, on se rappelle naturellement les versets suivants du livre de Job :

Si Dieu retient les eaux, tout se dessèche ; s'il les envoie, elles bouleversent la terre. (XII. 15)

Les terreurs tombent sur l'impie, comme les eaux et la tempête l'emportent dans la nuit. (XXVII 20)

Les montagnes une fois déboisées, les pluies, qui sont presque continuelles pendant 5 ou 6 mois, font descendre les terres dans les vallées ; si les eaux se trouvent retenues au ciel par défaut d'humidité, tout se dessèche. Et quand elles tombent du ciel, elles causent de grands ravages (1).

53. — Chaleur du jour et froid la nuit.

On connait la parole de Jacob à Laban pour justifier sa conduite : *Pour vous, j'étais brûlé par la chaleur le jour, et par le froid durant la nuit.* (Gen. XXXI, 40).— Pourquoi cette opposition répétée bien des fois dans les Saints Livres ? — Elle ne se comprend point, si l'on ne sait qu'en Palestine, même au temps des plus fortes chaleurs de l'été, les nuits sont froides, et d'autant plus froides peut-être que la journée a été plus brûlante. (Marc, XIV, 67 - Jean, XVIII, 18 et 25).

C'est une remarque que nous avons faite pendant notre voyage de Jéricho à Jérusalem.

54. Les Abeilles de Samson.

On sait que Samson, après avoir mis en pièces un jeune lion, passa, quelques jours plus tard, près du cadavre de l'animal. Il était complètement dépouillé de ses chairs, et un essaim d'abeilles avait construit sa ruche dans la mâchoire de l'animal. (Juges, XIII).

Les incrédules ont dit : Jamais les abeilles ne se reposent sur un cadavre en putréfaction : il est impossible, dans un si court intervalle, que les chairs du lion aient été consumées etc., etc..... Et l'on croyait avoir fait de la critique sérieuse ! Aujourd'hui, on sait que le chameau qui succombe au désert et dont la caravane abandonne le cadavre, après trois ou quatre jours, est entièrement dévoré par les oiseaux de proie et les carnassiers, qui font la voirie des solitudes. Au retour, la caravane ne retrouve plus que des ossements

(1) R. P. JULLIEN, *Egypte*, p. 273.

blanchis par l'ardeur d'un soleil tropical. On sait que les abeilles sauvages, au temps où les jeunes essaims s'échappent de la ruche natale, viennent se reposer sur la moindre saillie qui rompt la monotonie des plaines brûlantes. Les voyageurs contemporains ont retrouvé en Orient, vivantes encore, toutes ces scènes bibliques : et en lisant leurs récits, on prend en suprême pitié l'aberration du siècle de Voltaire (1).

55. — Renards de Samson.

Le livre des Juges (xv, 4 et 5,) raconte que pour se venger des Philistins, Samson s'en alla, prit 300 *sualim*, les lia deux à deux par la queue, et attacha des torches entre eux. Quand il les eut allumées, il chassa les animaux pour qu'ils courussent çà et là. Ceux-ci s'élancèrent aussitôt dans les moissons des Philistins. Les animaux en question sont certainement des chacals, et non des renards. Ces derniers, relativement peu nombreux, et vivant isolés, n'auraient pu être pris qu'avec beaucoup de temps et de difficultés. Il n'est pas impossible, au contraire, de prendre au piége 300 chacals en une nuit ou deux, surtout quand on disposait, comme Samson, de beaucoup de compagnons. Cette idée d'attacher des chacals deux à deux par la queue était certainement un moyen très efficace d'obtenir le résultat cherché, comme en témoignera quiconque a tenté l'expérience. Un animal isolé, portant un brandon, l'éteindra rapidement, deux au contraire, sont entravés dans leur marche, et, de plus, ne peuvent trouver de terrier assez large pour y pénétrer ensemble. Ils sont donc forcés de continuer à courir furieux à travers champs, mettant le feu aux gerbes et aux épis non encore coupés, ainsi qu'aux vignes et aux oliviers. D'autre part, les Philistins étaient dans l'impossibilité

(1) DARRAS, *Hist. de l'Eglise*, t. II., p. 203.

de saisir les auteurs du méfait. Les torches consistaient indubitablement en brandons de pins résineux du pays, lesquels une fois allumés ne s'éteignent que difficilement (1).

C'est dans la plaine de Saron que Samson lança 300 renards, à la queue desquels il avait attaché une torche incendiaire. Tout y passa : les blés, les vignes, les oliviers. Ce fut une mer de feu, comme on n'en verra plus, il faut l'espérer.

Certes, M. de Voltaire se dilata fortement la rate à la lecture de ce fait biblique. Pensez donc : 300 renards ! cela lui fit l'effet de 300 *canards*.

Pourtant M. de Lamothe, militaire français, raconte ceci dans ses souvenirs : Dans le mois de Juillet 1858, je me trouvais avec un détachement de *bachi-bouzouks* sur la route de Jaffa à Jérusalem. Mon sommeil avait été interrompu par des chacals : je me déterminai à les chasser, et, à cet effet, j'engageai les hommes qui étaient sous mes ordres à mettre en campagne des *lacs* et des *trappes*, leur promettant ensuite un bon *bakchich*... La nuit qui suivit, 100 lacs et trappes furent posés dans la plaine de Saron. A l'aube du jour, 86 chacals pris me donnaient une explication claire et convaincante de la vérité du récit biblique, par rapport à Samson (2).

56. — Rachel vint avec son troupeau.

Rachel venait à la fontaine avec son troupeau. (Gen. XXIX, 6). En Orient, dit l'Abbé Fillion, de tout temps, les filles même des *scheiks* conduisaient aux champs les troupeaux.

(1) LESÊTRE : *Dict. de la Bible*, art. *Chacal*.

(2) PAUL FÉVAL fils : *En Terre Réprouvée*, t. III.

57. — Changeurs Juifs à Jérusalem.

On connaît la parole de l'Évangile rappelant que Notre Seigneur, en entrant dans le Temple, *répandit sur la terre l'argent des changeurs de monnaie, et renversa leurs tables.*

De nos jours encore, à Jérusalem, les changeurs de monnaie sont très nombreux : ils sont tous Juifs. De la porte de Jaffa jusqu'au fond des bazars, dans la rue de David et dans la rue des Chrétiens, à la descente du Saint Sépulcre, on trouve, à chaque dix pas, un changeur de monnaie.

Assis sur un tabouret, accroupis sur une marche d'escalier, ou sur le seuil de quelque boutique, ils ont devant eux une petite table dont la partie supérieure forme une vitrine s'ouvrant du côté du changeur. Le couvercle n'a pas de verre, mais un grillage de fer ou de cuivre, aux mailles serrées.

L'argent est arrangé en ordre dans la vitrine, d'où il est tiré pour être compté sur le grillage.

Je ne parlerai pas de la physionomie de quelques-uns de ces changeurs, de l'expression de leurs yeux, de l'agilité de leurs doigts longs et maigres. Si le Temple était debout, ils envahiraient encore le Temple : ils en ont tout l'air.

58. — Baume du Samaritain.

Un Père Franciscain de Terre Sainte nous raconta que, se rendant de Jérusalem à Jéricho, accompagné d'un Bédouin, celui-ci se déchira la jambe contre son grand étrier en descendant de cheval ; le sang coulait en abondance. As-tu du vin ? demanda-t-il au Père. — Et, tirant de sa sacoche la fiole d'huile qui lui sert à arroser son pain, il y verse du vin, agite violemment, lave sa blessure avec le mélange, la couvre d'une compresse et remonte à cheval, comme si de rien n'était.

C'est ainsi que le Bon Samaritain de l'Évangile, sur la même route, pansa les blessures d'un pauvre homme maltraité par des voleurs. Ce mélange d'huile et de vin est encore connu de nos médecins sous le nom de *baume du Samaritain;* ils l'emploient pour des blessures douloureuses; l'huile adoucit et relâche, le vin tonifie.

Sur ces chemins solitaires de l'Orient, le voyageur retrouve souvent des tableaux des Livres Saints, rencontres pleines de charmes..... (1)

59. — Les ouvriers de la vigne.

Nous lisons au chapitre xx de l'Évangile de Saint Mathieu : *Le royaume des Cieux est semblable à un chef de maison, qui sortit de très bon matin, afin de louer des travailleurs pour sa vigne....*

Il est naturel de penser qu'il choisit d'abord les plus robustes et les mieux outillés, leur promettant le prix ordinaire. Il est probable aussi qu'il revint là où il avait trouvé les premiers, parce qu'il avait besoin d'un renfort, ou parce qu'il n'avait pas pu se procurer, tout d'abord, un nombre suffisant d'hommes. C'était vers la troisième heure, c'est-à-dire vers neuf heures du matin. La journée étant déjà commencée, il ne promit pas le salaire accoutumé, mais il s'engagea à donner *ce qui serait juste.*

Il est aisé de comprendre que des hommes attendant encore à la onzième heure, c'est-à-dire à cinq heures du soir, qu'on vint les louer, ne pouvaient pas être des travailleurs de choix. L'Évangile marque assez que le chef de maison les prit en pitié. Il ne cherchait personne à cette heure; il leur dit en les voyant : Que faites-vous là toute la journée sans travail? — Personne ne nous a loués. Il les envoie à la vigne pour bien peu de temps, car il était cinq heures, et la journée se ter-

(1) Landrieux, *Op. cit.* p. 223.

minait au coucher du soleil. Manière de leur faire gagner quelque chose, sans avoir l'air de leur faire l'aumône.....

De nos jours, en Terre Sainte, cette scène est familière à tous ceux qui veulent ouvrir les yeux pour voir.

Qu'on se rende à Bethléem, au point du jour, sur la place de la Basilique de la Nativité, en face de la caserne des soldats turcs, qu'on y reste en observant ce qui s'y passe ; on verra des groupes d'ouvriers de divers métiers et des cultivateurs, attendant qu'on vienne les louer. Aussitôt, la parabole des vignerons, dans tous ses détails, se montrera vivante aux yeux émerveillés ; les chefs de famille ou les contremaîtres arrivent, choisissent, font le prix, et envoient les hommes aux champs, aux chantiers ou aux ateliers.

On ne retrouve pas toujours l'épisode de la onzième heure, bien que les ouvriers de la classe faible, inhabile et mal outillée, reparaissent encore. Personne ne les prend : ou bien, ce qui est assez rare, si faute d'autres on accepte ces hommes à peu près incapables, on leur offre un prix proportionné, c'est-à-dire fort minime (1).

60. — Bergers.
Séparation des boucs et des brebis.

Toutes les nations seront rassemblées devant lui, et il les séparera les unes des autres, comme le pasteur sépare les brebis des boucs, et il placera les brebis à sa droite, et les boucs à sa gauche.

Voilà ce que Saint Mathieu rapporte au chap. xxv, 32 et 33.

Le divin Maître empruntait ses comparaisons aux choses connues de tous, afin d'être compris de tous.

(1) Galeran, *Echos*, t. III, p. 87.

En Palestine, les troupeaux sont nombreux ; on les rencontre partout, et presque toujours c'est un mélange de brebis et de chèvres... Si les brebis, mais le plus souvent les chèvres capricieuses, s'écartent, le pasteur les force à revenir en leur jetant des pierres, et il les amène près de lui, quand il veut, par certains cris toujours obéis.

Voici une scène dont j'ai été témoin. Quelques pâtres se rencontrent ; ils s'arrêtent ensemble pour causer ou prendre leur maigre repas en commun. Ils laissent alors leurs troupeaux se mêler sans aucune inquiétude : ils savent qu'il sera facile à chacun de reprendre ses brebis et ses chèvres. En effet, quand le moment du départ est venu, les pasteurs se mettent à une longue distance l'un de l'autre, puis ils poussent un certain cri guttural au début et nasillard dans sa dernière note. Il n'a rien d'articulé : c'est d'abord le X grec avec l'aspiration orientale, se terminant par ce souffle qui sort avec force du nez d'un félin irrité. On voit aussitôt les animaux courir vers leur légitime pasteur et se grouper autour de lui.

Notre-Seigneur ne pensait-il pas à une pareille scène quand il disait : *Je connais mes brebis et mes brebis me connaissent... et j'ai encore d'autres brebis, et elles entendront et reconnaîtront ma voix?* (Jean x, 14, 16).

Mais ce qui est surtout frappant, c'est la rapidité avec laquelle le pasteur peut effectuer la séparation des chèvres d'avec les brebis. Je l'ai vu souvent, je décrirai ce que j'ai observé, il y a peu de jours, sur la route de Jérusalem à Bethléem, près du *Puits des Mages*. Un large troupeau, composé de brebis et de chèvres sous la garde de 4 Bédouins, venait de s'arrêter. Il y avait de l'eau dans le puits, ce qui n'est pas ordinaire. Les pasteurs avaient des cordes et un seau de cuir : ils mirent une pierre dans le seau pour le faire plonger, puis ils commencèrent à puiser.

Les pauvres bêtes, mourantes de soif sous un soleil brûlant, — il était deux heures après midi, — se précipitèrent vers l'auge, en grande confusion, montant les unes sur les autres. Mais les chèvres, plus hardies et plus agiles, se furent bientôt emparées des premières places. Deux Bédouins s'écartèrent alors, sur la route, commencèrent à pousser un cri, moins fort que celui déjà décrit mais plus guttural, coupé par de longues aspirations. C'était pour les chèvres : elles quittèrent l'auge, se précipitèrent à travers les rangs pressés des brebis, et coururent vers les pasteurs, qui ne leur permirent de boire que lorsque les brebis furent désaltérées. N'est-ce pont là le mot de l'Évangile : *Il les séparera comme le pasteur sépare les brebis des boucs ?*

Les Bédouins pouvaient aisément, s'ils l'eussent voulu, placer les brebis à droite et les chèvres à gauche.

Est-ce que toutes ces scènes ne rappellent pas l'Évangile ? N'est-ce pas en vérité l'Évangile en action et en tableaux vivants? (1)

61. — Mœurs et coutumes patriarcales.

Une des plus douces joies du pèlerin de Terre Sainte, c'est de voir encore de ses yeux les mœurs et les coutumes patriarcales. Comme les scènes des Livres Saints deviennent vivantes, claires et intelligibles, quand on peut, pour ainsi dire, les toucher, en être les témoins et comme les acteurs! L'immobilité de l'Orient en a fait une sorte de Pompéï, mais non pas une Pompéï morte, où le passé s'est figé ; non, c'est l'antiquité qui vit encore, qui agit et se meut sous nos yeux. L'état social est encore semblable à celui d'autrefois.

L'usage de se marier dans sa propre famille y subsiste toujours, et un père ne donne sa fille à un époux étranger qu'autant qu'elle a été refusée par son cousin. Certaines tribus ne permettent jamais que

(1) GALERAN, *Echos*, t. III. p. 71.

leurs membres prennent une femme hors de leur sein. Les dissensions entre Sara et Agar se reproduisent souvent aussi dans les intérieurs arabes, et l'une des épouses est obligée de quitter la tente conjugale pour le bien de la paix.

Quand une caravane se met en marche pour changer de pâturages, toute la richesse que possède la famille est chargée sur le dos des chameaux agenouillés. Les serviteurs qu'ils ont acquis sont auprès de leurs maîtres. Tout autour, les troupeaux de brebis et de chèvres, les ânes, qui se mettent en marche à côté des chameaux. Le *scheik*, distingué de tous les autres par son manteau de pourpre et par le bandeau de cuir qui serre son turban autour de la tête, tient une lance à la main pour guider la marche et fixer le lieu du campement. Les femmes portent les bijoux qu'Eliézer donna à Rébecca et dont se parait Sara ; le *nézem*, anneau d'or et d'argent, surchargé de perles et de corail, est suspendu à leur nez : des colliers et des bracelets ornent leur cou et leurs mains.

La Genèse nous a conservé et décrit en détail deux scènes de mœurs, qui méritent de nous arrêter plus longtemps : l'hospitalité donnée aux trois Anges à Mâmbré, et l'achat de la caverne de *Makpélah*. Elles se passent l'une et l'autre aux environs d'Hébron, cette ville à laquelle Abraham a légué son nom : *l'Ami de Dieu, El-Khalil* comme l'appellent aujourd'hui les habitants, et où les mœurs anciennes se sont conservées avec le plus de persistance et de ténacité.

Le patriarche hébreu campe dans un bosquet de térébinthes, cet arbre majestueux qui étend au loin ses branches et son ombrage. Comme dans l'intérieur de la tente fermée, où l'air circule à peine, la chaleur à midi est suffocante, il se tient à la porte pour respirer à l'ombre des grands arbres. A cette heure, les voyageurs qui sont partis de grand matin, brûlés par l'ardeur du soleil, cherchent un lieu de repos. Dans un campement nomade, la tente du *scheik* se distingue toujours de celle des autres membres de la tribu. Quand les voyageurs sont de nobles personnages, c'est vers celle-là qu'ils se dirigent. Les lois de l'hospitalité, si scrupuleusement observées en Orient,— être Bédouin, dit Burckard, c'est être hospitalier, — ces lois exigent qu'on leur fasse un accueil empressé. Si le visiteur est un personnage ordinaire, on se lève simplement pour le recevoir; mais s'il est d'un rang supérieur, les égards et les usages commandent d'aller au-devant de lui, et, après s'être prosterné ou incliné fort bas devant lui, de le conduire à la tente en lui mettant son bras autour de la ceinture, ou en le frappant sur l'épaule, pour l'assurer qu'il est le bienvenu. Aucune question ne lui est adressée: mais on s'empresse de lui offrir de l'eau pour se laver les pieds, car les pieds chaussés de sandales, qui en laissent à nu la partie supérieure, sont brûlants et couverts de poussière.

Aussitôt se prépare le repas, qui rendra les forces au voyageur épuisé par la marche. On cuit le pain tous les jours, en Orient, et l'on n'en prépare que la quantité nécessaire pour les besoins de la famille. Ce sont toujours les femmes (et ordinairement la maîtresse de la maison), qui le pétrissent et le font cuire, dans leur tente séparée, ou dans la partie de la tente des hommes qui leur est exclusivement réservée, si elles n'ont pas une tente pour elles seules. Le pain est bientôt prêt. On mêle la farine avec de l'eau, on roule la pâte en gâteaux, on la place sur les pierres qui servent de foyer et qu'on a soin de chauffer préalablement. Les pains sont couverts alors avec la braise. Ils sont cuits très promptement. On les mange aussitôt.

Ce n'est que pour les personnages de haut rang que l'on sert de la viande et qu'on égorge un agneau ou un chevreau. Mais la plus grande marque d'honneur que l'on puisse donner à des étrangers, c'est de leur offrir un veau, comme le fit Abraham. On le fait rôtir tout entier ou griller par morceaux, en brochette, sur le feu. On le mange toujours avec du blé bouilli, nageant dans du beurre liquide ou de la graisse fondue. Chaque morceau de viande, placé sur un morceau de pain, est plongé dans cette sauce et porté ensuite, avec les doigts, à la bouche. Une écuelle de lait de chamelle termine le repas. Quel que soit le nombre des serviteurs qui servent les étrangers, l'hôte, pendant que ceux-ci mangent assis, se fait un devoir de rester debout par politesse et pour les honorer. Voilà ce qui se faisait, il y a environ 4.000 ans, dans le sud de la Palestine: voilà ce qui se fait encore aujourd'hui au milieu des populations nomades du désert, à qui le progrès de la civilisation et les raffinements de notre luxe sont tout à fait inconnus. Si les Anges allaient encore demander l'hospitalité à un pieux *scheik* arabe, ils seraient reçus exactement comme ils le furent par Abraham. Le voyageur européen, qui visite ces contrées, n'a pour décrire la réception qui lui est faite, qu'à transcrire la page de la Bible écrite par Moïse. On pourrait appeler le chapitre XVIII de la Genèse, *le Code de l'hospitalité orientale.*

Hébron se distingue, entre toutes les villes de l'Orient, parmi celles qui ont le plus fidèlement conservé les usages primitifs. Ils y sont encore les mêmes, non seulement pour l'hospitalité, mais pour tous les autres détails de la vie. Tout, jusqu'au langage, y rappelle ces temps anciens; les phrases et les locutions sont restées identiques...

— La première acquisition d'Abraham à Hébron fut un tombeau pour y ensevelir son épouse. La Genèse nous a conservé, pour ainsi dire, le contrat de vente.

..... Quand un personnage considérable vient à mourir, en Orient, il y a un deuil public et des lamentations extraordinaires, qui sont moins une marque de la douleur de la famille qu'une cérémonie solennelle en l'honneur du mort. Plus la manifestation est bruyante, plus les honneurs ainsi rendus sont jugés magnifiques; on pousse des cris stridents et tumultueux, on se frappe la poitrine, on verse des torrents de larmes; en un mot, on épuise tous les signes de la douleur. La douleur d'Abraham fut assurément plus intérieure qu'extérieure; mais il se conforma aux usages nationaux :

Venitque Abraham, ut plangeret et fleret eam (Gen. xxiii, 2 — l., 10 et 11 — Deut. xxxiv, 8 — I Rois, xxv, 1 — II Rois, iii. 31).

Après avoir rendu hommage au défunt par ce deuil extraordinaire, on le dépose dans le tombeau de famille. Les Orientaux attachent le plus grand prix à la possession d'un sépulcre qui leur appartienne en propre. Abraham n'en a pas encore. il doit en acquérir un pour y enterrer Sara son épouse. Lorsqu'il l'a pleurée, il se lève d'auprès de la couche où reposaient ses restes inanimés, et il se rend au milieu du peuple. Jamais, en Orient, les affaires ne se traitent en particulier; les ventes et les achats se font en public : ainsi l'exigent les habitudes locales et la sûreté des transactions. Abraham observe minutieusement le cérémonial usité en pareille circonstance, et en vigueur encore aujourd'hui : il se tient debout devant le peuple. C'est dans cette attitude qu'il s'adresse aux habitants d'Hébron, au milieu desquels il se trouve : il leur dit : *Je suis étranger parmi vous*, tels sont ses premiers mots. Il commence les pourparlers comme les commence invariablement un voyageur placé dans les mêmes conditions.... C'est un moyen efficace d'éveiller la sympathie des auditeurs ; car, à leurs yeux, personne n'est digne de pitié comme l'étranger, toujours exposé à être traité en ennemi, c'est-à-dire pillé et dépouillé.

Après cette précaution oratoire, Abraham continue : *Donnez-moi donc en propriété un sépulcre au milieu de vous, afin que j'ensevelisse mon mort.* (Gen. xxiii, 4.) La politesse orientale, qui est poussée jusqu'au raffinement, exigeait que les Hétéens lui offrissent leurs propres tombeaux, et ils le firent en effet. En entendant leur offre, Abraham, selon l'usage, s'inclina avec respect (*adoravit*) devant le peuple du pays, mais il savait très bien que leur langage n'était qu'un compliment obligé, et qu'il ne devait pas les prendre au mot.

Il n'aurait point voulu d'ailleurs que les ossements de celle dont la race devait être bénie de Jéhovah fussent mêlés avec ceux des païens. Il insista pour avoir un tombeau qui lui appartînt en propre ; il l'avait même déjà choisi.

Au milieu d'un bosquet d'oliviers ou de térébinthes, situé à l'écart, au point culminant d'Hébron, il avait remarqué un rocher où la nature avait creusé une double caverne; de là son nom de *Makpélah*. C'était cette caverne qui devait devenir le tombeau des Patriarches. Elle était la propriété d'Ephron. Mais Abraham n'a garde de s'adresser directement au possesseur. Il s'adresse à ses voisins, qui doivent nécessairement jouer le rôle d'intermédiaires entre le vendeur et l'acheteur. Aucune affaire, même un mariage, ne peut se traiter en Orient sans le concours d'un tiers, et Dieu sait combien les négociations sont longues, délicates, épineuses, surtout quand l'une des parties contractantes est un étranger. *S'il vous plaît que j'ensevelisse mon mort*, dit Abraham, après s'être levé et avoir adoré le peuple de la terre, *écoutez-moi et persuadez à Ephron de me céder la caverne de Makpélah qui lui appartient, qui est située à l'extrémité de son champ. Je lui donnerai en argent le prix devant vous, afin que je possède un tombeau.* (Gen. XXIII, 8, 9). — Ephron, assis au milieu de son peuple, répond de manière à être entendu par tous ceux qui sont rassemblés à la porte de la ville : *Nullement, mon Seigneur, écoute-moi ; je te donne mon champ et la caverne qu'il renferme; je te le donne; en présence des fils de mon peuple je te le donne; ensevelis ton mort.* (Gen. XXIII, 11). Que d'Européens ont entendu les mêmes paroles dans les mêmes contrées! Un Arabe *donne* aujourd'hui également sa maison, ses chevaux, son champ, en attestant comme témoins tous les spectateurs, et en accompagnant ce dire des protestations et des serments les plus sacrés; mais tout le monde sait que ce langage n'a pas d'autre but que de faire payer plus cher ce qu'on achète. Abraham le savait ; aussi lui paya-t-il 400 sicles d'argent pour entrer en possession de la caverne. *Qu'est-ce que cela entre moi et toi, 400 sicles !* dit l'Hétéen? On entend souvent encore répéter cette même phrase par le vendeur: mais Abraham dut payer, comme cela arrive fréquemment de nos jours, trois fois la valeur du bien qui lui était cédé.

Il désirait la caverne, il ne marchanda point, et aussitôt pesa les 400 sicles d'argent... Aujourd'hui on pèse encore fréquemment l'argent, comme on le faisait alors ; chaque marchand, à l'entrée des bazars, porte, suspendues à la ceinture, de petites balances pour peser les pièces de monnaie, et s'assurer qu'elles n'ont pas perdu de leur poids.

L'usage antique et l'usage actuel demandent que la description de l'objet vendu soit précise, minutieuse, et que tout ce qui en fait partie soit spécifié avec soin. Même dans la vente d'un champ, le contrat doit porter que les puits, les arbres qui s'y trouvent, sont vendus avec le champ, de même que, dans la location d'une maison, il faut énumérer en détail chaque appartement, en haut et en bas. Aussi lisons-nous dans la Genèse : *Et fut confirmé à Abraham le champ d'Ephron et la caverne de Makpélah qui regarde Mambré, et tous les arbres qui étaient dans le champ et qui étaient dans les alentours.* (Gen. XXIII 17). Enfin l'accord est ainsi conclu, et le contrat accepté. C'est là ce qui donne force et valeur au contrat (1).

62. — Madianites et Amalécites pillards.

Tous les ans, les Madianites et les Amalécites faisaient des *razzias* sur les terres des Hébreux... Moïse leur avait fait beaucoup de mal. Environ 200 ans après, ils avaient eu le temps de réparer leurs forces. Unis aux Amalécites, ainsi qu'aux Bédouins du désert, chaque année ils partaient avant la récolte, sous la conduite de leurs émirs *Zébéé* et *Salmana* et de leurs principaux capitaines *Oreb* et *Zeb* ; ils poussaient devant eux leurs troupeaux et leurs chameaux, et

(1) Vigouroux, *La Bible et les découvertes*, t. I, p. 463, etc.

dressaient au milieu des champs d'Israël leurs tentes noires de peaux de bouc; ils couvraient la terre comme d'innombrables armées de sauterelles, ravageant tout devant eux, détruisant les récoltes et enlevant les bestiaux.

Ces *razzias* sont communes en Orient. Le vol et le pillage sont une véritable profession pour certaines tribus arabes. On pillait en Palestine dès le temps d'Abraham. — De même, au temps des Juges, ainsi qu'au temps de David, ainsi encore aujourd'hui. David pillait les Amalécites, et les Amalécites le pillaient. (I Rois, XXXVII, 1, sqq.) Les descendants de ces derniers et ceux des Bédouins ravagent encore périodiquement la plaine de *Jezraël*.

— « Au printemps de 1859, en ce même lieu, dit M. Porter, j'ai eu l'occasion de voir quelque chose de semblable à l'invasion des Madianites, quand le chef Bédouin *Akeil Agha* rassembla ses hommes et ses alliés, après le massacre des *Kurdes* à Hattin, pour partager le butin. Ils étaient là dans la plaine, aussi nombreux que des sauterelles, et leurs chameaux étaient sans nombre, comme le sable sur le bord de la mer. Quand je fixais mes yeux sur ces figures farouches, sur cette armée tumultueuse, sur ces dépouilles et ce butin, il me semblait que j'avais devant moi la réalité de la scène de l'Histoire Sainte. »

« Personne, dit aussi M. Stanley, n'a passé à notre époque dans la plaine d'Esdrelon, sans voir, ou du moins sans parler des attaques des Bédouins, quand ils affluent venant du désert voisin. Çà et là, sur les bords des fontaines, ou au milieu des touffes d'arbres sur les montagnes, on peut toujours distinguer leurs tentes ou leurs figures sauvages, terreur tout à la fois du villageois paisible et du voyageur inoffensif. Ce que nous voyons maintenant sur une petite échelle n'est qu'une représentation en miniature de la grande invasion d'alors. »

Les Bédouins d'aujourd'hui ressemblent à s'y méprendre aux Madianites d'autrefois. Tout, jusqu'à leurs vêtements, rappelle ces derniers ; leur costume est le même qu'il y a 3.000 ans. Les chefs sont couverts de robes de pourpre ; leurs chevaux et leurs chameaux portent encore des chaînes d'or et d'argent avec des ornements en forme de croissant ; leurs femmes sont parées de colliers, de pendants d'oreilles et de *nezem* ou anneaux suspendus au nez (1).

63. — Les noces.

Le cérémonial des noces n'a pas beaucoup changé en Orient, depuis les temps bibliques.

La veille du mariage, les amies ou parentes de la nouvelle épouse la conduisent solennellement au bain, y passent des heures à la parfumer, à lui noircir le tour des yeux au sulfate d'antimoine, à l'orner de leur mieux dans le goût du pays. — N'est-ce pas ce que nous lisons dans Ezéchiel (XXIII, 40) : *Voici venir ces hommes pour qui tu t'es lavée, tu t'es peint d'antimoine le tour des yeux, tu t'es couverte de tous les ornements des femmes !*

N'est-ce pas à ce bain des noces que Saint Paul fait allusion, en écrivant aux Ephésiens (V, 25 et 26) : *Epoux, aimez vos épouses, comme le Christ a aimé son Eglise, se livrant pour elle, afin de la sanctifier, après l'avoir purifiée par le bain de l'eau, dans la parole de vie.*

Les musulmans d'Egypte et de Syrie se souviennent du jour du bain de leurs noces, comme de l'un des plus blus beaux jours de leur vie.

Les noces se célèbrent le soir et, le plus souvent, de nuit ; la fiancée est conduite processionnellement à la maison de son époux, à travers les rues les plus fréquentées de la ville. Des musiciens, des danseurs et des bateleurs ouvrent la marche ; après eux viennent des jeunes gens portant des torches allumées, et enfin

(1) VIGOUROUX, *Bible et découvertes*, t. III, p. 303, etc.

la nouvelle mariée, entièrement cachée sous son voile immense, qui pend de tous les côtés jusqu'à terre. Des femmes et des jeunes filles l'entourent, et font retentir les airs de leur cri de fête : le *lou lou lou* ou *zagharit*. La nouvelle épouse s'avance avec une lenteur extrême : aussi un *pas d'épouse* signifie-t-il une lenteur affectée.

Quand le cortège et les invités entrent avec la nouvelle mariée dans la maison de l'époux, c'est presque toujours à une heure avancée de la nuit.

Si les familles sont chrétiennes, le curé se trouve là, reçoit le consentement des deux parties en présence des témoins et bénit la nouvelle union. Le reste de la nuit se passe en joyeux festin, où abondent surtout des sucreries et des breuvages de toute sorte.

Dans les familles musulmanes, la jeune femme, arrivée dans la maison de son époux, passe la veillée avec ses amies, pendant que l'époux fait les honneurs du festin nuptial aux invités, dans un appartement séparé de celui des femmes. Il ne verra le visage de son épouse qu'après le départ des étrangers...

Ces processions nuptiales sont bien anciennes.

Jonathas et Simon Machabée, pour venger le sang de leur frère Jean, attendirent dans une embuscade une grande noce de la cité meurtrière. Au bruit de la procession, ils lèvent les yeux et voient l'époux, ses amis, ses frères, qui s'avancent avec un grand appareil de timbales, d'instruments de musique et d'armes : ils se précipitent sur le cortège, en tuent et blessent un grand nombre ; les autres fuient dans les montagnes, emportant un riche butin. (I Mach. IX).

La promenade solennelle de la nouvelle épouse se rendant de nuit à la maison de son époux, le festin des noces, se retrouvent dans les récits évangéliques, avec quelques usages aujourd'hui disparus.

L'époux allait chercher son épouse chez elle et l'accompagnait dans la procession avec des jeunes gens ses amis. Jésus parle de ces compagnons de noce quand il dit : *Est-ce que les amis de l'époux peuvent pleurer quand l'époux est avec eux ?* (Math. IX, 15).

Des jeunes filles portant des lampes allumées entouraient la jeune mariée et entraient à sa suite dans la maison de l'époux, pour prendre part au festin. On se demande, en lisant la parabole des vierges, (Math. xxv) si elles étaient réunies chez l'époux, attendant le passage de la procession pour s'y joindre. Peu importe. La noce ayant tardé, elles s'endormirent : quand elle vint, les lampes s'étaient éteintes ; rien d'étonnant, si elles n'étaient pas plus grandes que celles qu'on trouve dans les ruines d'Orient. Les vierges folles, qui n'avaient pas apporté d'huile pour entretenir leurs lampes, coururent en acheter, et arrivèrent trop tard à la maison de l'époux : la porte était fermée (1).

64. — Epouses achetées par des années de service.

Dans le *Hauran*, les filles se vendent en mariage. Aussi les filles comptent-elles pour beaucoup dans la fortune de leur père, et la naissance d'une fille est-elle considérée comme un plus grand bonheur que celle d'un garçon. Le prix d'une fille s'estime sur sa force, son habileté aux travaux du ménage, nullement sur sa beauté. C'est que la femme doit avoir soin des troupeaux, du laitage, faire tout le travail de la maison, et que, dans ce pays, on ne se préoccupe guère d'autre chose.

Il n'est pas rare que, pour éviter des débours considérables, deux familles conviennent de se donner mutuellement leurs filles en mariage. Alors, il y a un échange : on fait estimer les deux filles, et celui qui prend la meilleure doit une *soulte*, ordinairement payable en bœufs, moutons ou chameaux.

Chez les Bédouins et les Druses, une fille coûte environ 200 fr. Chez les Chrétiens elle se paye plus

(1) R. P. JULLIEN : *Egypte*, p. 265.

cher, de 1.500 à 2.000 fr. Pourquoi cette différence? On ne sait le dire, l'usage le veut ainsi ; serait-ce parce que le Chrétien, ne pouvant pas répudier son épouse, n'est guère exposé à faire plusieurs fois un pareil achat?

Si le jeune homme ne peut donner en entier le prix de la jeune fille qu'il désire en mariage, il se met au service de son beau-père, un nombre convenu d'années, après lesquelles il sera libre de sa dette, comme fit Jacob pour obtenir Rachel, avec cette différence qu'il reçut son épouse avant d'avoir acquitté les années de service.

Un missionnaire du Hauran citait un Chrétien en service depuis 15 ans chez son beau-père, comme un domestique chez son maître, sans autre salaire que l'extinction progressive de sa dette matrimoniale (1).

65. — Importance du cheval en Arabie.

Quand on lit ce verset du Ps. XIX : *Hi, in curribus et hi in equis, nos autem in nomine Domini Dei nostri invocabimus*, on comprend l'importance attribuée au cheval chez les juifs et chez les arabes, parmi lesquels circule ce proverbe barbare :

Tu as un cheval, un fusil : si tu es dans le besoin, vends d'abord ta femme ; puis, s'il le faut, vends ton fusil: mais ne vends jamais ton cheval (2).

66. — Le senevé en Palestine.

Dans la Palestine et, en général, dans les pays chauds, les plantes s'élèvent à une hauteur fort au-

(1) R. P. JULLIEN, id. p. 267.

(2) LANDRIEUX, *Op. cit.*

dessus de ce que nous voyons dans nos climats. Le Talmud nous parle de plants de moutarde si hauts et si forts qu'un homme aurait pu monter dessus sans les rompre, et qui étaient en effet de véritables arbres. Il n'est pas rare de les voir s'élever à dix pieds et plus de hauteur, et se diviser en rameaux considérables (1).

CONCLUSION DE L'APPENDICE.

Nous aurions pu poursuivre longtemps encore la glane de ces pages si intéressantes; mais il faut une fin à tout. Elles suffisent, du reste, pour donner une idée de la mine féconde qu'il y a, là, à exploiter, et provoquer le désir de poursuivre âprement l'étude captivante des coutumes anciennes et modernes comparées, étude qui découvre de prestigieux horizons et qui recèle les plus douces joies et les plus enivrantes surprises.

Quel bonheur pour nous, si ces pages, trop courtes assurément, ont assez de puissance pour faire naître chez plusieurs le désir et la volonté de se diriger vers la Terre Sainte, en portant avec eux ces documents, qui leur serviront de premier et de plus précieux guide, et leur promettent les plus douces jouissances!

Quel bonheur pour nous si beaucoup de nos lecteurs, encouragés par nos faibles efforts, se mettent à poursuivre, pour leur propre satisfaction et pour l'utilité de tous, l'œuvre que nous n'avons qu'ébauchée nous-même, et qui peut se continuer *indéfiniment*, puisque nous avons là une mine inépuisable à exploiter!

Quel bonheur pour nous enfin, si cette lecture a le don d'inspirer plus d'amour pour la Bible, le Livre

(1) DEHAUT, *Evangiles*, t. II, p. 410.

par excellence du Chrétien et du Prêtre ! On l'a dit plus d'une fois, on le dit aujourd'hui plus que jamais peut-être, *la Bible n'est pas assez aimée.* Répondons sans hésiter : *Elle n'est pas assez aimée, parce qu'elle n'est pas assez connue* (1).

Ces conclusions que nous faisons nôtres, nous les déposons aux pieds du Christ béni, qui était hier, qui est aujourd'hui et qui sera demain ; le suppliant d'inspirer à tous ses enfants de la terre un véhément désir, sinon d'aller s'agenouiller et prier sur la terre *Sainte* entre toutes, qu'il a habitée pendant 33 ans, du moins d'étudier plus à fond l'Évangile, « le livre de vie » qui résume le Sauveur, afin que, le connaissant mieux, ils l'aiment davantage et obtiennent ainsi la vie éternelle, car Il l'a dit : *Hæc est vita æterna ut cognoscant te, et quem misisti Jesum Christum.*

(1) M. l'Abbé Curtet.

TABLE

L'Egypte.

TROYES. — Imprimerie GUSTAVE FRÉMONT, rue Urbain IV, 85.

www.ingramcontent.com/pod-product-compliance
Ingram Content Group UK Ltd.
Pitfield, Milton Keynes, MK11 3LW, UK
UKHW012153240726
13966UKWH00002B/301